高等学校教材

过程装备控制技术

曾　胜　顾超华　编著

化学工业出版社

·北京·

本书主要对过程装备与控制工程专业所涉及的自动控制和顺序控制的理论、实现过程和实现方法等内容以及其他相关知识进行介绍。

本书突出过程装备与控制工程的专业特点，既要求掌握控制相关基础知识，又立足于实践与应用。全书内容是，绪论讲述过程装备控制的内容、举例和目的；第1章自动控制系统；第2章顺序控制系统；第3章过程检测技术；第4章执行器与控制器；第5章计算机控制系统；第6章可编程控制器（PLC）；第7章过程装备控制系统实例，主要讲述双容液位槽液位控制、啤酒发酵工艺控制系统设计和物料输送系统；附录，ART2005数据采集卡说明书和ART2003数据采集卡使用说明书。

本书可供过程装备与控制工程专业本科生和研究生使用，也可作为相关院校的石油、化工、能源、动力工程、环境工程等专业的学生使用，同时还可供从事过程设备、控制行业的工程技术人员参考。

图书在版编目（CIP）数据

过程装备控制技术/曾胜，顾超华编著. —北京：化学工业出版社，2015.3（2022.9重印）
高等学校教材
ISBN 978-7-122-22716-4

Ⅰ.①过… Ⅱ.①曾…②顾… Ⅲ.①过程控制-高等学校-教材 Ⅳ.①TP273

中国版本图书馆 CIP 数据核字（2015）第 002951 号

责任编辑：程树珍　李玉晖　　　　　　　　　　　装帧设计：孙远博
责任校对：王　静

出版发行：化学工业出版社（北京市东城区青年湖南街 13 号　邮政编码 100011）
印　　装：北京印刷集团有限责任公司
787mm×1092mm　1/16　印张 16　字数 392 千字　2022 年 9 月北京第 1 版第 3 次印刷

购书咨询：010-64518888　　　　　　　　售后服务：010-64518899
网　　址：http://www.cip.com.cn
凡购买本书，如有缺损质量问题，本社销售中心负责调换。

定　　价：40.00 元

前言

2000 年"化工设备与机械"本科专业调整更名为"过程装备与控制工程（简称过控）"专业。新的过控专业要求专业学生在掌握原机械类专业知识的同时，还要掌握控制工程方面的知识，使学生能够将过程机械、自动测试、控制、自动化等方面的知识有机地结合在一起，成为掌握多学科知识与技能的复合型人才。这也是本书的指导思想和定位。

专业更名后的十多年来，各高校的过控专业根据各自的专业特点，选用了不同的教材，引导专业师生逐步向专业新的指导思想靠拢。然而笔者经过调查发现选用的教材大多脱胎于"过程控制"，过分注重对温度、压力、液位和组分等的检测和控制等内容的介绍，相关的执行器也仅限于阀门，对检测过程参数的智能传感器鲜有提及，对其中非常重要的可编程控制器（PLC）的内容介绍过于简单。

笔者认为过程装备控制应包含两方面的内容，一方面是传统的过程控制，是对传统过程模拟量参数的控制，其主要发展方向为围绕工控机和 PLC 的数字化过程控制；另一方面是对过程装备的顺序控制，包含机器设备的启停、物料的传递或输送、阀门开闭和工件的夹紧与放松等，其中涉及检测位置的各种接近开关传感器、气动执行器、步进电动机和伺服电动机等电动执行器、电磁阀、继电器、接触器等。另外主流 PLC 在书中应占有较大的份额。

本书的讲述内容有过程装备控制所包含的控制原理、检测方法、自动化仪表、控制元件和控制装置等。

为此，笔者在十多年的课堂和实践教学的基础上，结合科研实践经验，在撰写本书时注重实用性和知识广度，注重过程装备控制的整体实现。对过程控制中的控制规律讲透；对检测传感器则从原理上讲清及在应用上讲清如何选用；对各种执行器如阀门、气动元件和电动元件等，除了讲清原理，还说明如何选择和使用；对于控制器，则以 PLC 为重点，详细讲解其原理和使用方法。

总之，本书将使机械类的过控专业的学生，在不增加更多的基础知识的情况下，比较好地掌握过程控制和自动化等方面的专业内容，符合专业教指委的指导思想，可为过控专业的学生提供更为广阔的过程装备控制视野。

本书在编写过程中，始终得到郑津洋教授的关心和大力支持，冯毅萍、仲玉芳对控制案例提供了帮助，同时还得到了石小英、罗迪威、刘桂强和莫锦涛等的帮助，在此一并表示衷心地感谢。书中还参考了一些网络资料，在此向不知名的同仁们表示衷心地感谢。

由于笔者水平有限，加之时间仓促，书中的不妥之处在所难免，恳请广大读者批评指正。

编者

2014 年秋于求是园

目录

绪　　论

社会经济过程中的产品分为四类，即硬件产品、软件产品、过程性材料产品和服务型产品。硬件产品指以实物形式存在的产品，如桌子椅子、汽车发动机和电脑硬件等；软件产品指以虚拟形式存在的产品，如计算机程序、电子字典和操作手册等；过程性材料产品指以气液粉等流体形式存在的产品，如汽油、润滑油和液化气等；服务型产品指以服务形式的输出，如管理咨询、运输等。一个产品由不同类别的产品构成，例如，汽车是由硬件（发动机、金属车身和轮胎等）、过程性材料产品（润滑油和燃料等）、软件（发动机控制软件和驾驶员手册等）和服务（如销售人员所做的操作说明）所组成。

四类产品分属不同的产业。过程工业是加工制造四类产品之一的过程性材料产品的产业。过程工业的基本组成部分是过程设备和过程机器。这些设备和机器按照一定的流程方式，用管道和阀门等连接起来，组成一个独立的密闭系统，配以必要的控制仪表和设备后，就能平稳连续地把以流体为主的过程性材料产品，经历必要的物理化学反应，制造出人们需要的新的过程性材料产品。其中的过程设备包含塔、换热器、反应器和储罐等为静设备；过程机器则包含压缩机、离心机和泵等，需要用电机等作为动力驱动源的设备，所以过程机器为动设备。过程装备是过程设备和过程机器的统称。

过程装备控制是生产过程自动化的一个重要分支。过程装备控制是指在过程装备上，配上必要的自动化装置和自动控制系统，使按照一定的程序周期运行的（过程）工业过程，能够在输送、混合、反应、换热、蒸馏、萃取、造粒和包装等关键生产环节自动地进行。

0.1　过程装备控制的内容

过程装备控制包含生产过程自动化在过程装备领域中的所有内容。其中不但包含传统意义上的自动控制，还包含过程检测、顺序控制和信号连锁等系统。

① 过程检测系统　为使过程装备中的各种物理化学变化能够顺利进行，必须了解其中各过程参数，如温度、压力、流量和液位等的变化情况。为此，采用各种检测仪表，如热电偶、热电阻、压力传感器、流量传感器和液位传感器等，连续自动地对各过程参数进行测量，并将测量结果用仪表指示出来或记录下来，供操作人员观察和分析，或将测量到的信息传送给自动控制系统，作为自动控制的依据。

② 自动控制系统　利用一些自动控制仪表及装置，对过程装备中某些重要的过程参数，如温度、压力、流量和液位等进行自动调节，使这些参数在受到外界干扰影响而偏离正常状态时，能够自动地重新回复到规定的范围之内，从而保证过程装备的正常运行，保证生产的顺利进行。自动控制系统是过程装备控制的最重要的内容，上述的自动控制系统也称过程控制系统。

③ 顺序控制系统　在没有人工的直接干预下，根据预先规定的程序，对过程装备自动地进行顺序操作的控制装置称为顺序控制系统。顺序控制系统与自动控制系统有很大的差别，前者不以维持某一过程参数在设定值上下波动为目的，而是根据预先规定的程序进行操作。顺序控制系统可以极大地减轻操作人员的繁重或重复性体力劳动。例如，合成氨造气车

间煤气发生炉的操作就是按照预先规定的操作程序进行的，这些程序包括吹风、上吹、下吹、制气和吹净等步骤。顺序控制系统在过程装备控制中也称为装备控制系统。

④ 信号连锁系统　信号连锁系统是过程装备控制中的一种附属安全装置。在生产过程中，有时由于一些偶然因素的影响会导致某些过程参数超出允许的变化范围，使生产不能正常运行，严重时甚至会引起燃烧、爆炸等事故。为了确保安全生产，常对这些关键的过程参数设置信号报警或连锁保护装置。其作用是在事故发生前，也就是过程参数超过信号的报警值时会自动地发出声光报警信号，引起操作员的注意以便及早采取措施；若工况已接近危险状态，信号连锁系统将启动：打开安全阀，切断某些通路或紧急停车，从而防止事故的发生或扩大。

0.2　过程装备控制的举例

以图 0-1 所示的工业生产中常见的锅炉汽包为例，来说明过程装备控制的内容及其相互关系。

锅炉是生产蒸汽的设备，是工业生产中不可缺少的过程装备。锅炉运行中有多个重要的工艺参数。首先锅炉汽包内的水位（液位）高度是一个重要的工艺参数，若水位过低，则会影响产汽量，更为危险的是锅炉易烧干而发生事故；若水位过高，生产的蒸汽含水量高，会影响蒸汽质量，因此必须对汽包水位这一工艺参数进行控制。锅炉汽包内的压力是另一重要工艺参数，过低的压力对生产不利，过高的压力会危及设备安全。加热炉炉膛的温度也是一个非常重要的工艺参数，炉膛温度的稳定程度，对汽包内水位的控制与锅炉汽包内压力的高低有很大的影响。其他的工艺参数，如给水流量、蒸汽流量、能源供给速度（煤或气的供给速度）等都或多或少地会影响锅炉的运行特性。

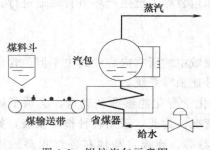
图 0-1　锅炉汽包示意图

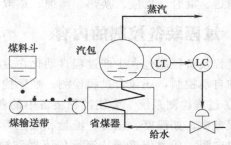
图 0-2　锅炉汽包液位自动控制示意图

为了维持锅炉的正常运行，首先需要设计一过程检测系统，将上述的各种工艺参数，包括锅炉汽包内的水位高度、锅炉汽包内的压力、加热炉炉膛的温度、给水流量、蒸汽流量和能源供给速度等，进行检测、记录和显示出来供操作人员观察和分析。

对于一些关键的运行参数，如锅炉汽包内的水位高度和加热炉炉膛的温度，则需要自动控制系统，使这些工艺参数在受到干扰偏离设定值时，能够自动地回复到设定值附近。以锅炉汽包内的水位高度为例来说明自动控制系统。如果一切条件（包括给水流量、蒸汽流量等）都近乎恒定不变，只要将进水阀置于某一适当开度，则汽包水位能保持在一定高度。但实际生产过程中这些条件是变化的，如进水阀前的水压力变化、蒸汽流量的变化等，此时若不进行控制，即不去改变进水阀门开度，则液位将偏离规定高度。因此，为保持液位恒定，操作人员应根据液位高度的变化情况，控制进水量，这就是人工控制。如上述过程由自动化装置来完成，就是自动控制。图 0-2 为锅炉汽包液位自动控制示意图。

上述系统中的锅炉，用煤作为燃料，为此设计了煤的自动输送装置，装置中有加料斗和皮带输送机。燃料煤由其他装置送至加料斗存储，当料斗的阀门打开，燃料煤就在加料螺旋杆的作用下落到皮带输送机上，由皮带输送机送至锅炉。因此自动输送装置至少有加料螺旋电机、料斗阀门和皮带输送机电机三个控制点，它们按照预先规定的时序接通和关闭，属于顺序控制。

虽然系统中采用了自动控制系统，但总有异常情况会使锅炉的液位或压力超出极限范围。为此必须设计独立于自动控制系统的信号连锁系统，在事故发生前，自动地发出声光报警信号，引起操作员的注意以便及早采取措施。

综上所述，过程检测系统、自动控制系统、顺序控制系统和信号连锁系统相辅相成，保证了锅炉汽包这一过程装备的正常运行。

0.3　过程装备控制的目的

过程装备控制是保持生产稳定、降低消耗、降低成本、改善劳动条件、保证生产安全、提高劳动生产率和促进文明生产的重要手段。过程装备控制的主要目标应包括以下几个方面：

ⅰ．保障生产过程的安全和平稳；

ⅱ．达到预期的产量和质量；

ⅲ．尽可能地减少原材料和能源消耗；

ⅳ．把生产对环境的危害降低到最低程度；

ⅴ．降低操作人员的劳动强度。

第1章　自动控制系统

本章主要讲述自动控制系统的基础知识，包括自动控制系统的组成和分类，自动控制系统运行的基本要求，以及描述自动控制系统控制质量的品质指标；介绍用理论分析法和实验测试法求取被控过程数学模型的一般步骤及主要注意事项；最后讨论常规控制器的基本控制规律及其对控制质量的影响。

1.1　自动控制系统的组成及分类

1.1.1　人工控制与自动控制

自动控制是在人工控制的基础上发展起来的。以下仍以绪论中的锅炉汽包液位控制为例，将人工控制与自动控制进行分析比较，从而归纳出自动控制系统的特点及组成。

图 1-1 为锅炉汽包液位控制示意图。图（a）中，如果进水量、进水阀前的水压力和后续工序的蒸汽用量等运行条件都维持不变，只要将进水阀维持在某一适当开度，则汽包的液位就能保持在所期望的高度范围内。实际生产过程中，运行条件是变化的，如进水阀前水压力的变化和后续工序的蒸汽用量变化等，此时如不对进水阀门的开度进行调节和控制，则液位高度将变化，可能会偏离期望值。为将汽包液位维持在所期望的高度范围内，操作人员应依据液位高度的变化情况，改变进水阀的开度，以改变进水量。

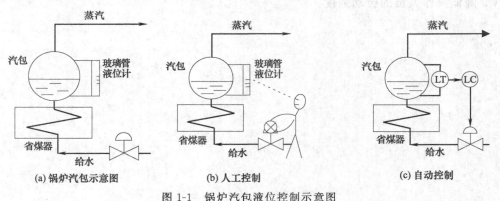

(a) 锅炉汽包示意图　　　　(b) 人工控制　　　　(c) 自动控制

图 1-1　锅炉汽包液位控制示意图

将工艺所期望的汽包液位高度称为设定值，将需要控制的液位参数称为被控变量或输出变量，影响被控变量使其偏离设定值的因素，如进水阀前的水压力和后续工序的蒸汽用量变化等，称为干扰作用，将被控变量维持在设定值一定范围内的作用，称为控制作用。

图 1-1（b）为人工控制示意图。为了维持汽包液位在设定值附近，操作人员需要依据液位高度的变化情况，手工改变进水阀门的开度，以控制进水量。其操作过程包含三个步骤：

ⅰ. 用眼睛来观察玻璃液位计中的液位高低，获取汽包液位的实际值；

ⅱ. 大脑根据眼睛看到的液位实际值，与期望值（即设定值）比较，得出偏差，然后根据经验确定操作指令；

ⅲ．根据大脑确定的操作指令，手工改变进水阀的开度，使进水量与后续工序的蒸汽用量相等，使汽包的液位维持在工艺要求的期望值附近。

人工控制过程中，操作人员的眼睛、大脑和手三个器官，分别承担了检测、判断运算和执行的三个作用，以完成测量、求偏差和施加控制操作的过程，最终达到纠正偏差，维持汽包液位高度在设定值的目的。

如果以液位测量仪表代替操作人员的眼睛，以自动控制器来代替操作人员的大脑，以控制阀代替普通手工阀，就成为自动控制系统，图1-1（c）为锅炉汽包液位自动控制系统示意图，以下以此为例说明自动控制系统的工作原理。

当用汽量（系统）受到干扰后，液位（被控变量）发生变化，通过液位测量仪表（测量变送器）得到其测量值；自动控制器接受液位测量仪表送来的测量信号，与设定值比较得到偏差，按某种控制规律进行运算并输出控制信号；控制阀接收上述控制信号，按控制信号的大小改变阀门开度，调整给水量，以克服干扰的影响，使被控变量趋近于设定值，最终达到控制汽包液位稳定的目的。可以看出这是一个由自动控制装置和被控的工艺设备组成的没有人工直接参与的自动控制系统。

自动控制系统中，设定值是系统的输入变量，而被控变量是系统的输出变量。系统的输出变量通过测量变送器引回到系统输入端，与输入的设定值进行比较，这种做法称为"反馈"，其中测量变送器输出的信号称为反馈信号。当设定值与反馈信号相减时，称为负反馈，而当设定值与反馈信号相加时，称为正反馈。输入变量与输出变量之间的差值称为偏差。自动控制器根据偏差的符号、大小和变化趋势等进行控制，使偏差减小或消除。检测偏差后消除偏差，就是反馈控制的基本原理。利用这一原理组成的控制系统称为反馈控制系统，通常也称为自动控制系统。

在自动控制系统中，实现自动控制的装置可以不同，但反馈控制的基本原理却是相同的。存在反馈并按偏差进行控制，是自动控制系统最主要特点。

1.1.2 自动控制系统的基本方式

按照是否有反馈环节，自动控制系统有两种基本控制方式。没有反馈环节的，称为开环控制系统；反之，有反馈环节的，称为闭环控制系统。此处的"环"，是指反馈环节构成的回路。

（1）开环控制系统

开环控制系统中，输出信号不反馈到输入端，不形成信号传递的闭合环路，即控制系统的输出信号（被控变量）对控制作用没有影响，控制装置与被控对象之间只有顺向作用而无反向联系。如图1-2所示的数控加工机床中的定位控制系统，是一个没有反馈环节的开环控制系统。其工作流程为：控制器根据预先设定的加工程序，产生相应的脉冲，去驱动步进电机，通过传动机构带动工作台上的刀具进行加工。该系统的被控对象是工作台，加工程序指令是输入量，工作台位移是被控变量。系统中不对被控变量进行测量，故无反馈环节，输出量（工作台位移）不返回来影响控制部分，因此这个定位控制系统是开环控制系统。

开环定位控制系统结构简单，但不能保证消除误差。图1-2中的步进电机是一种由"脉冲数"驱动的控制电机，理论上每一个输入脉冲，都使电机转过一固定的角度，称为"步距角"，所以可根据工作台期望移动的距离，计算出需要给步进电机的脉冲数目。如果由于外界干扰，步进电机多走或少走几个"步距角"，造成"失步"，系统是不能"觉察"的，从而造成定位误差。所以该系统中，应选用功率大、抗干扰能力强的步进电机以保证系统的定位精度。

图 1-2 定位控制系统方框图

开环控制系统的原理方框图如图 1-3 所示。开环控制方式不对被控变量进行测量，只根据输入信号进行控制，所以开环控制方式具有无反馈环节、系统结构简单、控制过程容易实现、操作方便和成本低等特点。开环控制系统不存在对被控变量偏离设定值时的偏差消除机制，所以其缺点是抗干扰能力差，控制精度不高。一般情况下，开环控制系统只适用于对控制性能要求不高的场合。

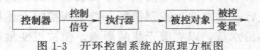

图 1-3 开环控制系统的原理方框图

（2）闭环控制系统

若控制系统的输出信号（被控变量）对控制作用有直接影响，则称为闭环控制系统。在闭环控制系统中，系统的输出信号通过反馈环节返回到输入端，形成闭合环路，所以又称为反馈控制系统。

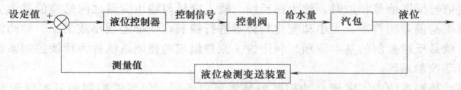

图 1-4 锅炉汽包液位闭环控制系统的原理方框图

图 1-1（c）所示的锅炉汽包液位自动控制系统，是一个具有反馈功能的闭环控制系统，其原理方框图如图 1-4 所示。图中，为使被控变量（液位）维持在工艺要求的设定值附近波动，采用负反馈方式。系统中，将被控变量通过反馈环节送回输入端，与设定值进行比较，根据偏差控制来控制被控变量，从而实现控制作用。测量被控变量、计算偏差、按偏差进行控制是闭环控制系统的最大优点。无论何种干扰引起被控变量偏离设定值，只要出现偏差，就会产生控制作用，力图减小或消除偏差，这使得闭环控制系统具较强的抗扰动能力。正是这一显著的优点，实际生产过程中大量采用闭环控制。

闭环控制系统也存在如下缺点：

ⅰ．闭环控制会使系统的稳定性变差，这是由于闭环控制按偏差进行控制，也就是说必须有偏差出现后才有控制作用，这会使控制不够及时；

ⅱ．如果系统内部各环节的参数选取失当，则可能会引起振荡，严重的使系统失去控制功能（这种情形应该避免）；

ⅲ．闭环控制需要增加检测和反馈比较等部件，这会使系统的复杂性和成本提高。

1.1.3 自动控制系统的组成

在自动控制系统中，一般采用方框图来说明控制系统各环节的组成、特性和相互间的信号联系。方框图是自动控制系统中的一个重要概念和常用工具。

图 1-5 为自动控制系统原理方框图，结合方框图说明如下。

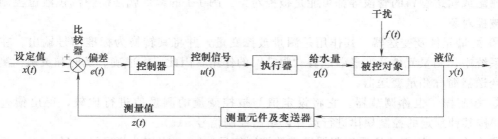

图 1-5　自动控制系统原理方框图

图 1-5 中的每一个方框代表控制系统的一个组成部分，称为"环节"。环节具有单向性，即任何环节只能由输入得到输出，不能逆行。连接两个环节的带箭头的线条表示控制系统中传递的信息，也就是各环节输入输出的变量。箭头指出的是信息的作用方向，箭头送入的信息为该环节的输入信号，箭头送出的信息为该环节的输出信号。每个环节输出信号与输入信号之间的关系仅取决于该环节自身的特性。从整个系统来看，设定值信号和干扰信号是输入信号，被控变量或其测量值是系统的输出信号。方框图中的圆圈称为"加法器"，用于信号相加或相减，当两个信号相减，即 $e(t) = x(t) - z(t)$，又称为比较器。

图 1-5 所示的方框图中的信息符号的含义如下。

$x(t)$——设定值　生产过程中被控变量的期望值。当设定值由控制器内部给出时称为内设定值，最常见的内设定值是一个常数，它对应于被控变量需要保持的工艺参数值；当设定值由外部装置产生并输入至控制器时，称为外设定值。设定值有时也称为给定值。

$z(t)$——测量值　由检测元件测量得到的被控变量的实际值。

$e(t)$——偏差　理论上，$e(t)$ 是设定值与被控变量的实际值之差。但是控制系统能够直接获取的信息是被控变量的测量值，所以通常把设定值与测量值的差作为偏差，即 $e(t) = x(t) - z(t)$。在反馈控制系统中，控制器根据偏差信号的大小来计算控制信号，进而控制操纵变量。

$u(t)$——控制信号（控制器输出）　控制器按一定控制规律，由偏差计算得到的量。

$y(t)$——被控变量　被控变量指需要控制的工艺参数，如锅炉汽包的液位、反应器的温度和燃料流量等，它是被控对象的输出信号。在控制系统方框图中，它也是自动控制系统的输出信号。被控变量是理论上的真实值，而由测量变送器输出的信号是被控变量的测量值 $z(t)$。

$q(t)$——操纵变量　受控于执行器，用以克服干扰影响实现控制作用的变量称为操纵变量，它是执行器的输出信号。在图 1-1 所示的例子中，操纵变量是锅炉的给水量。另外，石油化工中流过调节阀的各种物料，或者由触发器控制的电压或电流都可以作为操纵变量。

$f(t)$——干扰　除操纵变量以外的引起被控变量偏离设定值的各种因素。最常见的干扰是负荷改变、电压及电流的波动和气候变化等。在图 1-1 所示的例子中，进水阀前水压力的变化及后续蒸汽用量的变化都是干扰。

图 1-5 中的自动控制系统的"环节"主要包括被控对象、测量元件及变送器、控制器和执行器四个部分。

① 被控对象　在自动控制系统中，工艺变量需要控制的设备或机器称为被控对象，简称对象。在过程工业中，各种加热炉、高炉、沸腾炉、回转窑、泵、压缩机以及各种储藏物

料的槽罐或输送物料的管段等都可能是被控对象。图 1-1 的锅炉就是锅炉汽包液位控制系统中的被控对象。

② 测量元件及变送器　其作用是测量被控变量，并将其转换为标准信号输出。在自动控制系统中，测量元件及变送器起着"眼睛"的作用，因此要求准确、及时和灵敏。测量元件及变送器简称测量变送器。

③ 控制器　也称调节器。它将设定值与被控变量的测量值进行比较，得出偏差信号 $e(t)$ 并按某种预定的控制规律进行运算，给出控制信号 $u(t)$。

④ 执行器　执行器接受控制器送来的控制信号 $u(t)$，直接改变操纵变量 $q(t)$。操纵变量是被控对象的一个输入变量，通过操作这个变量可克服干扰对被控变量的影响。自动控制系统常用的执行器是控制阀。

在一个自动控制系统中，上述四个"环节"是最基本的也是必不可少的。除此之外，还有一些辅助装置，例如设定装置、转换装置和显示仪表等。其中显示仪表可以是单独的仪表，也可以是测量仪表、变送器和调节器里附有的显示部分。控制系统中一般不单独说明辅助装置。

1.1.4　自动控制系统的分类

自动控制系统有多种分类方法，可以按被控变量分类，例如温度控制系统、流量控制系统等；也可以按控制器的控制作用来分类，例如比例控制系统、比例积分控制系统等。为了便于分析自动控制系统的性质，可将控制系统按设定值形式的不同分为三类。

① 定值控制系统　此类控制系统的输入信号为一个常值，要求输出信号也为一个常值。系统在运行过程中，由于各种扰动因素的影响，总会使实际输出值与预期值之间产生偏差，因此，定值控制系统分析与设计的重点就在于系统的抗干扰性能，研究各种扰动对输出的影响及抗干扰的措施。电机调速系统即为典型的恒值控制系统。在工业控制中，如果被控变量是温度、流量、压力、液位等生产过程参量时，这种控制系统则称为过程控制系统，它们大多数都属于定值控制系统。

② 随动控制系统　此类系统的输入信号是预先未知的随时间任意变化的函数，要求输出量以一定的精度和速度跟随输入信号的变化而变化。因此，随动控制系统的分析与设计重点就在于系统的跟随性能——快速准确地复现输入信号。此时，扰动的影响是次要的。例如，雷达跟踪系统、电压跟随器等就是典型的随动系统。在随动系统中，如果输出量是机械位置或其导数时，这类系统称之为伺服系统。

③ 程序控制系统　程序控制系统的设定值是根据工艺过程的需要而按照某种预定规律变化的，是一个已知的时间函数，自动控制的目的是使被控变量以一定的精度、按规定的时间程序变化，以保证生产过程顺利完成。程序控制系统主要用于实现对周期作业的工艺设备的自动控制，如某些间歇式反应器的温度控制、冶金工业中退火炉的温度控制和程序控制机床等。

1.2　自动控制系统运行的基本要求

从自动控制系统的任务来说，总希望系统的输入与输出在任何时刻都完全相等，但是这只是一种理想的情况。实际系统中，总是有各种惯性和滞后的存在，使得系统中各物理量的变化不可能在瞬时完成。在给定或扰动的作用下，输出信号精确地跟踪输入信号有一个时间过程，称为过渡过程。系统如能正常地工作，过渡过程应趋于一个平衡状态，即系统的输出应趋向于与输入信号相对应的期望值。当过渡过程结束后,系统输出信号复现输入信号的过程,称为稳态过程。对控制系统性能的基本要求就体现在这两个过程之中,系统的性能指标通常也分为动态性能指标和稳态性能指标。在工程应用中,常常从其稳定性、快速性和准确性三方面来评价控制系统的总体性能。

(1) 稳定性

稳定性是指系统受到干扰后,其动态过程的振荡倾向和恢复平衡状态的能力。如果系统受到干扰后,经过一段时间,被控变量可以回到稳定状态,则称系统是稳定的,否则称系统是不稳定的。

稳定性是保证控制系统正常工作的先决条件。对于稳定的定值控制系统,当被控变量因干扰作用而偏离设定值后,经过一个动态过程,被控变量会恢复到原来的设定值状态。对于稳定的随动控制系统,被控变量则能始终跟踪设定值的变化。对于不稳定的控制系统,干扰产生的偏差将随时间的增长而发散,所以不稳定的控制系统无法实现预定的控制任务。

(2) 快速性

一个控制系统,仅仅满足稳定性要求是不够的。为满足生产实际的要求,还须对其动态过程的形式和快慢提出要求,这称为动态性能。快速性以动态过程的持续时间长短来表征。输入变化后,系统再次稳定后所经历的过渡过程的时间越短,表明快速性越好。快速性表明了系统输出对输入响应的快慢程度。因此,提高响应速度、缩短过渡过程的时间,对提高系统的控制效率和精度是有利的。

(3) 准确性

在理想情况下,当过渡过程结束后,被控变量达到的稳态值应与设定值一致。但实际上,由于系统结构和参数、外来干扰等非线性因素的影响,被控变量的稳态值与设定值之间会有误差存在,称为稳态误差,或称余差。稳态误差是衡量控制系统静态控制精度的重要指标。

稳定性、快速性和准确性往往是互相制约的。在控制系统的设计与调试过程中,若过分强调系统的稳定性,则可能会造成系统响应迟缓和控制精度较低的后果;反之,若过分强调系统响应的快速性,则又会使系统的振荡加剧,甚至引起不稳定。因此设计和分析一个自动控制系统时,应使其对三方面的性能要求有所侧重,并兼顾其他(如经济性、安全性等),以全面满足要求。

1.3 自动控制系统的过渡过程及控制性能指标

1.3.1 自动控制系统的静态与动态

在自动控制系统中,把被控变量不随时间变化而变化的平衡状态称为系统的静态,而把被控变量随时间变化而变化的不平衡状态称为系统的动态。

当一个自动控制系统的各个输入(设定值和干扰)及输出均恒定不变时,整个系统就处于一种相对的平衡状态,系统的各个组成环节如测量变送器、控制器和执行器都不改变其原先的状态,它们的输出信号都处于相对静止状态,这种状态就是静态。必须注意,此处的静态并不是指静止不动,而是指各参数(或信号)的变化率为零,即参数保持不变。如图 1-1 所示的锅炉汽包液位控制系统,当给水量与下游蒸汽的用量相等时,锅炉汽包液位就维持不变,此时生产还在进行,物料和能量进出平衡,变化率为零。

当处于相对平衡状态即静态的自动控制系统受到干扰作用,平衡被破坏,被控变量就会发生变化，控制器的输出改变，使执行器改变操纵量以克服干扰的影响，力图恢复平衡。从干扰的发生，经过自动控制装置的作用，调节操纵变量的大小，直到系统重新建立平衡，在这一段时间中，整个系统的各个环节和参数都处于变动状态之中，这种状态叫做动态。动态的整个过程又称为过渡过程。

　　了解控制系统的静态是必要的。但在生产过程中，干扰是客观存在，且是不可避免的，所以了解系统的动态更为重要。在一个自动控制系统投入运行后，时刻都有干扰作用于被控对象，且可能破坏正常的生产状态，所以要通过自动控制装置，不断地施加控制作用去抵消干扰作用的影响，从而使被控变量保持在生产所期望的技术指标上。

1.3.2　自动控制系统的过渡过程

　　自动控制系统的过渡过程，实质上就是控制作用不断克服干扰作用的过程。当控制作用完全抵消干扰作用时，过渡过程也就结束，系统又达到了新的平衡状态。

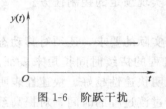

图 1-6　阶跃干扰

　　在生产过程中，干扰的形式是多种多样的，并且大部分都属于随机性质，其中如图 1-6 所示的阶跃干扰对系统的影响最大，也是最为常见的干扰形式。比如阀门的突然开闭、生产中的负荷突变、直流电路的突然闭合或断开等都是阶跃干扰。本书只讨论在阶跃干扰影响下控制系统的过渡过程。

　　在阶跃干扰作用下，定值控制系统的过渡过程有如图 1-7 所示的几种基本形式。

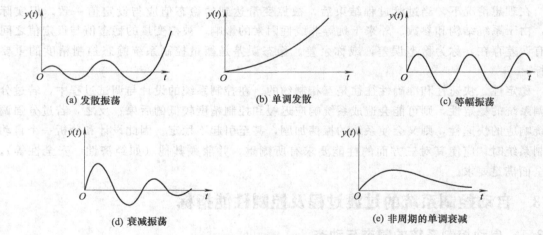

图 1-7　定值控制系统的过渡过程的几种基本形式

　　图 (a) 所示的是发散振荡过程。图中，被控变量一直处于振荡状态，且振幅逐渐增加，逐渐远离设定值，直到超出工艺所允许的范围产生事故为止。显然，这种过渡过程在实际生产中是不允许出现的。

　　图 (b) 所示的是单调发散过程。图中，被控变量虽不振荡，由于缺乏阻尼，会逐步偏离原来的静态点且越来越远。显然，这种过渡过程也是不稳定和不允许的。

　　图 (c) 所示的是等幅振荡过程。图中，被控变量既不衰减也不发散，处于稳定与不稳定的临界状态。由于被控变量始终在某一数值附近上下波动而不能稳定下来，因此除了简单的双位控制外，这种过渡过程的系统在实际生产上也不能采用。

图 (d) 所示的是衰减振荡过程。图中，被控变量经过几个周期的波动后就能重新稳定下来，符合对控制系统基本性能的要求（稳定、快速、准确），这是人们所希望的。

图 (e) 所示的是非周期的单调衰减过程。图中，被控变量偏离设定值以后，由于存在较大的阻尼，因此要经过相当长的时间才慢慢地接近设定值。单调衰减过程符合稳定要求，但不够快速，因此要求严格的生产上一般不采用，只有允许被控变量有较大幅度波动的场合才采用。

综上所述，从满足稳定性、快速性和准确性的基本要求出发，一般都希望自动控制系统在阶跃输入作用下的过渡过程为图 1-7（d）的衰减振荡过程。

1.3.3 自动控制系统的控制性能指标

自动控制系统的控制性能指标是衡量系统控制质量优劣的依据，又称为质量指标，或称为品质指标。根据不同的分析方法，控制性能指标有很多形式，通常采用的控制性能指标有两类：一类是系统受到最为常见的单位阶跃输入后的响应曲线作为性能指标（又称过渡过程的质量指标），比如衰减比、最大偏差与超调量、回复时间、余差、振荡周期；另一类是偏差积分性能指标，其意义是为使得系统偏差达到某种意义下最小作为最优。一般是用期望输出与实际输出之间的某个函数的积分来表示，常用的有平方误差积分指标（ISE）、时间乘平方误差的积分指标（ITSE）、绝对误差积分指标（IAE）、时间乘绝对误差的积分指标（ITAE）等，这些值达到最小值的系统是某种意义下的最优系统。

1.3.3.1 以单位阶跃响应曲线形式表示性能指标

图 1-8 分别表示出了定值控制系统和随动控制系统在受到阶跃干扰作用后的衰减振荡过渡过程曲线。对于定值系统，其响应曲线如图 (a) 所示，由于设定值不变，被控变量总是围绕着初始设定值变化。对于随动控制系统，其响应曲线如图 (b) 所示，由于设定值的变化主要是输入作用引起的，过渡过程始终围绕变化的设定值而波动。由于这种差别，它们所采用的性能指标定义也有所不同。

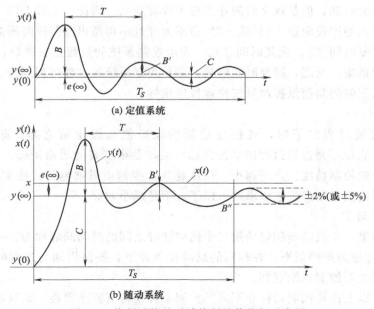

(a) 定值系统

(b) 随动系统

图 1-8 控制系统的时域控制性能指标示意图

（1）衰减比 n

衰减比是控制系统的稳定性指标。它表示振荡过程的衰减程度，其定义为过渡过程曲线上相邻同方向两个波峰的幅值之比。在图 1-8 中，若用 B 表示第一个波的振幅，B' 表示同方向第二个波的振幅，则衰减比

$$n = \frac{B}{B'} \tag{1-1}$$

习惯用 $n:1$ 表示衰减比。若衰减比 $n<1$，表明过渡过程是发散振荡，系统处于不稳定状态；若衰减比 $=1$，则过渡过程是等幅振荡，系统处于临界稳定状态；若衰减比 $n>1$，则过渡过程是衰减振荡，n 越大，系统越稳定。为保持足够的稳定裕度，衰减比一般取 $4:1\sim$ $10:1$。这样，大约经过两个周期，系统就能趋近于新的稳态值。通常，希望随动控制系统的衰减比为 $10:1$，定值控制系统的衰减比为 $4:1$。而对于少数不希望有振荡的过渡过程，则需要采用非周期的形式，因此，其衰减必须视具体被控对象的不同来选取。

（2）最大偏差 B 与超调量 σ

最大偏差和超调量表征在控制过程中被控变量偏离设定变量的超调程度，是衡量过渡过程动态精确度（即准确性）的一个动态指标，也反映了控制系统的稳定性。对一个定值控制系统来说，最大偏差是指过渡过程中被控变量第一个波的峰值与设定值的差，如图 1-8 中的 B。在随动控制系统中，通常采用另一个指标，即超调量 σ

$$\sigma = \frac{B}{y(\infty)} \times 100\% = \frac{B}{C} \times 100\% \tag{1-2}$$

式中，C 是输出的最终稳态值；B 是输出超过最终稳态值的最大振幅（即第一个波峰的幅值）。

（3）回复时间 T_S

回复时间也称过渡时间，是指被控变量从过渡状态回复到新的平衡状态的时间间隔，即整个过渡过程所经历的时间，如图 1-8 中的 T_S。从理论上讲，被控变量完全达到新的稳定状态需要无限长的时间，但是这个时间在工程上没有意义。因此，工程上用"被控变量从过渡过程开始到进入稳态值附近 $\pm 5\%$ 或 $\pm 2\%$ 范围内并且不再超出此范围时所需要的时间"作为过渡过程的回复时间 T_S。回复时间越短，表示控制系统的过渡过程越快，即使扰动频繁出现，系统也能适应；反之，回复时间越长，表示控制系统的过渡过程越慢。显然，回复时间越短越好。回复时间是衡量控制系统快速性的指标。

（4）余差 $e(\infty)$

余差是指过渡过程终了时，被控变量新的稳态值与设定值之差，即 $e(\infty) = x - y(\infty) = x - C$。它虽不是过渡过程的动态指标，但却是很重要的质量指标。在控制系统中，余差反映了系统的控制精度。余差越小，精度越高，控制质量就越好。在实际自动控制中，余差的大小只要能满足生产工艺要求就可以了，不是越小越好。

（5）振荡周期 T

过渡过程的第一个波峰与相邻的第二个同向波峰之间的时间间隔称为振荡周期（或称工作周期），其倒数称为振荡频率。在相同的衰减比条件下，振荡周期与过渡时间成正比。因此，振荡周期短些对控制系统有利。

必须说明，以上这些控制指标在不同的控制系统中各有其重要性，而且相互之间又有着内在的联系。高标准的同时要求满足这几个控制指标是很困难的，因此，应根据生产工艺的

具体要求分清主次，区别轻重，对于主要的控制指标应优先保证。

1.3.3.2 偏差积分性能指标

偏差积分性能指标常用于分析系统的动态响应性能，其目的是使得系统的偏差"最小"。常用的综合控制指标见表1-1，表中也包括各积分形式的表达式、特点及控制结果和适用范围等。选用不同的积分公式作目标函数则意味着控制的侧重点不同。

表 1-1 综合控制指标比较表

名　称	表　达　式	特点及控制结果	适用范围
绝对偏差积分指标 (IAE)	$IAE=\int_0^\infty |e(t)|dt$	把不同时刻、不同幅值的偏差等同对待，各方面的性能比较均衡	用于评定定值控制系统的质量指标
绝对平方积分指标 (ISE)	$ISE=\int_0^\infty e^2(t)dt$	对大偏差敏感。最大偏差小，但回复时间长	用于评定定值控制系统的质量指标
时间与偏差绝对值乘积的积分指标(ITAE)	$ITAE=\int_0^\infty t|e(t)|dt$	对初期偏差不敏感而对后期偏差敏感。最大偏差大，但回复时间短	用于评定随动控制系统的质量指标

对于存在余差的控制系统，由于余差$e(\infty)$不为零，因此，积分指标都将趋于无穷大，这时，可用$e(t)-e(\infty)=[y(t)-y(\infty)]$代替偏差项进行积分运算。

自动控制系统控制质量的好坏，取决于组成控制系统的各个环节，特别是被控对象（过程）的特性。自动控制装置应按被控过程的特性加以选择和调整，才能达到预期的控制质量。如果过程和自动控制装置两者配合不当，或在自动控制系统运行过程中自动控制装置的性能或过程特性发生变化，都会影响到自动控制系统的控制质量，这些问题在控制系统的设计运行过程中应该充分注意。

1.4 被控对象的特性

自动控制系统一般是由被控对象、控制器、执行器和测量变送器等基本环节所组成。其中的被控对象千差万别，过程生产中的被控对象主要有锅炉、热交换器、反应器、加热炉、窑炉、料仓、储槽、流体输送设备和一些动力设备等。每个被控对象都有其自身特性，而特性差异对整个自动控制系统的运行有着很大的影响。因此，需要了解和掌握被控对象的特性，才能设计合理的控制方案，取得良好的控制质量。

被控对象的特性指的是当被控对象的输入变量发生变化时，其输出变量随时间的变化规律。其表现形式有微分方程式、传递函数和系统方框图等。对被控对象来说，其输出变量一般就是自动控制系统的被控变量，而其输入变量可以是控制系统的操纵变量，也可以是干扰作用。被控对象的输入变量与输出变量之间的关系称为通道。操纵变量与被控变量之间的关系称为控制通道，干扰作用与被控变量之间的关系为干扰通道。通常所讲的对象特性是指控制通道的特性。被控对象常简称为"对象"。

1.4.1 被控对象的数学描述

被控对象特性常以数学模型的形式表示。描述工业被控对象特性的数学模型有静态和动态之分。静态数学模型是被控对象输出变量和输入变量之间不随时间变化时的数学关系。动态数学模型是被控对象输出变量和输入变量之间随时间变化时的数学关系。自动控制中常采用动态数学模型，其建立依据是工业生产过程的物料平衡和能量平衡关系，即在动态条件下，单位时间流入对象的物料或能量与单位时间从系统中流出的物料或能量之差，等于被控对象内物料或能量总量的变化率。以下讨论几个典型的对象数学模型的建立方法，即数学建模。

(1) 有自衡特性的单容液位槽对象

图 1-9 所示的储槽是一个简单的单容液位槽，流入储槽的流量 Q_1 由进料阀 1 控制，流出储槽的流量 Q_2 由储槽液位 H 和出料阀 2 的开度决定，而出料阀 2 的开度是随用户需要而改变的。这里，液位 H 是被控变量（即输出变量），进料阀 1 为控制系统中的控制阀，它所控制的进料流量 Q_1 是过程的控制输入（即操纵变量），出料流量 Q_2 是外部扰动。

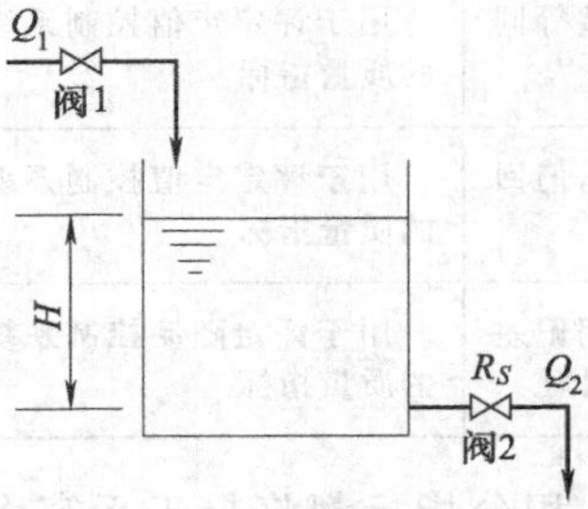

设储槽中液体的储存量为 V，根据物料平衡关系，在任何时刻液位的变化均需满足

$$Q_1 - Q_2 = \frac{dV}{dt} \tag{1-3}$$

设储槽截面积为 A，则有 $V = AH$，其增量形式为 $dV = AdH$，即

$$\frac{dV}{dt} = A\frac{dH}{dt} \tag{1-4}$$

图 1-9 单容液位槽

将式 (1-4) 代入式 (1-3)，得

$$Q_1 - Q_2 = A\frac{dH}{dt} \tag{1-5}$$

式 (1-5) 中，Q_2 与输出变量 H 的关系可表示为

$$Q_2 = H/R_S \tag{1-6}$$

式中，R_S 为出料阀 2 的阻力系数。

将式 (1-6) 代入式 (1-5) 中，即得

$$A \times R_S \times \frac{dH}{dt} + H = Q_1 \times R_S \tag{1-7}$$

式 (1-7) 中令 $T = A \times R_S$，$K = R_S$，有

$$T \times \frac{dH}{dt} + H = K \times Q_1 \tag{1-8}$$

式 (1-8) 即为储槽液位对象的数学模型，这是一个一阶常系数微分方程。通常这样的被控对象称作一阶被控对象。式 (1-8) 中的 T 称为时间常数；K 称为被控对象的放大系数，它们反映了被控对象的特性。

对于图 1-9 所示的单容液位槽，在初始平衡状态时，流入水槽的流量 Q_1 等于流出水槽的流量 Q_2，此时液位维持在某一数值 H_s 上，系统处于平衡状态。在突然阶跃作用的 t_0 时刻，若流入量 Q_1 突然有一个变化量 ΔQ_1，相应的液位变化量可由式 (1-8) 求出

$$\Delta H = K \times \Delta Q_1 [1 - e^{-(t-t_0)/T}] \tag{1-9}$$

由式 (1-9) 可画出图 1-9 单容液位槽液位被控变量在阶跃作用（输入）下的性能曲线，如图 1-10 所示。从曲线上可见，在初始时刻 t_0，由于 Q_1 突然增加而流出量 Q_2 还没有变化，因此液位逐渐上升；随着液位的上升，水槽出口处的静压增大，使得 Q_2 随之增加，Q_1 和 Q_2 的差值就会随之减小，液位上升的速度也就越来越慢，当 $t \to \infty$ 时，有

$$\Delta H = K \times \Delta Q_1 \tag{1-10}$$

因式 (1-10) 中 K 和 ΔQ_1 均为常数，所以液位又重新回到平衡状态，即 $Q_1 = Q_2$。这就是被控对象的自衡特性，即当输入变量发生变化破坏了被控对象原有的平衡而引起输出变

量发生变化时，在没有外界干预的情况下，被控对象能重新恢复平衡状态的特性。自衡特性有利于控制，一般使用简单的控制系统就能得到良好的控制质量，甚至有时可以不用控制系统。

（2）无自衡特性的单容液位槽对象

在实际生产中，还存在一类无自衡特性的被控对象。图1-11就是一个典型的例子，图中出水口处由泵来替代阀门。由于泵的出口流量 Q_2 不随液位变化而变化，因此对象的动态方程为

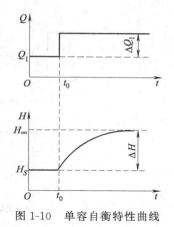

图 1-10　单容自衡特性曲线

$$\Delta Q_1 = A \frac{\mathrm{d}\Delta H}{\mathrm{d}t} \qquad (1\text{-}11)$$

在 t_0 时刻之前，被控对象处于平衡状态，$Q_1 = Q_2$。假定在 t_0 时刻水槽的流入量突然有一个阶跃变化 ΔQ_1，由式(1-11)可得它的特性曲线如图1-12所示，由于水槽的流出量不变，所以当流入量突然增加 ΔQ_1 时，液位 H 将随时间 t 的推移匀速上升，直至水槽顶部溢出；相应地当流入量突然减少 ΔQ_1 时，液位 H 将随时间 t 的推移匀速下降，直至水槽流光，也就是说该对象无自衡特性。无自衡特性的被控对象在受到扰动作用后不能重新恢复平衡，因此控制要求较高。对这类被控对象除必须施加控制外，还应设置自动报警系统。

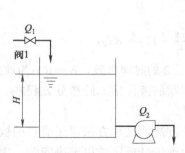

图 1-11　无自衡单容液位对象

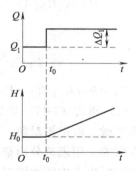

图 1-12　无自衡特性曲线（流入量增加）

（3）有自衡特性的双容液位槽对象

双容液位槽对象如图1-13（a）所示，它由两个单容液位槽串联而成。上游来水 Q_1 首先进入液位槽1，然后通过液位槽2流出。水流入量 Q_1 由阀门1控制，为本例的操纵变量，而液位槽2的液位高度 H_2 是被控变量。现考察 H_2 与 Q_1 之间的动态特性。

液位槽1的物料平衡关系式有

$$Q_1 - Q_2 = A_1 \frac{\mathrm{d}H_1}{\mathrm{d}t} \qquad (1\text{-}12)$$

$$Q_2 = \frac{H_1}{R_{s1}} \qquad (1\text{-}13)$$

液位槽2的物料平衡关系式有

$$Q_2 - Q_3 = A_2 \frac{\mathrm{d}H_2}{\mathrm{d}t} \qquad (1\text{-}14)$$

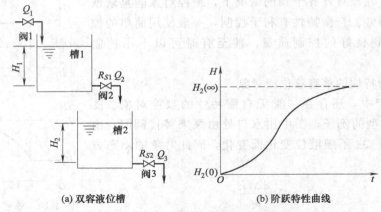

(a) 双容液位槽　　　　**(b) 阶跃特性曲线**

图 1-13　二阶过程及其阶跃响应曲线

$$Q_3 = \frac{H_2}{R_{S2}} \tag{1-15}$$

式中，A_1、A_2 分别为液位槽 1、2 的横截面积；R_{S1}、R_{S2} 分别为阀门 1、阀门 2 的阻力系数。

由式（1-12）～式（1-15）所组成的联立方程，可得

$$R_{S1}A_1 R_{S2}A_2 \frac{d^2 H_2}{dt^2} + (R_{S1}A_1 + R_{S2}A_2)\frac{dH_2}{dt} - H_2 = R_{S2}Q_1 \tag{1-16}$$

或

$$T_1 T_2 \frac{d^2 H_2}{dt^2} + (T_1 + T_2)\frac{dH_2}{dt} - H_2 = KQ_1 \tag{1-17}$$

式中，$T_1 = R_{S1}A_1$、$T_2 = R_{S2}A_2$ 分别为液位槽 1、2 的时间常数，$K = R_{S2}$ 为放大系数。

式（1-16）和式（1-17）即为图 1-13 中由两个串联的液位槽二阶微分方程式，通常这样的被控对象叫做二阶被控对象，该对象具有自衡特性。

以上介绍的是用理论分析来获得被控对象特性的方法。这种方法对于简单的被控对象是容易的。但实际生产中的被控对象十分复杂，通常用理论分析法难以解决问题，因此，工程中往往需要依靠实验测试法获取被控对象的特性。当实验获取的对象特性曲线为代表高于一阶系统的 S 形曲线时，可以通过线性化处理的方法，将其简化为带有延迟的一阶惯性环节。

1.4.2　描述被控对象的特性参数

描述被控对象的特性参数主要有放大系数 K、时间常数 T 和滞后时间 τ。以下分别介绍 K、T 和 τ 的意义。

（1）放大系数 K

被控对象输出量变化的新稳态值与输入量变化值之比，称为被控对象的放大系数。对于图 1-9 所示的单容液位槽，若进料流量的变化值用 ΔQ 表示，由 ΔQ 所引起的液位（被控变量）变化量用 ΔH（∞）表示，即当进料流量增大 ΔQ 时，待动态过程结束后液位升高 $\Delta H(\infty)$ 并稳定不变，则被控对象的放大系数表示为

$$K = \frac{\Delta H(\infty)}{\Delta Q} = \frac{H(\infty) - H(0)}{\Delta Q} \tag{1-18}$$

式（1-18）表明，放大系数 K 反映了被控对象以初始工作点为基准，在过程结束时被

控变量和输入变量的变化量之间的关系。初始工作点，即被控对象原有的稳定状态。也就是说，放大系数 K 只与被控对象的初、终状态有关，而与被控对象的变化过程无关。所以放大系数 K 是表征被控对象静态特性的物理量，是静态特性参数。

放大系数表示了被控对象在受到输入作用后，被控变量最终变化的大小。因此对于同样大小的输入变化量，如果放大系数越大，则对被控变量的影响越大；反之，放大系数越小，则对被控变量的影响越小。在自动控制系统中，由于被控变量受到控制作用（控制通道）和干扰作用（干扰通道）的影响，所以控制通道的放大系数和干扰通道的放大系数对被控变量的影响是不同的。这一点对于控制系统中操纵变量的选取尤为重要。

（2）时间常数 T

控制过程是一个动态过程，放大系数只能表征其静态特性，即变化的最终结果。然而，如果想知道具体的变化过程，需要了解对象的动态特性参数。

时间常数是表征被控变量变化快慢的动态参数。在电工学中，阻容环节充（放）电过程的快慢取决于电阻 R 和电容 C 的大小，R 和 C 的乘积就是时间常数 T。在单容液位槽例子中，水位变化的快慢取决于水槽的截面积 A 和阀门的阻力系数 R_S 的大小，A 和 R_S 的乘积就是时间常数 T。时间常数的定义为：在阶跃外作用下，一阶惯性环节的输出变化量达到稳态变化量的 63.2% 所需要的时间，就是这个环节的时间常数 T，如图 1-14 所示。或者另外定义为：时间常数是指在阶跃外作用下，被控变量保持起始速度不变而达到稳定值所经历的时间。这两种定义是一致的。

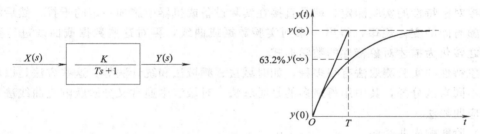

图 1-14 一阶惯性环节方框图及其阶跃响应曲线

（3）滞后时间 τ

被控对象中被控变量的变化落后于输入作用，这一现象称为滞后。

① 纯滞后 τ_0。不少被控对象在输入变化后，输出并不立即变化，而是需要经过一段时间后输出才发生变化，这段时间称为纯滞后 τ_0。

输送物料的皮带运输机可作为典型的纯滞后实例，如图 1-15 所示。当加料斗的出料量变化时，需要经过纯滞后时间 $\tau_0 = L/u$ 才能进入反应器。其中 L 表示皮带长度，u 表示皮带移动的线速度，L 越长，u 越小，则纯滞后时间 τ_0 越大。

可见，纯滞后 τ_0 是由于传输信息需要时间引起的。纯滞后会给自动控制带来极为不利的影响，故在实际工作中应尽量把它消除或减到最小。

② 容量滞后 被控对象的另一种滞后现象是容量滞后，它是多容量对象的固有属性，一般是因为物料

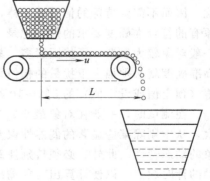

图 1-15 皮带运输机

或能量的传递需要通过一定的阻力而引起的，用 τ_c 表示。多数对象具有容量滞后，例如，在列管式换热器中，管外、管内及管子本身就是两个容量；在精馏塔中，每一块塔板就是一个容量。容量数目越多，容量滞后越显著。

一般情况下，实际的工业被控对象可能既有纯滞后，又有容量滞后。虽然两者的本质不同，但难于把它们严格区分。通常将这两种滞后时间加在一起，统称为滞后时间，用 τ 表示，即

$$\tau = \tau_0 + \tau_c \tag{1-19}$$

滞后时间 τ 也是表征被控对象动态特性的一个特征参数。

时间常数 T 和滞后时间 τ 都是表征被控对象动态特性的参数，两者在概念和物理意义上不同，在实际生产中应注意区别对待。

1.4.3　被控对象特性的实验测定

利用物料平衡和能量平衡关系进行建模的方法虽然具有较大的普遍性，但是实际工业过程中的被控对象机理复杂，其数学模型建立很难。此外，对象多半含有非线性特性，在数学推导时常常作一些假设和近似，将非线性部分去掉，因此在实际中，常用实验方法来研究对象的特性。这种方法可以比较可靠的得到对象的特性，也可对数学方法得到的对象特性加以验证和修改。另外，对于运行中的对象，用实验法测定其动态特性，虽然所得结果较为粗略，且对生产过程也有些影响，但仍然是了解复杂对象特性的简易途径，因此在工业上应用较广。

被控对象特性的实验测定，就是直接在实际设备或机器中施加一定的干扰，然后测取对象输出随时间的变化规律，得出一系列实验数据或曲线，再对这些数据或曲线进行数学处理，使之转化为描述对象特性的数学形式。

对象特性的实验测取法有很多种，如时域法、频域法和统计法等。这些方法是以所加干扰形式不同来区分的，其中用得最多的是时域法。时域法中通常又分阶跃响应曲线法与矩形脉冲响应曲线法。

（1）阶跃响应曲线法

阶跃响应曲线法就是用实验的方法测取对象在阶跃干扰下，输出量 y 随时间 t 的变化规律。假定在时间 t_0 之前，对象处于稳定工况，输入输出量都保持在某一稳定的初始值上，在 t_0 时刻突然加一扰动量 Δx，然后保持不变，这就是阶跃干扰。在此干扰作用下，将对象输出量 y 随时间 t 的变化规律绘成曲线，这便是对象的响应曲线（或称飞升曲线），这种方法比较简单。如果输入量是流量，只要将阀门的开度做突然的改变，便可认为施加了阶跃干扰，因而不需要特殊的信号发生器，在装置上也极易实施。测量输出量的变化时，可以利用原有的符合准确度要求的仪表记录，不需增加额外的仪器设备，测试工作量也不大。但由于一般对象较为复杂，干扰因素多，易受外来因素的影响，因而测试准确度受到限制。为了提高准确度就必须加大干扰量的幅值，但干扰幅值加大，又往往是工艺不允许的。通常取额定值（预定值或设定值）的 5%～10%，也有的取 5%～20%，实际取 8%～10%。

在测试时，一般在对象最小、最大及平均负荷下进行，同一响应曲线应重复测试两三次，从中剔除某些显著的偶然性误差，并求出其中合理部分的平均值，据此平均值来分析对象的动态特性。此外，必须特别注意被控量离开起始点状态的情况，准确地记录加入阶跃扰动的计时起点，以便计算出对象输出量滞后的大小。

阶跃响应曲线法虽较简易，但也存在一些缺点，主要是测试准确度较差，测试时间较

长，对正常生产的影响较大。尽管如此，应用仍较普遍。

（2）矩形脉冲响应曲线的实验测定

当对象不允许长时间存在阶跃干扰时，可以采用矩形脉冲法。即利用调节阀加一干扰后，待被控变量上升（或下降）到将要超过生产上允许的最大偏差时，立即去除干扰，让被控变量回到初始值，测出对象的矩形脉冲响应曲线。这种曲线需要换算成阶跃响应曲线，才能与标准传递函数的响应曲线进行比较。换算方法介绍如下。

对象输入矩形脉冲信号的幅值为 x_0，宽度为 T。矩形脉冲信号可以分解为两个方向相反、幅值相等的阶跃信号。如图 1-16 所示，一个是从 $t=0$ 开始，幅值为 x_0 的正阶跃；另一个是从 $t=T$ 开始，幅值为 x_0 的负阶跃，它们在时间上相差 T，即

$$x^*(t)=x(t)-x(t-T) \tag{1-20}$$

式中　$x^*(t)$——矩形脉冲输入；

　　　$x(t)$——正阶跃脉冲输入；

　$x(t-T)$——负阶跃脉冲输入。

假如对象是线性的，则对象输出信号 $y^*(t)$ 的矩形脉冲响应由两个阶跃响应叠加而成。即

$$y^*(t)=y(t)-y(t-T) \tag{1-21}$$

或

$$y(t)=y^*(t)+y(t-T) \tag{1-22}$$

式中　$y^*(t)$——矩形脉冲响应曲线；

　　　$y(t)$——正阶跃响应曲线；

　$y(t-T)$——负阶跃响应曲线。

式（1-22）就是由矩形脉冲响应曲线 $y^*(t)$ 画出阶跃响应曲线 $y(t)$ 的依据。

由于矩形脉冲响应曲线 $y^*(t)$ 的起始段 y_1（$0<t<T$）就是阶跃响应曲线 $y(t)$，故由矩形脉冲响应曲线求阶跃响应曲线可分段作图法进行。即第一阶段 $t=0 \rightarrow T$，第二阶段 $t=T \rightarrow 2T$，第三段 $t=2T \rightarrow 3T \cdots$。前一段的 $y(t)$ 就是下一段的 $y(t-T)$，再按式（1-22）进行叠加，如图 1-16 所示。在 $t=0 \rightarrow T$ 时，阶跃响应曲线 $y(t)$ 与矩形脉冲曲线 $y^*(t)$ 重

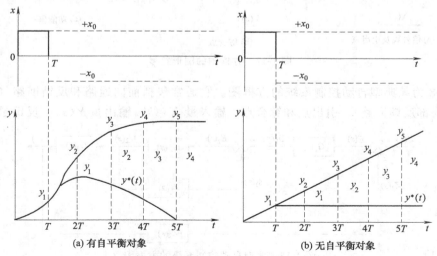

(a) 有自平衡对象　　　　(b) 无自平衡对象

图 1-16　由矩形脉冲曲线求阶跃响应曲线

合；在 $t = T \rightarrow 2T$ 时，$y(t)$ 等于 $y^*(2T)$ 与 $y(T)$ 的和，即 $y(t) = y^*(2T) + y(T)$，…以此类推。

图 1-16（a）是具有自平衡对象的矩形脉冲响应曲线。图 1-16（b）是无自平衡对象的矩形脉冲响应曲线，由曲线 $y^*(t)$ 求出阶跃响应曲线 $y(t)$ 的方法与图 1-16（a）相同。

用矩形脉冲来测取对象特性时，由于加在对象上的扰动经过一段时间即被除去，因此扰动的幅值可取得较大，从而提高了实验准确度；同时，对象输出量又不至于长时间地远离设定值，因而对生产的影响较小，所以这种也是测取对象特性常用的方法之一。

1.5　自动控制系统的方框图及其化简

1.5.1　系统方框图

自动控制系统的方框图是一种描述系统各元部件之间信号传递关系的数学图形，它表示了系统中各变量之间的因果关系以及对各变量所进行的运算，具有简明直观、运算方便的优点，所以方框图在自动控制系统的分析中获得了广泛的应用。

方框图由信号线、引出点、综合点和功能框等组成，如图 1-17 所示。

① 信号线　信号线表示信号流通的路径和方向，箭头代表信号的传递方向。如图 1-17（a）所示。

② 引出点　引出点又称分点，如图 1-17（a）所示。引出点表示同一信号传输到几个地方，即信号由该点取出。从同一信号线上取出的信号，其大小和性质完全相同。

③ 综合点　综合点亦称加减点，如图 1-17（b）所示。表示几个信号相加减，其输出量为各输入量的代数和。因此在信号输入处要注明它们的极性。

④ 功能框　如图 1-17（c）所示，功能框表示系统中一个相对独立的环节（单元）。方框两侧应为输入信号线和输出信号线，框左侧向内箭头为输入量（拉氏变换式），右侧向外箭头为输出量（拉氏变换式），框内写入该输入、输出之间的传递函数 $G(s)$。它们之间的关系为 $Y(s) = G(s)X(s)$。

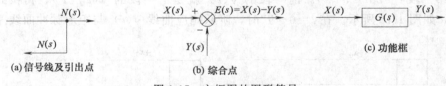

(a) 信号线及引出点　　(b) 综合点　　(c) 功能框

图 1-17　方框图的图形符号

图 1-18 为某典型自动控制系统的方框图。它通常包括前向通路和反馈回路（包括主反馈回路和局部反馈回路）、引出点和综合点、输入量 $X(s)$、输出量 $Y(s)$、反馈量 $Z(s)$ 和

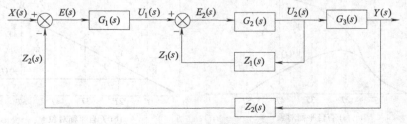

图 1-18　典型自动控制系统的方框图

偏差量 $E(s)$。图中，各种变量均标以大写英文字母的拉氏式，功能框中均为传递函数。

1.5.2　方框图的等效变换与化简

建立系统的方框图，目的是直观地了解系统内部各变量之间的动态关系。而为了便于分析和求出系统的传递函数，通常须将复杂的系统方框图进行化简。下面介绍化简的具体方法。

（1）自动控制系统的基本结构

任何复杂控制系统的方框图，都可由串联、并联和反馈连接三种基本结构组合而成。

① 串联　由若干个方框首尾相连，前一方框的输出是后一个方框的输入，这种结构称为串联。环节串联是最常见的一种组合方式，如图 1-19（a）所示，为两个环节的串联。

由图（a）可得

$$G(s) = \frac{Y(s)}{X(s)} = G_1(s)G_2(s) \tag{1-23}$$

由此可得出，串联环节的总传递函数等于各串联环节传递函数的乘积，如图（b）所示。

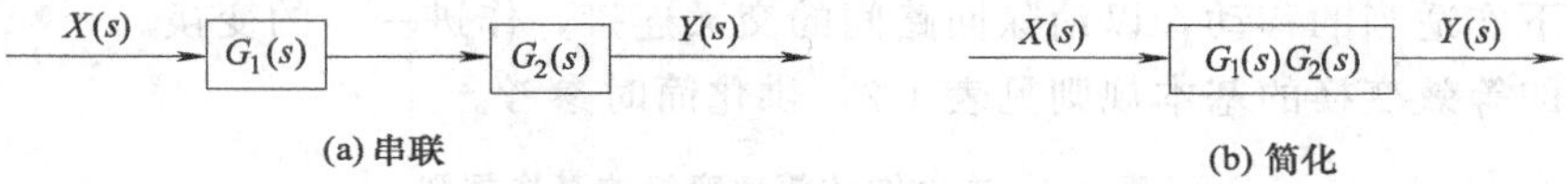

$$
\begin{array}{cc}
X(s) \to \boxed{G_1(s)} \to \boxed{G_2(s)} \xrightarrow{\ Y(s)\ } & X(s) \to \boxed{G_1(s)G_2(s)} \xrightarrow{\ Y(s)\ } \\
\text{(a) 串联} & \text{(b) 简化}
\end{array}
$$

图 1-19　环节的串联

② 并联　对于并联的各个环节，它们的输入都相同，而总输出为各环节输出的代数和，这种结构称为并联。如图 1-20（a）所示，为两个环节的并联。由图可得

$$G(s) = \frac{Y(s)}{X(s)} = \frac{Y_1(s) \pm Y_2(s)}{X(s)} = G_1(s) \pm G_2(s) \tag{1-24}$$

由此可见，并联环节的总传递函数等于各并联环节传递函数的代数和，如图 1-20（b）所示。

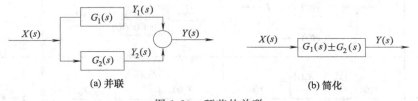

图 1-20　环节的并联

③ 反馈连接　如图 1-21（a）所示为反馈连接的一般形式，输出 $Y(s)$ 经过一个反馈环节 $H(s)$ 后的反馈信号 $Z(s)$ 与输入 $X(s)$ 相加减，再作用到传递函数为 $G(s)$ 的环节。由图可得

$$Y(s) = G(s)[X(s) \pm Z(s)] = G(s)[X(s) \pm H(s)Y(s)]$$

所以，反馈连接后的总传递函数为

$$G(s) = \frac{Y(s)}{X(s)} = \frac{G(s)}{1 \mp G(s)H(s)} \tag{1-25}$$

式中，"＋"号对应负反馈，"－"号对应正反馈。其等效方框图如图 1-21（b）所示。

式（1-23）～式（1-25）为系统方框图等效变换中最常用的公式，亦称基本变换法则。

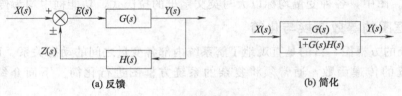

图 1-21　环节的反馈连接

（2）方框图的等效变换规则

在分析系统时经常需要对方框图作一定的变换。尤其是较为复杂的多回路系统，更需要对系统的方框图作逐步的等效变换，直至将其简化为典型的反馈系统的结构形式，并求出系统总的传递函数以便对系统进行分析。

方框图的等效变换，是指在对方框图进行变换或化简前后，系统总的输入和输出关系保持不变。上述三种基本结构中的图 1-21（b）即为对图 1-21（a）作等效变换后的简化结果。

在一些复杂系统的方框图中，回路之间常存在交叉连接，因此无法直接应用上述三种基本结构进行化简。对于这类结构，必须设法将某些综合点和引出点的位置在保证总传递函数不变的条件下作适当的移动，以消除回路间的交叉连接，作进一步的变换。

方框图的等效变换的基本规则见表 1-2，供化简时参考。

表 1-2　方框图的等效变换的基本规则

变换类型	变 换 前	变 换 后	等效关系
串联	$X(s) \to G_1(s) \to G_2(s) \to Y(s)$	$X(s) \to G_1(s)G_2(s) \to Y(s)$	$Y = G_1 G_2 X = GX$
并联	$X(s)$ 分支 $G_1(s)$、$G_2(s)$，$+\pm$，$Y(s)$	$X(s) \to G_1(s) \pm G_2(s) \to Y(s)$	$Y = G_1 \pm G_2 X = GX$
反馈	$X(s) \to G_1(s) \to Y(s)$，$\pm$，$H(s)$	$X(s) \to \dfrac{G(s)}{1 \mp G(s)H(s)} \to Y(s)$	$Y = \dfrac{G}{1 \mp GH} X$
综合点之间移动	$X_1(s)$，$X_3(s)\pm$，$X_2(s)\pm$，$Y(s)$	$X_3(s)\pm$，$X_1(s)$，$X_2(s)\pm$，$Y(s)$	$Y = X_1 \pm X_2 \pm X_3$
引出点之间移动	$G(s) \to Y(s)$，$Y_1(s)$，$Y_2(s)$	$G(s) \to Y(s)$，$Y_1(s)$，$Y_2(s)$	$Y = Y_1 = Y_2$
综合点前移	$X_1(s) \to G(s) \to Y(s)$，$X_2(s)\pm$	$X_1(s) \to G(s) \to Y(s)$，$\pm$，$\dfrac{1}{G(s)} X_2(s)$	$Y = G\left(X_1 \pm \dfrac{1}{G}X_2\right)$

续表

变换类型	变换前	变换后	等效关系
综合点后移	$X_1(s)$, $X_2(s)$, $G(s)$, $Y(s)$, $\pm$	$X_1(s)$, $G(s)$, $X_2(s)$, $G(s)$, $Y(s)$, $\pm$	$Y=G(X_1\pm X_2)$
引出点前移	$X(s)$, $G(s)$, $Y(s)$	$X(s)$, $G(s)$, $Y(s)$, $G(s)$	$Y=GX$
引出点后移	$X(s)$, $G(s)$, $Y(s)$	$X(s)$, $G(s)$, $Y(s)$, $\dfrac{1}{G(s)}$	$Y=GX$
非单位反馈	$X(s)$, $G(s)$, $Y(s)$, $H(s)$, $\pm$	$X(s)$, $\dfrac{1}{H(s)}$, $G(s)H(s)$, $Y(s)$, $\pm$	$Y=\dfrac{1}{H}\dfrac{GH}{1\mp GH}X$

1.6 常规控制规律及其对系统控制质量的影响

控制器是自动控制系统中重要的组成部分。它接收变送器或转换器送来的标准信号，按预定的规律输出标准信号，来驱动执行器消除偏差，使被控变量保持在设定值附近或按预定规律变化，实现对生产过程的自动控制。

控制器的控制规律来源于人工操作过程，是在模仿、总结人工操作经验的基础上发展起来的。控制器的控制规律是指控制器的输出信号与输入信号之间随着时间变化的规律。控制器的输入信号是经比较机构后的偏差信号，它是设定值信号 $x(t)$ 与变送器送来的测量值信号 $z(t)$ 之差。控制器的输出信号就是控制器送往执行器的信号（也就是执行器的输入信号）。

在研究控制器的控制规律时，一般将自动控制系统从中间断开，即只在系统开环时，单独研究控制器输入输出特性。在控制器的输入端加一个阶跃信号，相当于突然出现某一偏差，然后分析控制器的输出信号在阶跃输入作用下随时间的变化规律。控制规律表征着控制器的动态特性。

控制器分位式控制器和常规控制器两种。常规控制器的基本控制规律有比例控制（P）、积分控制（I）和微分控制（D）。工业生产中实际使用的控制规律主要有比例控制（P）、比例积分控制（PI）、比例积分微分控制（PID）三种。

不同的控制规律适用于不同的生产要求，所以需要了解常用的几种控制规律的特点与适用条件，根据过渡过程品质指标的要求，结合具体对象的特性，作出正确的选择。

1.6.1 位式控制

双位控制是位式控制的最简单形式。

理想的双位控制器，其输出 u 与输入偏差 e 之间的关系为

$$u = \begin{cases} u_{max}, & e > 0(\text{或 } e < 0) \\ u_{min}, & e < 0(\text{或 } e > 0) \end{cases} \tag{1-26}$$

理想的双位控制特性如图 1-22 所示。其动作规律是，当测量值大于设定值时，控制器的输出为最大（或最小），而当测量值小于设定值时，则其输出为最小（或最大），即控制器只有两个输出值，相应的执行器只有开和关两个极限位置。因此双位控制又称开关控制。

图 1-23 示出一个采用双位控制的液位控制系统，它利用电极式液位计来控制储槽中可导电流体的液位。槽内液面上方装有一根电极作为测量液位的传感器，电极的一端与继电器 J 的线圈相接，另一端调整在液位设定值的位置。导电的流体由装有电磁阀 V 的管线进入储槽，经下部出料管流出。储槽的外壳接地。当液位低于设定值 H_S 时，流体未接触电极，继电器断路，此时电磁阀 V 全开，物料流入储槽，液位上升。当液位上升至稍微大于设定值时，流体与电极接触，于是继电器接通，从而使电磁阀关闭，流体不再流入储槽。但此时槽内流体继续往外排出，使得液位下降。当液位下降至稍小于设定值时，流体与电极脱离，于是电磁阀开启…，如此循环，使得液位在设定值 H_S 上下的一个范围内波动。

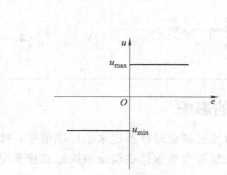

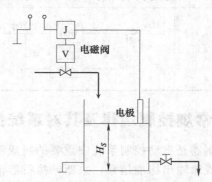

图 1-22　理想的双位控制特性　　　　图 1-23　采用双位控制的液位控制系统

按图 1-23 所示的理想双位控制系统中，作为执行器的继电器的动作非常频繁，使继电器中的运动部件因动作频繁而容易损坏，这样就很难保证控制系统长期安全运行。一般允许被控变量在设定值 H_S 附近有一个变化范围，因此，实际的双位控制器都有一个中间区。当被控变量值增加时，必须在其测量值高于设定值的某一数值后，控制器的输出才变为最大值 u_{max}，使执行器处于关（或开）的位置；而当被控变量值减少时，必须在测量值低于设定值的某一数值后，控制器的输出才变为最小值 u_{min}，使执行器才处于开（或关）的位置；当偏差在中间区内时，执行器不动作。这样既满足了生产工艺要求，又可以使控制器和执行器的开关频繁程度大大降低，延长了其中运动部件的使用寿命。

实际的双位控制器的控制规律如图 1-24 所示。改变图 1-23 中的测量装置及继电器线路，便可成为一个具有中间区的双位控制器。

具有中间区的双位控制过程如图 1-25 所示。由于双位控制器只有两输出值，相应的控制阀也只有开和关两个极限位置，系统无法平衡，被控变量会产生持续稳定的等幅振荡过程。当实际液位 H 低于下限值 H_L 时，电磁阀全开，流体流入储槽。由于流入量大于流出量，故液位上升；当液位上升至上限值 H_H 时，电磁阀全关，流体停止流入，由于此时流体只出不入，故液位下降。直到液位下降至下限值 H_L 时，电磁阀重新开启，液位又开始上

升，如此反复等幅振荡。

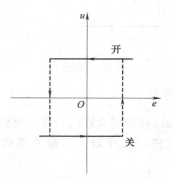

图 1-24 实际的双位控制规律

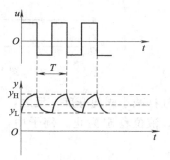

图 1-25 具有中间区的双位控制过程

双位控制中不能采用对连续控制作用下的衰减振荡过程所规定的指标，一般采用振幅与周期作为品质指标。在图 1-25 中，振幅为 $y_H - y_L$，周期为 T。如果生产工艺允许被控变量在一个较宽的范围内波动，则可把控制器的中间区设定得宽些，这样振荡周期加长，执行器的动作次数减少，于是减少了磨损，也就减少了维修工作量。反之，如果生产工艺中允许的被控变量的波动范围窄，则可把控制器的中间区设定得窄些，振荡周期会变短，执行器动作的次数会增加。

双位控制的实质是随着偏差信号符号的改变，使控制阀全开或者全关，其结构简单，成本较低，且易于实现。双位控制会产生冲击性的流量而影响工艺过程，所以只能用在控制质量要求不高的场合。

除了双位控制外，还有具有一个中间位置的三位控制，或者更多位的控制方式。这一类控制规律统称为位式控制，它们的工作原理基本相同。

1.6.2 比例控制（P）

自动控制一般是指连续控制系统，其控制器的输出随时间连续变化。生产过程中实际使用的控制器中，比例控制器是最简单的一种。

（1）比例控制规律

比例控制规律中，控制器输出信号的变化量 $\Delta u(t)$ 与输入偏差信号 $e(t)$ 成比例关系，即

$$\Delta u(t) = K_P e(t) \tag{1-27}$$

式中，K_P 称为比例增益或比例放大系数，其值在一定范围内可调。在相同偏差 $e(t)$ 输入下，K_P 越大，输出 $\Delta u(t)$ 也越大，比例控制作用越强。因此 K_P 是衡量比例作用强弱的一个重要参数。

比例控制器的传递函数为

$$G_P(s) = \frac{U(s)}{E(s)} = K_P \tag{1-28}$$

在阶跃偏差的输入作用下，比例控制器的输出响应曲线如图 1-26 所示。

图 1-27 是一个简单的液位比例控制系统。被控参数是水槽的液位，4 为杠杆支点，杠杆的一端固定着浮球，另一端和控制阀的阀杆连接。通过浮球和杠杆的作用，来调整阀门开度以维持适当的液位高度。当负荷减小（出水量减少），水槽的液位升高时，浮球随之升高，

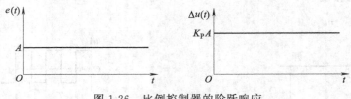

图 1-26　比例控制器的阶跃响应

并通过杠杆减小阀门开度。反之，当液位降低时，浮球通过杠杆增大阀门开度，直到进出水量相等，液位稳定为止。例子中，浮球是系统的检测元件，杠杆是一个最简单的比例控制器。

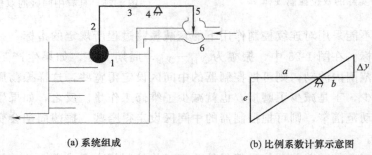

(a) 系统组成　　　　　　　(b) 比例系数计算示意图

图 1-27　液位比例控制系统

1—浮球；2—浮球杆；3—杠杆；4—杠杆支点；5—阀杆；6—控制阀

控制器的输出变化量 Δy（即阀门开度）与输入变化量 e（即液位偏差）之间的关系可由图 1-27（b）中的相似三角形求得

$$\Delta y = \frac{b}{a}e \tag{1-29}$$

当杠杆支点位置确定之后，a 和 b 均为定数，令 $K_P = \dfrac{b}{a}$，则式（1-29）改写为

$$\Delta y = K_P e \tag{1-30}$$

式中，K_P 为比例放大系数，改变杠杆的支点位置，即改变 a 和 b 的值，就能改变 K_P。

（2）比例控制的特点

比例控制的特点是反应快，动作及时。控制器的输出变化量与输入偏差存在一一对应的关系，当有偏差信号输入时，控制器立刻输出与偏差成比例的变化量，所以能够快速有效地克服由干扰引起的被控变量的波动，这是比例控制的优点。

因比例控制器的输出信号变化量与输入偏差之间时刻存在比例关系，所以其控制的结果必然存在余差，这是比例控制的缺点。图 1-27 中的液位比例控制系统中，假定初时输入输出的平衡关系已经建立，液位维持不变。当有干扰，如出水量或者设定液位值发生改变时，只有改变阀门的开度产生控制量变化量 Δu，才能建立起新的平衡关系。而比例控制器的输出变化量 Δu 又与输入偏差 $e(t)$ 成正比，因此这时控制器的输入偏差 $e(t)$ 必然不会是零。由此可见，纯比例控制存在的余差是由比例控制器的特性决定的。

（3）比例度 δ

工业生产中用到的控制器，通常不用比例增益 K_P 表示其比例控制的强弱，而是用比例

度 δ 表示。比例度是指控制器输入的变化相对值与输出的变化相对值之比的百分数，表示为

$$\delta = \left(\frac{e}{x_{\max} - x_{\min}} \Big/ \frac{\Delta u}{u_{\max} - u_{\min}} \right) \times 100\% \qquad (1\text{-}31)$$

式中　　e——控制器输入信号的变化量，即输入偏差；

Δu——控制器输出信号的变化量，即输出控制量

$x_{\max} - x_{\min}$——控制器输入信号的变化范围，即输入偏差范围；

$u_{\max} - u_{\min}$——控制器输出信号的变化范围，即输出控制量范围。

控制器的比例度 δ 可理解为：要使输出信号在全范围内变化，输入信号必须改变全量程的百分之几。

在单元组合仪表中，控制器的输入和输出都是统一的标准信号，即

$$x_{\max} - x_{\min} = u_{\max} - u_{\min}$$

由此比例度可表示为

$$\delta = \frac{1}{K_{\mathrm{P}}} \times 100\% \qquad (1\text{-}32)$$

因此，比例度 δ 与比例增益 K_{P} 成反比。δ 越小，则 K_{P} 越大，比例控制作用就越强；反之，δ 越大，则 K_{P} 越小，比例控制作用就越弱。

（4）比例度 δ 对系统控制质量的影响

比例控制系统中，不同的比例度 δ 将产生不同的控制效果，为了能通过改变比例度 δ 来获得好的控制质量，需要分析比例度 δ 对各个性能指标的影响。

① 比例度 δ 对余差的影响　图 1-28 示出了控制系统中，比例控制器在闭环运行时，其比例度 δ 对系统过渡过程的影响。由图可以看出，在干扰及设定值变化时，控制系统存在余差。余差的大小与比例度 δ 的大小及负荷的变化量有关。在相同负荷变化量的干扰下，比例度 δ 越小，余差越小；在比例度 δ 相同的情况下，负荷变化量越大，则余差越大。

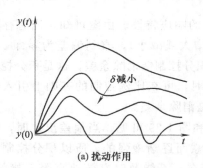
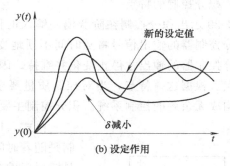

图 1-28　不同比例度下的过渡过程

② 比例度 δ 对系统稳定性的影响　从图 1-28 还可看出，比例度 δ 越大，系统过渡过程的曲线越平稳。随着比例度 δ 的减小，系统的振荡程度加剧，衰减比减小，稳定性变差。当比例度 δ 减小到一定程度时，系统将出现等幅振荡，这时的比例度称为临界比例度 δ_{c}。当实际运行的比例度小于临界比例度 δ_{c} 时，系统将发散振荡，这是很危险的，可能会诱发事故。因此应根据系统中各个环节的特性，特别是过程特性，合理选择控制器的比例度 δ，才能获得较为理想的控制指标。工业实际生产过程中，通常要求振荡不太剧烈且余差不太大的过渡过程，这时的衰减比在 $4:1 \sim 10:1$ 的范围内。

③ 比例度 δ 对最大偏差和振荡周期的影响　在相同大小的干扰作用下，控制器的比例度 δ 越小，则比例作用越强，控制器的输出越大，使被控变量偏离设定值的最大值越小，被控变量被拉回到设定值所需的时间越短。所以，比例度 δ 越小，最大偏差越小，振荡周期也越短，工作频率提高。

综上所述，只有适当取值的比例度 δ，才能得到过渡过程呈衰减振荡、最大偏差和余差都不太大、过渡过程稳定快和回复时间短的控制效果。在长期的工业生产实践中，人们摸索出了大致的比例度 δ 取值范围：压力控制系统为 $30\%\sim70\%$；流量控制系统为 $40\%\sim100\%$；液位控制系统为 $20\%\sim80\%$；温度控制系统为 $20\%\sim60\%$。

在控制规律中，比例控制是最基本、最主要也是应用最普遍的控制规律，它能较为迅速地克服干扰的影响，使整个系统很快地稳定下来。比例控制通常适用于干扰幅度较小、负荷变化小、过程滞后时间短和允许存在余差等控制要求不高的场合。当单纯的比例控制不能满足生产要求时，可在比例控制的基础上引入积分或微分控制作用。

1.6.3　积分控制 （I）

（1）积分控制规律

具有积分控制规律的控制器，其积分控制作用的输出变化量 $\Delta u(t)$ 与输入偏差 $e(t)$ 对时间的积分成正比，即

$$\Delta u(t) = K_{\mathrm{I}} \int_0^t e(t)\mathrm{d}t \tag{1-33}$$

式中，K_{I} 为积分速度。

由式（1-33）可见，积分控制器的输出信号的大小，不仅与偏差信号的大小有关，而且也与偏差存在的时间长短有关。只要有偏差存在，控制器的输出就会不断变化，而且偏差存在的时间越长，输出信号的变化也会越大，直到输出达到控制器的输出极限为止。这种控制器的作用是力图消除偏差。

（2）积分控制的特点

图 1-29 示出积分控制在阶跃偏差输入的作用下的响应特性。由图可知，当有存在偏差时，积分控制器的输出信号将随时间不断地变化（增大或减小），直到偏差为零即 $e(t)=0$ 时，积分控制器的输出才停止变化并维持。因此，积分控制能消除余差，这是积分控制的特点和优点。根据这一特点，当对控制质量要求更高时，可在比例控制的基础上引入积分控制，可构成无余差的控制系统。积分控制主要作用是消除余差。

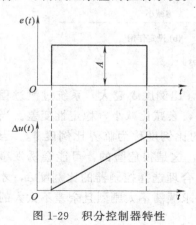

由式（1-33）和图 1-29 可见，当偏差出现时，积分控制是随着时间的积累而逐渐增强的，所以积分控制作用总是滞后于偏差的存在，不能及时有效地克服干扰的影响，其结果是加剧被控变量的波动，甚至影响系统的稳定性。因此纯积分控制规律在工业生产中很少单独使用，通常将比例控制与积分控制组合成比例积分控制规律来使用。

（3）比例积分控制规律 （PI）

比例积分控制规律将比例控制与积分控制叠加，其数学表达式为

$$\Delta u(t) = K_{\mathrm{P}}\left[e(t) + \frac{1}{T_{\mathrm{I}}} \int_0^t e(t)\mathrm{d}t \right] \tag{1-34}$$

图 1-29　积分控制器特性

式中，$K_P e(t)$ 是比例项，$\dfrac{K_P}{T_I}\displaystyle\int_0^t e(t)\mathrm{d}t$ 是积分项，T_I 为积分时间，$K_P/T_I = K_I$。

比例积分控制器的传递函数是

$$G(s) = \frac{U(s)}{E(s)} = K_P\left(1 + \frac{1}{T_I s}\right) \tag{1-35}$$

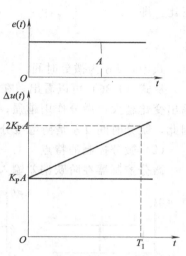

图 1-30 为在阶跃偏差 A 作用下，比例积分控制器的输出曲线。比例输出为 $\Delta u_P = K_P A$，积分作用输出为 $\Delta u_I = K_P A t / T_I$，随时间而增加。在 $t = T_I$ 时刻，有 $\Delta u_I = K_P A = \Delta u_C$，因此，当积分控制的输出等于比例控制的输出时所需的时间就是积分时间 T_I。积分时间 T_I 越小，比例积分控制输出曲线的斜率越大，控制作用越强。反之，积分时间 T_I 越大，积分作用越弱。若积分时间为无穷大时，控制器就没有积分作用了，而成为纯比例控制器。一般 T_I 可在几秒到几十分钟范围内调整。

（4）积分时间 T_I 对系统控制质量的影响

图 1-31 示出在比例积分控制系统中，若保持控制器的比例度 δ 不变，改变积分时间 T_I 时，系统过渡曲线的变化情况。从图中可以看出，随着 T_I 的减小，积分作用加

图 1-30　比例积分作用的阶跃响应

强，余差消除加快，控制系统的振荡加剧，系统的稳定性下降，直至振荡和失稳。另外，T_I 减小时，扰动作用下的最大偏差下降，振荡频率增加。

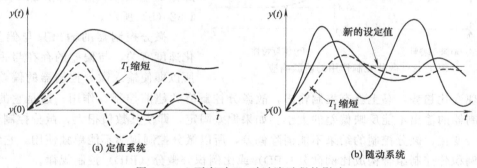

图 1-31　δ 不变时 T_I 对过渡过程的影响

在工业生产的控制系统中，积分时间 T_I 的经验取值范围如下：压力控制系统为 $0.4\sim3\mathrm{min}$；流量控制系统为 $0.1\sim1\mathrm{min}$；温度控制系统为 $3\sim10\mathrm{min}$；液位控制系统为不需要积分作用。

在比例控制系统中引入积分控制的优点是消除余差，但会降低系统的稳定性。若要保持系统原有的稳定性，则必须加大控制器的比例度 δ，这会使系统的振荡周期加大，调节时间增加，最大偏差增大。也就是说，引入积分控制，一方面消除了余差，另一方面降低了控制系统的其他性能指标。

比例积分控制综合了比例控制和积分控制的优点，有比例度 δ 和积分时间 T_I 两个参数可供选择，因此适应性强，多数控制系统都可以采用。但对于容量滞后大、时间常数大或负荷变化剧烈的场合，由于积分控制的反应较为迟缓，且系统的控制指标不能满足要求时，可

考虑增加微分控制。

1.6.4　微分控制（D）

（1）微分控制规律

具有微分控制规律的控制器，其输出信号的变化量 $\Delta u(t)$ 与偏差 $e(t)$ 的变化速度成正比，即

$$\Delta u(t) = T_{\mathrm{D}} \frac{\mathrm{d}e(t)}{\mathrm{d}t} \tag{1-36}$$

式中，T_{D} 为微分时间。

从式（1-36）可以看出，在相同的偏差 $e(t)$ 变化速度作用下，T_{D} 越大，则控制器的输出变化越大，微分作用越强；反之，T_{D} 越小，控制器的输出变化越小，微分作用越弱。因此，微分时间 T_{D} 是衡量微分作用强弱的重要参数。

（2）微分控制的特点

微分控制器在阶跃偏差输入的作用下的响应曲线如图 1-32 所示。

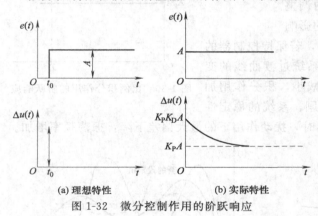

(a) 理想特性　　　　(b) 实际特性

图 1-32　微分控制作用的阶跃响应

图 1-32（a）为理想微分控制器的输出特性。可以看出其理想输出响应曲线是一个宽度趋于零且幅度无穷的脉冲。理想的微分控制作用不但在物理上不能实现，而且在实际中没有使用价值。因此微分控制器一般采用实际微分控制规律，其阶跃响应如图 1-32（b）所示。

微分控制器的输出只与偏差的变化速度有关，与偏差的存在与否无关。所以即使输入微分控制器的偏差很小，只要出现变化趋势，马上就有控制输出，故微分控制有"超前控制"作用，这是它的优点。微分控制器的输出不能反映偏差的大小。如果偏差固定，即使其数值很大，微分控制器的输出也不会变化，微分控制的结果不能消除偏差，所以微分控制规律不能单独使用，它常与比例或比例积分控制组合构成比例微分（PD）或比例积分微分（PID）控制规律。

（3）比例积分微分控制规律（PID）

理想比例积分微分控制规律（PID）的表达式为

$$\Delta u(t) = K_{\mathrm{P}} \left[e(t) + \frac{1}{T_{\mathrm{I}}} \int_0^t e(t)\mathrm{d}t + T_{\mathrm{D}} \frac{\mathrm{d}e(t)}{\mathrm{d}t} \right] \tag{1-37}$$

传递函数为

$$G(s) = \frac{U(s)}{E(s)} = K_{\mathrm{P}} \left(1 + \frac{1}{T_{\mathrm{I}}s} + T_{\mathrm{D}}s \right) \tag{1-38}$$

同样的，理想的比例积分微分控制作用不能在物理上实现，也没有现实使用价值。故而采用实际比例积分微分（PID）控制作用。

图 1-33 示出在阶跃偏差输入作用下，实际 PID 控制器的阶跃响应输出。当有阶跃偏差输入时，在比例和微分控制的作用下，控制器的输出跳变到最大值，然后逐渐下降，下降一段时间后，在比例微分和积分的共同作用下，又开始上升，最后由积分作用，输出呈积分上

升趋势。从图中显示的比例、比例微分和比例积分微分三种控制作用的响应可以看到，比例作用是最基本的控制作用，在整个过程中都起作用，微分作用主要在控制前期起作用，而积分作用主要在控制后期起作用。

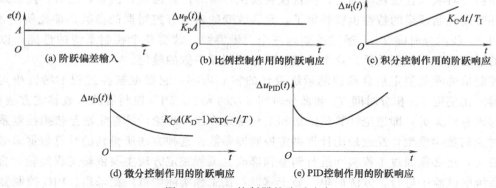

图 1-33 PID 控制器的阶跃响应

具有 PID 三种控制作用的控制器，集中了三种控制作用的优点，即既有快速性，又能消除偏差，还可根据被控变量的变化趋势超前动作，具有较好的控制性能，所以 PID 控制在自动控制系统得到了广泛的应用。

(4) 微分时间 T_D 对系统控制质量的影响

在负荷变化剧烈、干扰幅度较大或过程容量滞后较大的系统中，引入微分控制作用，可在一定程度上提高系统的控制质量。这是因为，当控制器接收到偏差后再进行控制，控制过程已经受到较大幅度扰动的影响，或者扰动已经作用了一段时间，而引入微分作用后，当被控变量发生变化时，根据变化趋势适当加大控制器的输出信号，将有利于克服干扰对被控变量的影响，抑制偏差的增长，从而提高系统的稳定性。

微分时间 T_D 的大小对系统过渡过程的影响，如图 1-34 所示。图中，若 T_D 取值太小，则对系统的控制指标没有影响或影响很小，如曲线 1 所示；选取适当的 T_D，系统的控制指标将得到全面的改善，如曲线 2 所示；但若 T_D 取得过大，引入太强的微分作用，反而会使控制系统的振荡加剧，稳定性变差，如曲线 3 所示。

比例积分微分控制规律是工业生产过程中最常用的控制规律，是历史最久、应用最广、适应性最强的控制规律。在常规自动控制系统中，比例积分微分控制算法约占了90%，即使在计算机控制已经得到广泛应用的今天，数字比例积分微分控制规律仍是主要的控制算法。虽然比例积分微分控制规律具有各种优点，但并不意味着它在任何情况下都是最合适的，必须根据被控对象特性和

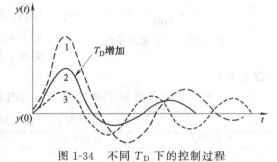

图 1-34 不同 T_D 下的控制过程

工艺要求，选择最为恰当的控制规律。以下为针对不同对象的常用的控制规律。

液位：一般要求不高，用 P 或 PI 控制规律。

流量：时间常数小，测量信息中夹杂有噪声，用 PI 或加反微分（$K_D < 1$）控制规律。

压力：液体介质的时间常数小，气体介质的时间常数中等，用 P 或 PI 控制规律。

温度和成分分析：容量滞后较大，宜用 PID 控制规律。

1.7　控制器参数的工程整定方法

在被控对象和控制规律确定，测量仪表及执行器等已经选定并已装好之后，控制系统中各个环节及控制通道的特性也就确定了，允许改变的就只有控制器的参数，即比例度 δ、积分时间 T_I 和微分时间 T_D。通过改变这三个关键参数，改变整个控制系统的性能，以获得较好的过渡过程和控制品质。这个过程就叫做控制器参数的整定。

控制器的参数整定是自动控制系统设计的核心内容，它根据被控过程的特性确定 PID 控制器的比例度 δ、积分时间 T_I 和微分时间 T_D 的大小。PID 控制器的参数整定方法很多，概括起来有两大类：即理论计算整定法和工程整定方法。理论计算整定法是依据控制系统中被控对象的数学模型，经过理论计算确定控制器参数。这种方法所得到的计算数据未必可以直接使用，还必须通过工程实际进行调整和修改。工程整定方法主要依赖工程经验，直接在控制系统的试验中进行，方法简单，易于掌握，在工程实际中被广泛采用。PID 控制器参数的工程整定方法，主要有临界比例度法、衰减曲线法、响应曲线法和经验试凑法等。这些方法各有其特点，其共同点都是通过试验，然后按照工程经验公式对控制器参数进行整定。无论采用哪一种方法所得到的控制器参数，都需要在实际运行中进行最后调整与完善。

1.7.1　临界比例度法

这是目前使用较广的一种方法，具体步骤如下。

在闭环控制系统中，将积分作用和微分作用去除，仅保留纯比例作用。此时将比例度 δ 从大逐渐减小，对某一比例度 δ，增加一小幅阶跃干扰，直到获得一个临界等幅振荡过程，

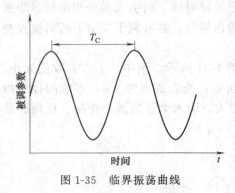

图 1-35　临界振荡曲线

如图 1-35 所示。这时的比例度叫临界比例度 δ_C，相应的振荡周期为临界振荡周期 T_C，然后按表 1-3 的经验公式来确定控制器的各参数值。表中列出的参数值是以闭环控制系统得到 4：1 的衰减过渡曲线，并且有合适的超调量为目标的。

临界比例度法在下面两种情况下不宜采用。

ⅰ. 临界比例度过小的情形。因为这时的调节阀（执行器）很容易处于全开及全关位置，对于生产工艺不利。例如，对于一个用燃料油加热的炉子，如比例度 δ 很小，则接近双位调节，炉子将一会儿熄火，一会儿大火。

ⅱ. 工艺上约束条件较严格的情形，这时候如是等幅振荡，将影响生产的安全运行。

表 1-3　临界比例度法数据表

控制作用	比例度 δ/%	积分时间 T_I/min	微分时间 T_D/min
比例	$2\delta_C$		
比例积分	$2.2\delta_C$	$0.85T_C$	
比例微分	$1.8\delta_C$		$0.1T_C$
比例积分微分	$1.7\delta_C$	$0.5T_C$	$0.125T_C$

1.7.2　衰减曲线法

临界比例度法需要得到控制系统的等幅振荡曲线。在不允许或得不到等幅振荡曲线的情

况下，可以采用衰减曲线法。

衰减曲线法也是在纯比例作用下进行。在控制系统达到稳定时，由大到小逐步改变比例度 δ，并增加小幅阶跃干扰，观察记录曲线的衰减比。当出现如图 1-36 所示的 4：1 的衰减过渡曲线时，记下此时的比例度 δ_S 及相应的振荡周期 T_S，再按表 1-4 的经验公式来确定控制器的各参数值

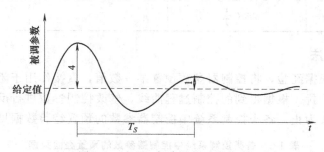

图 1-36　4：1 衰减调节过程曲线

表 1-4　4：1 衰减曲线法数据表

控制作用	比例度 δ/%	积分时间 T_I/min	微分时间 T_D/min
比例	δ_S		
比例积分	$1.2\delta_S$	$0.5T_S$	
比例积分微分	$0.8\delta_S$	$0.3T_S$	$0.1T_S$

1.7.3　响应曲线法

响应曲线法是一种根据广义对象的响应曲线来整定控制器参数的方法。该方法中先使控制系统处于开环状态，根据生产工艺许可条件，加一阶跃扰动（通常是改变设定值），使控制器输出信号产生一阶跃变化 Δm，同时记录仪将记录被控量 x 随时间的响应曲线，如图 1-37 所示。对于一阶系统，其滞后时间 τ、时间常数 T 和放大系数 K 可按 1.4.2 节中介绍的方法从曲线中得到。对于二阶或二阶以上的系统，其响应曲线则一般为 S 形曲线，需要对其进行线性化处理。方法如下：找到响应曲线的拐点，如图 1-37 中曲线上的点 A，通过点 A 作响应曲

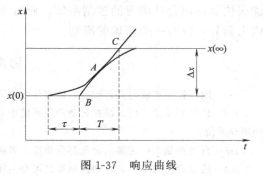

图 1-37　响应曲线

线的切线，得到切线与初始值及稳态值的交点 B 和 C，读取图中对应的时间 τ 和 T，就获得了二阶或二阶以上的广义对象的线性化特性，其等效滞后时间为 τ，等效时间常数为 T。放大系数 K 作无因次处理，其关系式为

$$K = \frac{\Delta x / (x_{\max} - x_{\min})}{\Delta m / (m_{\max} - m_{\min})} \tag{1-39}$$

由从响应曲线上求得的滞后时间 τ、时间常数 T 和放大系数 K 等数据，按表 1-5 的计算式，可算得具有 4：1 衰减过程的控制器参数值。必须注意的是，此计算所得的控制参数为近似值，仍须根据运行情况加以调整，然后才是实际所需的控制器参数整定值。

表 1-5　响应曲线法整定参数

控制作用	比例度 $\delta/\%$	积分时间 T_I/min	微分时间 T_D/min
比例	$100K\dfrac{\tau}{T}$		
比例积分	$120K\dfrac{\tau}{T}$	3.3τ	
比例积分微分	$83K\dfrac{\tau}{T}$	2τ	0.5τ

1.7.4　经验试凑法

经验试凑法是根据经验，将控制器参数预置某一数值，直接作用于闭环控制系统中，通过改变设定值施加干扰，根据得到的控制过程曲线，修改控制参数进行反复试凑，直到获得满意的过渡过程曲线为止。各类控制系统中控制器参数的预置经验数据见表 1-6。

表 1-6　各类控制系统中控制器参数的预置经验数据

控制系统	比例度 $\delta/\%$	积分时间 T_I/min	微分时间 T_D/min	特　　点
温度	20~60	3~10	0.5~3	比例度小，积分时间大，加微分作用
流量	40~100	0.1~1		比例度大，积分时间小，必要时可加反微分
压力	30~70	0.4~3		比例度略小，积分时间略大，不用微分作用
液位	20~80	1~5		比例度小，积分时间大，要求不高时可不加积分

经验试凑法简单可靠，适用于各种控制系统，特别是对于外界干扰作用频繁，记录曲线不规则的控制系统，更加合适。但这种方法实质是"看曲线，调参数"，因此对熟悉的系统能很快试凑出合适满意的控制参数，而对不熟悉的系统则很费时，且多数场合下，经验也是因人而异，没有一个明确的准则。

思考与练习

1-1　闭环控制系统与开环控制系统有什么不同？

1-2　什么叫反馈，负反馈在自动控制系统中有何作用，为什么说一般自动控制系统是一个具有负反馈的闭环系统？

1-3　自动控制系统主要由哪几部分组成？各组成部分在系统中的作用是什么？

1-4　按设定值的不同，自动控制系统可分为哪几类？

1-5　什么是控制系统的过渡过程？研究过渡过程有什么意义？

1-6　对系统运行的基本要求是什么？自动控制系统的单项性能指标有哪些？它们分别表示了对系统哪一方面的性能要求？

1-7　为什么要建立过程的数学模型？主要有哪些建模方法？

1-8　什么是过程特性？研究过程特性对设计自动控制系统有何帮助？

1-9　一阶自衡非振荡过程的特性参数有哪些？各有何物理意义？

1-10　简述并画图说明高阶自衡非振荡过程阶跃响应曲线的近似处理方法。高阶自衡非振荡过程的特性可用哪些特性参数来近似表征？

1-11　已知一个具有纯滞后的一阶过程的时间常数为 4min，放大系数为 10，纯滞后时间为 1min，试写出描述该过程特性的一阶微分方程式及传递函数。

1-12　用阶跃扰动法测试过程特性时应注意哪些事项？

1-13　已知某换热器的被控变量是出口温度 θ，操纵变量是蒸汽流量 Q。在蒸汽流量作阶跃变化时，出口温度响应曲线如图1-38所示。该过程通常可以近似作为一阶滞后环节来处理。试用作图方法估算该控制通道的特性参数 K、T 和 τ，并写出其传递函数表达式。

1-14　试画出图1-39（a）所示的液位自动控制系统的框图并说明其工作原理。若将系统的结构改为如图1-39（b）所示的，将对系统工作有何影响？

1-15　某化学反应器工艺规定操作温度为（900±10）℃。考虑安全因素，控制过程中温度偏离给定值最大不能超过 90℃。现设计的温度定值控制系统，在最大阶跃干扰作用下的过渡过程曲线如图1-40所示。试求该系统的过渡过程品质指标：最大偏差、超调量、衰减比和振荡周期，并判断该控制系统能否满足题中所给的工艺要求？

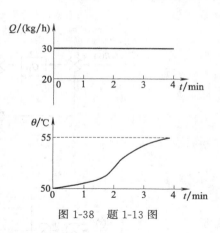

图1-38　题1-13图

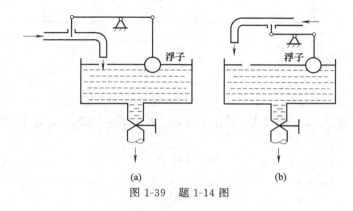

图1-39　题1-14图

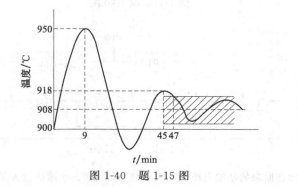

图1-40　题1-15图

1-16　根据所学专业内容，画一个自动控制系统的框图，并说明其工作原理。

1-17　什么是控制器的控制规律？常规控制器的基本控制规律有哪些？它们各有什么特点？

1-18　工业上实际使用的控制规律主要有哪几种？试分别简述它们的适用场合。

1-19　比例度 δ、积分时间 T_I、微分时间 T_D 对系统的过渡过程有什么影响？

1-20　化简图1-41中的方框图，并求传递函数 $C(s)/R(s)$。

1-21　某控制系统的方框图如图1-42所示。图中，$W(s)$ 是一个补偿装置，目的是使系统在扰动 $F(s)$ 作用下的输出 $Y(s)$ 不受影响。试求该补偿装置的传递函数。

1-22　已知一个简单水槽，其截面积为 1m^2，水槽中的液体由流出量是恒定的水泵抽出。如果在稳定

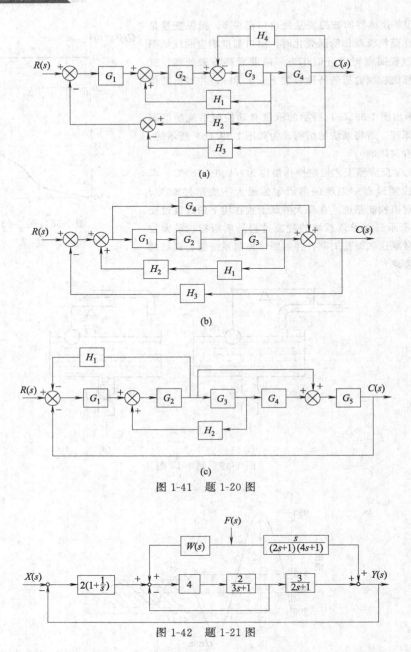

图 1-41　题 1-20 图

图 1-42　题 1-21 图

的情况下，输入流量突然在原来的基础上增加了 $0.1\text{m}^3/\text{h}$，试画出水槽液位 h 的变化曲线。

1-23　如何选择被控变量和操纵变量？

1-24　试分析对象扰动通道特性对控制质量的影响。

1-25　测量滞后与纯滞后有何不同，对控制质量有什么影响，如何减少和克服这些影响？

1-26　试比较控制器参数工程整定几种方法的特性和适用场合。

第 2 章　顺序控制系统

过程装备控制中，自动控制系统是对连续量的控制，其特征为被控变量在时间上表现为连续量，控制的目的是将被控变量在受到干扰后维持在设定值。过程装备控制中还有一类控制系统，这类控制系统的被控变量在时间上表现为开关量，系统按照预先确定的顺序或条件，逐步进行各个工步的控制，这类控制系统称为顺序控制系统。过程装备控制中的顺序控制系统也称为装备控制系统。

2.1　顺序控制的基本概念

2.1.1　顺序控制

顺序控制技术在 20 世纪 60 年代兴起，是一种适用于生产自动化的控制技术。

在生产过程中常常需要按照一定的条件，应用继电器、接触器、电磁离合器和电机等元器件，使之协调动作，从而自动完成某些操作任务。这种根据生产的工艺要求，按预先排列的次序对生产过程进行的控制，就称为顺序控制。在一个顺序控制系统中，下一步执行什么动作是预先确定好的，前一步的动作执行结束后，马上或经过一定的时间间隔再执行下一步动作，或者根据控制结果选择下一步应执行的动作。

例如，无氰镀锌或光亮件电镀生产一般都需要经过几十道工序才能完成。工件按照电镀的工艺要求依次从一个镀槽到另一个镀槽，在每一个镀槽中又需要停留一定的时间，直至工件下挂终止。这种类型的控制都是顺序控制。

2.1.2　顺序控制方式

工业生产中依照不同的条件，使用的顺序控制包括时间顺序控制、逻辑顺序控制和条件顺序控制三种方式。

时间顺序控制是固定时间程序的控制系统。它以执行时间为依据，每个设备的运行或停止与时间有关。例如，在物料的输送过程中，为了防止各输送带电动机同时启动造成负荷的突然增大，并且为了防止物料的堵塞，通常先启动后级的输送带电动机，经一定时间延时后，再启动前级的输送带电动机。在停止输送时，先停止前级输送带的电动机，延时后再停止后级输送带的电动机，使在输送带上的物料能输送完毕。又例如，在交通控制系统中，东西南北方向各色信号灯的点亮和熄灭是在时间上已经确定的，所以，它将按照一定的时间来点亮或熄灭信号灯。这类顺序控制系统的特点是各设备运行时间是事先已确定的，一旦顺序执行，将按预定的时间执行操作指令。

逻辑顺序控制系统按照逻辑先后顺序执行操作指令，它与时间无严格的关系。例如，在批量控制的反应釜中，反应初期，首先打开基料阀，基料流入反应釜中，达到一定液位时，启动搅拌机。在搅拌开始后，液位因基料在继续流入而升高，当达到某一液位时，基料停止加入，其他物料开始加入，当液位达到另一设定液位时，物料停止加入，开始加入蒸汽升温，并开始反应。图 2-1 为反应釜工作流程图。基料与物料分别存放在各自的储液罐内，在这个过程中，进料的流量大小受到进料储罐液位的影响，液位高，则进料压力大，流量也

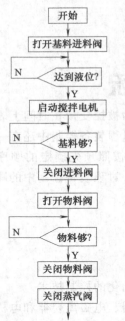

图 2-1 反应釜工作流程图

大，达到启动搅拌电机的液位所需时间也短。同样，在加入其他物料时，因受物料流量的影响，液位达到所需液位的时间也不同。但是，在这类控制系统中，执行操作指令的逻辑顺序关系不变，因此，称这类控制系统是逻辑顺序控制系统。这类控制系统在工业生产过程的控制中应用较多。

条件顺序控制系统是以执行操作指令的条件是否满足为依据，当条件满足时，相应的操作就被执行，不满足时，将执行另外的操作，典型的例子是电梯控制系统。当某一层有乘客按了向上按钮后，如电梯空闲，则电梯自动向该层运行，当乘客进入电梯仓，并按了所需去的楼层按钮后，在一定的时间延时和关闭电梯门后，电梯将运行，一直等到电梯到达了所需的楼层，自动打开仓门。这里，电梯的运行根据条件确定，可向上运行也可向下运行，所停的楼层也根据乘客所需确定。这类顺序控制系统在工业生产过程控制中也有较多的应用。

以上三种控制，实质上都是根据工艺要求而设计的程序动作，所以又称为程序控制。

2.1.3 顺序控制分类

顺序控制可分为开环控制和闭环控制两大类。

开环控制——程序的执行和动作量的控制只取决于输入信号，而与动作的结果无关的控制。例如，按规定的时间表定时地输出信号，用来操纵各种输出设备的时序控制装置就属于开环控制，因为它们所发信号的依据，完全决定于预先设定的时间信号，而与发信号后的动作结果无关。

闭环控制——控制输出不但受程序的约束，还受工作现场中即时工作状态的影响，也就是说结果会反过来影响程序的执行。

2.1.4 顺序控制系统的组成

顺序控制系统的组成见图 2-2，它由输入接口、控制器、输出接口、执行机构、检测器、被控对象和显示报警装置等组成部分。

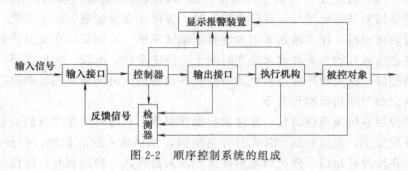

图 2-2 顺序控制系统的组成

输入接口 输入信号可能是表示电平的电压或电流信号，也可能是继电器、接触器或按钮的干触点信号，由输入接口将这些表示电平的输入信号进行转换，成为控制器可接受的标准电平信号。

控制器　控制器接受输入信号，按一定的控制算法进行逻辑运算后，输出电平控制信号。控制器一般还具有算术运算、定时、计数、掉电存储和实时时钟功能。

输出接口　输出接口将控制器输出的电平控制信号进行转换，必要时进行功率放大，成为能驱动实际逻辑执行机构的电平信号。这些电平信号可能是 PNP、NPN、驱动电流或干触点等逻辑信号。

执行机构　执行机构包括继电器、接触器、电磁铁、电磁阀和电机等。执行机构接受电平信号，实现电压电流的通断，阀门开或关，以及电机的启动或停止等运行状态。

检测器　检测器用于检测被控对象的状态，并进行状态显示，或者反馈回控制器，作为逻辑运算的输入。

被控对象　被控对象指需要控制的对象。

显示报警装置　显示报警装置显示系统的输入、输出、状态、报警等信息，便于了解过程运行状态和对过程的操作、调试、事故处理等。

2.2　顺序控制规律

2.2.1　概述

顺序控制中的信号是数字量或开关量。对数字量或开关量，其基本的运算是逻辑运算，逻辑运算又称布尔运算。19 世纪 50 年代英国数学家布尔用数学方法研究逻辑问题，成功地建立了逻辑演算。布尔用等式表示判断，把推理看作等式的变换。这种变换的有效性不依赖于人们对符号的解释，只依赖于符号的组合规律。这一逻辑理论人们常称它为布尔代数或逻辑代数。20 世纪 30 年代香农把逻辑代数用于开关和继电器网络的分析和化简，率先将逻辑代数用于解决实际问题。经过几十年的发展，逻辑代数已成为分析和设计逻辑电路不可缺少的数学工具。由于逻辑代数可以使用二值函数进行逻辑运算，一些用语言描述十分复杂的逻辑关系，使用数学语言后，就变成了简单的代数式。逻辑代数有一系列的定律和规则，用它可以完成电路的化简、变换、分析和设计，所以迅速在电路系统上获得了应用。其后，由于电子技术与计算机的发展，出现各种复杂的大系统，它们的变换规律也遵守布尔所揭示的规律。

2.2.2　基本逻辑概念

逻辑常量与变量　逻辑常量只有两个，即 0 和 1，用来表示两个对立的逻辑状态。逻辑变量与普通代数一样，也可以用字母、符号、数字及其组合来表示，但它们之间有着本质区别，因为逻辑变量的取值只有两个，即 0 和 1，而没有中间值。

逻辑运算　在逻辑代数中，有与、或、非三种基本逻辑运算。表示逻辑运算的方法有多种，如语句描述、逻辑代数式、真值表、卡诺图等。

逻辑函数　逻辑函数是由逻辑变量、常量通过运算符连接起来的代数式。同样，逻辑函数也可以用表格和图形的形式表示。

逻辑代数　逻辑代数是研究逻辑函数运算和化简的一种数学系统。逻辑函数的运算和化简是数字电路课程的基础，也是数字电路分析和设计的关键。

2.2.3　基本逻辑运算

（1）与运算

图 2-3（a）表示一个简单与逻辑的电路，电压 V 通过开关 A 和 B 向灯泡 L 供电，只有

A 和 B 同时接通时，灯泡 L 才亮。A 和 B 中只要有一个不接通或二者均不接通时，则灯泡 L 不亮，其真值表如图 2-3（b）。因此，从这个电路可总结与运算逻辑关系。

语句描述：只有当一件事情（灯 L 亮）的几个条件（开关 A 和 B 都接通）全部具备之后，这件事情才会发生。这种关系称与运算。

逻辑表达式：
$$L = A \cdot B \tag{2-1}$$

式中小圆点"·"表示 A 和 B 的与运算，又称逻辑乘。在不致引起混淆的前提下，乘号"·"被省略。某些地方也有用符号 $\wedge$、$\cap$ 表示与运算。

真值表：如果开关不通和灯不亮均用 0 表示，而开关接通和灯亮均用 1 表示，得到如图 2-3（c）所示的真值表描述。真值表的左边列出为所有变量的全部取值组合，右边列出的是对应于 A 和 B 变量的每种取值组合的输出。因为输入变量有两个，所以取值组合有 $2^2 = 4$ 种，对于 n 个变量，应该有 2^n 种取值组合。

逻辑符号：与运算的逻辑符号如图 2-3（d）所示，其中 A 和 B 为输入，L 为输出。

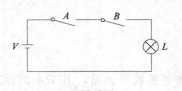

A	B	$L = A \cdot B$
0	0	0
0	1	0
1	0	0
1	1	1

（a）电路图　　　　　　　　　　（c）用0、1表示的真值表

A	B	灯
不通	不通	不亮
不通	通	不亮
通	不通	不亮
通	通	亮

（b）真值表

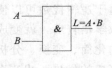

（d）与逻辑门电路的符号

图 2-3　与运算

（2）或运算

图 2-4（a）表示一简单的或逻辑电路，电压 V 通过开关 A 或 B 向灯泡供电。只要开关 A 或 B 接通或二者均接通，则灯 L 亮；而当 A 和 B 均不通时，则灯 L 不亮，其真值表如图 2-4（b）所示。由此可总结出或运算逻辑关系。

语句描述：当一件事情（灯 L 亮）的几个条件（开关 A、B 接通）中只要有一个条件得到满足，这件事就会发生，这种关系称为或运算。

逻辑表达式：
$$L = A + B \tag{2-2}$$

式中符号"$+$"表示 A、B 或运算，又称逻辑加。某些地方也用符号 $\vee$、$\cup$ 来表示或运算。

真值表：同与运算一样，用 0、1 表示的或逻辑真值表如图 2-4（c）所示。

逻辑符号：或运算的逻辑符号如图 2-4（d）所示，其中 A 和 B 表示输入，L 表示输出。

（3）非运算

如图 2-5（a）所示，电压 V 通过一继电器触点向灯泡供电，NC 为继电器 A 的常闭触

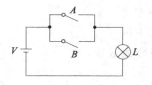

(a) 电路图

A	B	$L=A+B$
0	0	0
0	1	1
1	0	1
1	1	1

(c) 用0、1表示的真值表

A	B	灯
不通	不通	不亮
不通	通	亮
通	不通	亮
通	通	亮

(b) 真值表

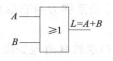

(d) 或逻辑门电路的符号

图 2-4　或运算

点，当 A 不通电时，灯 L 亮；而当 A 通电时，灯 L 不亮。其真值表如图 2-5（b）所示。由此可总结出非运算逻辑关系。

语句描述：一件事情（灯亮）的发生是以其相反的条件为依据，这种逻辑关系为非运算。

逻辑表达式：
$$L=\overline{A} \tag{2-3}$$

真值表：若用 0 和 1 来表示继电器和灯泡状态，则可得图 2-5（c）所示的真值表，在此图中，A 不通电和灯不亮定义为 0 态，而 A 通电和灯亮是定义为 1 态。显然 L 与 A 总是处于对立的逻辑状态。

逻辑符号：非运算逻辑符号如图 2-5（d）所示，其中 A 表示输入，L 表示输出。

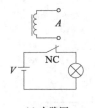

(a) 电路图

A	$L=\overline{A}$
0	1
1	0

(c) 用0、1表示的真值表

继电器A	灯
不通电	亮
通电	不亮

(b) 真值表

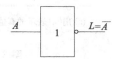

(d) 或逻辑门电路的符号

图 2-5　非运算

与、或逻辑运算都可以推广到多变量的情况：

$$L = A \cdot B \cdot C \qquad (2\text{-}4)$$

$$L = A + B + C + \cdots \qquad (2\text{-}5)$$

其他逻辑运算都可用上述三种基本逻辑运算组合而成。

2.2.4　复合逻辑运算

（1）与非逻辑

与非逻辑是与逻辑运算和非逻辑运算的复合，将输入变量先进行与运算，然后再进行非运算。

语句描述：只要输入变量中有一个为 0，输出就为 1。只有输入变量全部为 1 时，输出才为 0，这种运算关系称为与非运算。

逻辑表达式：
$$P = \overline{A \cdot B} \qquad (2\text{-}6)$$

真值表：与非逻辑真值表如图 2-6（a）所示。

逻辑符号：与非运算的逻辑符号如图 2-6（b）所示。

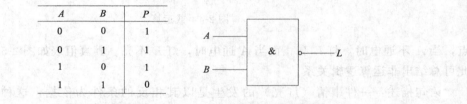

A	B	P
0	0	1
0	1	1
1	0	1
1	1	0

（a）用0、1表示的真值表　　　（b）与非逻辑门电路的符号

图 2-6　与非运算逻辑符号

（2）或非逻辑

或非逻辑是或逻辑运算和非逻辑运算的复合，将输入变量先进行或运算，然后再进行非运算。

语句描述：只要输入变量中有一个为 1，输出就为 0。或者说，只有输入变量全部为 0 时，输出才为 1，这种运算关系称为或非运算。

逻辑表达式：
$$P = \overline{A + B} \qquad (2\text{-}7)$$

真值表：或非运算的真值表如图 2-7（a）所示。

逻辑符号：或非运算逻辑符号如图 2-7（b）所示。

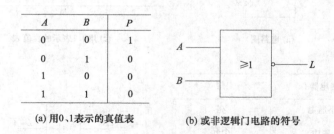

A	B	P
0	0	1
0	1	0
1	0	0
1	1	0

（a）用0、1表示的真值表　　（b）或非逻辑门电路的符号

图 2-7　或非运算逻辑符号

（3）与或非逻辑

与或非逻辑是与逻辑运算和或非逻辑运算的复合。它是先将输入变量 A、B 及 C、D 分

别进行与运算。然后再进行或非运算。

逻辑表达式：
$$P = \overline{A \cdot B + C \cdot D} \tag{2-8}$$

（4）同或运算

当两个输入变量 A 和 B 值取值相同时，输出 P 才为 1，否则 P 为 0，这种逻辑关系称为同或运算。

逻辑表达式：
$$P = A \odot B = \overline{A}\overline{B} + AB \tag{2-9}$$

"$\odot$" 符号是同或运算符号。

真值表：同或运算真值表如图 2-8（a）所示。

逻辑符号：其逻辑符号如图 2-8（b）所示。

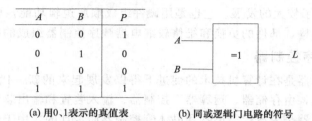

A	B	P
0	0	1
0	1	0
1	0	0
1	1	1

(a) 用0、1表示的真值表　　　(b) 同或逻辑门电路的符号

图 2-8　同或运算逻辑符号

（5）异或运算

只有当两个输入变量 A 和 B 的取值不同时，输出 P 才为 1，否则 P 为 0，这种逻辑关系称为异或运算。

逻辑表达式：
$$P = A \oplus B = A\overline{B} + \overline{A}B \tag{2-10}$$

"$\oplus$" 是异或运算符号。

真值表：异或运算真值表如图 2-9（a）所示。

逻辑符号：其逻辑符号如图 2-9（b）所示。

A	B	P
0	0	0
0	1	1
1	0	1
1	1	0

(a) 用0、1表示的真值表　　　(b) 异或逻辑门电路的符号

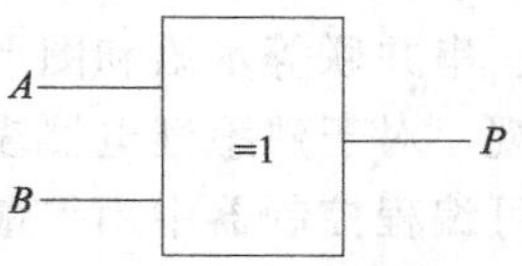

图 2-9　异或运算逻辑符号

2.3　顺序控制器

2.3.1　顺序控制器

顺序控制是在顺序控制器的作用下运行的。所谓顺序控制器，是用逻辑元件和继电器组成的一种能完成顺序控制的器件。顺序控制器从开始出现发展至今种类繁多，但实现方案来看可分为三大类，即采用继电器的继电器顺序控制器、采用晶体管的晶体管顺序控制器、可编程顺序控制器和采用计算机的顺序控制系统等。

2.3.2　继电器顺序控制器

继电器顺序控制器是历史最久的一种控制器。它的控制功能全部由硬件完成，即采用继电器的常开常闭触点、延时断开延时闭合触点等可动触点和普通继电器、时间继电器、接触器等执行装置，完成所需的顺序逻辑功能。例如，电动机的开停控制等。受继电器触点可靠性的影响和使用寿命的限制，这类控制系统的使用故障较多，使用寿命较短，加上因采用硬件完成顺序逻辑功能，因此更改不便，维修困难。

2.3.3　晶体管顺序控制器

晶体管顺序控制器组成的无触点顺序逻辑控制减少了触点的可动部件，因而可靠性大大提高。晶体管、晶闸管等半导体元器件的使用寿命也较继电器的触点使用寿命长，因此，在20世纪70年代得到了较大的发展。它也是用硬件组成顺序逻辑功能，更改也不很方便。但因采用功能模块的结构，部件的更换和维修较继电器顺序控制器组成的控制系统要方便。

2.3.4　可编程顺序控制器

可编程顺序控制器是在计算机技术的促进下得以发展起来的新一代顺序逻辑控制装置。它与电子计算机相似，由存储器、运算器、控制器、输入装置和输出装置五大部分组成。早期的可编程顺序控制器是为取代继电器和晶体管控制器而设计的，用于开关量控制，一般只具有逻辑运算、计时和计数等顺序控制功能，几乎没有或很少有算术运算功能。此时的控制器也称之为可编程逻辑控制器。

随着微电子技术、计算机技术及数字控制技术的发展，到20世纪80年代末，可编程顺序控制器技术已经很成熟，并从开关量逻辑控制扩展到计算机数字控制等领域。控制器在处理速度、控制功能和通信能力等方面均有新的突破，并向电气控制、仪表控制和计算机控制一体化方向发展，性能价格比不断提高，成为了工业自动化的支柱之一。这时候的可编程顺序控制器的功能已不再局限于逻辑运算，具有了很强的算术运算、连续模拟量处理、高速计数、远程输入和输出和网络通信等功能，成为了可编程控制器。

目前可编程控制器的种类繁多，虽然其指令系统各不相同，但程序表达方式都可采用梯形图、指令、逻辑功能图和高级语言等四种方式。其中的梯形图是一种图形语言，它沿用了继电器的触点、线圈、串并联等术语和图形符号，并增加了一些继电器控制所没有的符号。梯形图比较形象、直观，对于熟悉继电器表达方式的人而言，易被接受，而不需学习更深的计算机知识，因而在可编程控制器中用得最多。现在世界上各生产厂家的可编程控制器都把梯形图作为第一编程语言使用。

可编程控制器用软件完成顺序控制功能，因此顺序逻辑功能的更改十分方便。

2.3.5　计算机顺序控制系统

计算机组成的顺序逻辑控制系统，是指在集散控制系统或工控机中，实现顺序逻辑控制功能的控制系统。在大型的顺序逻辑控制和连续控制相结合的工程应用中，这类控制系统大有用武之地。在这类控制系统中，有连续量的控制和开关量的控制，采用计算机对它们进行操作和管理，必要时，可把信息传送到上位机或下送到现场控制器和执行机构。

一般来说，前两类顺序控制器用于小规模的自动化控制系统，而可编程顺序控制器则用于中规模的控制系统，对于大规模工业生产则可采用计算机组成的控制系统。

2.3.6　顺序控制系统的应用

由顺序控制器组成的顺序控制系统可应用于以下方面。

（1）安全生产监控系统

在石油化工、核电、冶金等工业领域，由于工作环境具有高温、高压、易燃、易爆、核辐射等特点，因此，必须对操作的过程参数进行控制，一旦它们偏离规定的范围，就会发生事故，造成设备损坏或人员伤亡。在这些工业生产过程中，要设置顺序控制系统用于防止事故的发生，这是顺序控制系统的一个很重要的应用场合。

（2）工业生产流水线

在机械电子等制造工业中，产品采用流水线的工作方式按先后次序进行，在这类工业生产过程中，部分控制操作是按时间的次序进行的，大部分控制操作是按逻辑顺序进行的。这类顺序控制系统的应用十分广泛，例如数控机床、柔性制造系统、物料输送系统、生产流水线等。另外，在批量生产控制系统中，对不同批号的产品有不同的生产顺序、不同的配方和控制条件，这类控制系统对程序更改有较多的要求，在继电器顺序控制时期，这类控制系统实现较困难，采用可编程序控制器可较方便地实现，因此，这类控制系统的应用也得到了较大的发展。

（3）家电产品

在家电产品中，顺序控制系统也有较广泛的应用。洗衣机的顺序控制、冰箱的温度控制、空调系统等顺序逻辑控制系统是较常见的应用例子。家用电器的一些模糊控制系统、自动烹调系统等也得到应用。总之，在这一领域，顺序控制系统刚开始进入应用，预计会有很广阔的发展前景。

思考与练习

2-1 什么是顺序控制？分作几类？

2-2 顺序控制系统主要由哪几部分组成？各组成部分在系统中的作用是什么？

2-3 顺序控制规律有哪些？

2-4 顺序控制器分为哪几类？

2-5 简述顺序控制系统的应用场合。根据所学专业内容，画一个顺序控制系统的框图，并说明其工作原理。

第 3 章 过程检测技术

过程检测技术是实现过程装备控制必不可少的技术工具，各种控制规律和设计思想都要通过它们才能实现。因此，从事过程装备控制工作的技术人员，都应在精通各种控制理论和方法的同时，充分认识到过程检测技术的重要作用，努力掌握各类仪器仪表的工作原理和性能特点，以便合理地选择和正确地使用它们，组成经济、可靠、性能优良的过程装备控制系统。

3.1 过程检测的基本概念

3.1.1 检测

检测是利用敏感元件与被测物体或生产过程直接或间接接触，以拾取其反映物理、化学、热学、电学、力学和生物等的各种过程信息，并将信息进行必要的转换并传递到显示仪表上显示出来。前者通称为传感器（包括转换器），后者通称为显示器。这个过程是人类揭示物质运动规律，定性了解与定量掌握事物本质，从事生产等人类活动所不可缺少的手段。

人类社会已进入信息时代，以信息获取、信息转换和信息处理为主要内容的检测技术已经发展成为一门完整的技术科学，并成为了产品检测与质量控制、设备运行监测、生产过程自动化等的重要组成部分。

3.1.2 检测的基本方法

检测方法是实现检测过程所采用的具体方法。检测方法与检测原理具有不同的概念，检测方法是指被测量与其单位进行比较的实验方法。检测原理是指仪器、仪表工作所依据的物理和化学等具体效应。依据检测仪表与检测对象的特点，检测方法有以下几种分类方法。

（1）直接测量、间接测量与组合测量

直接测量指应用测量仪表直接读取被测量的方法；间接测量指先对与被测量有确定函数关系的几个量进行测量，然后将测量值代入函数关系式，经过计算获得被测量的方法；组合测量是指为了同时确定多个未知量，将各个未知量组合成不同函数形式，用直接或间接测量方法获得一组数据，通过方程组的求解来求得被测量的方法。

（2）等精度测量与不等精度测量

用相同仪表和测量方法对同一被测量进行多次重复测量，称为等精度测量。

用不同精度的仪表或不同的测量方法，或在环境条件相差很大时对同一被测量进行多次重复测量称为非等精度测量。

（3）接触式测量与非接触式测量

接触式测量指仪表检测元件与被测对象直接接触，直接承受被测参数的作用或变化，从而获得测量信号，并检测其信号大小的方法。

非接触式测量指仪表不直接接触被测对象，而是间接承受被测参数的作用或变化，达到检测目的的方法。其特点是不受被测对象影响，使用寿命长，适用于某些接触式检测仪表难以胜任的场合。但一般情况下，测量准确度较接触式仪表低。

（4）偏差式、零位式与微差式测量

用仪表指针的位移（即偏差）决定被测量的量值，这种方法称为偏差式测量。用这种方法测量时，仪表刻度事先用标准器具标定。偏差式测量过程比较简单、迅速和直观，但测量结果精度较低。

零位式测量也称平衡式测量，在测量过程中，用指零机构的零位指示检测测量系统的平衡状态；通过比较被测量与已知标准量差值或相位，调节已知标准量的大小，使两者达到完全平衡或全部抵消，从而得出测量值大小的方法。

微差式测量是综合了偏差式测量与零位式测量的优点，它将被测量与已知的标准量相比较，取得差值后，再用偏差法测得此差值。由于测量过程中无需调整标准量，因此，对被测量的反应较快。微差式仪表特别适用于在线控制参数的检测。

3.1.3 检测仪表的组成

检测仪表是实现检测过程的物质载体，它将被测量经过一次或多次的信号或能量形式的转换，再由显示仪表显示出量值，从而实现被测量的检测。检测仪表原则上都具有传感器、变送器、显示仪表等几个基本环节，以实现信号获取、转换和显示等功能。

① 传感器 也称敏感元件或一次元件，是检测仪表与被测对象的接口装置。其作用是感受被测量的变化并产生一个与被测量有某种函数关系的输出信号。输出信号的质量取决于传感器的性能，因此，要求传感器的输入与输出为严格单值函数关系，且这种关系不随时间和温度变化，具有较好的抗干扰性、复现性及较高的灵敏度。

传感器种类繁多，根据被测量性质可分为机械量传感器、热工量传感器、化学量传感器及生物量传感器等。根据输出量性质可分为无源电参量型传感器，如电阻式传感器、电容式传感器、电感式传感器以及发电型传感器，如热电偶传感器、光电传感器和压电传感器等。

② 变送器 其作用是将敏感元件（传感器）输出的信号转换成既能保存原始信号全部信息，又更易于处理、传输及测量的变量。对变送器的要求是能够准确稳定地实现信号的传输、放大和转化。

③ 显示仪表 显示仪表又称二次仪表，其作用是将测量信息转化成人体器官所能接受的形式，是实现人机对话的重要环节。显示仪表可实现瞬时或累积量显示、越限和极限报警、测量信息记录和数据自动处理等功能。显示仪表有模拟显示、数字显示与屏幕显示三种形式。

3.1.4 检测仪表的性能指标

仪表的性能指标是衡量仪表性能好坏和质量优劣的依据，也是正确选择仪表和使用仪表达到准确测量目的所必须具备和了解的知识。以下是检测仪表的主要性能指标。

（1）测量范围与量程

测量范围是指在正常工作条件下，检测系统或仪表能够测量的被测量值的总范围，其最低值和最高值称为测量范围的下限与上限，测量范围用下限值至上限值来表示；测量范围上限与下限的代数差称为测量量程。

（2）准确度与精度等级

准确度又称精确度，是指测量结果与实际值相一致的程度。任何测量过程都存在测量误差，在对参数测量时，不但需要知道仪表示值是多少，而且还要知道测量结果的准确程度。准确度是测量的一个基本特征，通常为仪表允许误差与量程之比的百分数，即

$$\text{准确度} = \frac{\text{仪表的允许误差}}{\text{仪表的量程}} \times 100\% = \frac{\Delta_{\max}}{a-b} \times 100\% \qquad (3\text{-}1)$$

式中　$\Delta_{\max}$——仪表所允许的误差界限，即允许误差；

　　　a，b——仪表测量范围的上限值与下限值。

仪表的精度等级按照国家规定的允许误差范围分为若干等级，主要包括以下几种：0.005、0.02、0.05、0.1、0.2、0.5、1.0、1.5、2.5、4.0 等级别。一般仪表精度等级为 0.5～4.0 级。仪表的精度等级通常都用一定的形式标记在仪表的标尺上，如在等级数字外加一个圆圈或三角形。

例如，某压力表的量程为 10MPa，测量值的允许误差为 ±0.03MPa，则仪表的准确度为 ±0.3%，由于规定的精度等级中没有 0.3 级仪表，所以该仪表的精度等级应定为 0.5 级。

（3）线性度

线性度用于反映仪表实测输入输出特性曲线与理想线性输入输出特性曲线的偏离程度。仪表的线性度用实测输入输出特性曲线与理想拟合直线之间的最大偏差值与量程之比的百分数来衡量。一般来说，人们总是希望检测仪表具有线性特性。如图 3-1 所示，图中 a 表示标定曲线，b 占表示拟合直线。用实际标定曲线与拟合直线之间最大偏差 $\Delta L_{\max}$ 与满量程 $Y_{\max}$ 比值的百分数来表征线性度 L_N，即

$$L_N = \frac{\Delta L_{\max}}{Y_{\max}} \times 100\% \qquad (3\text{-}2)$$

（4）回差

回差也称迟滞误差，是指在外界条件不变的前提下，使用同一仪表对某一参数进行正行程（即逐渐由小到大）和反行程（即逐渐由大到小）测量，两示值之差为回差。回差反映了仪表检验时所得的上升曲线与下降曲线经常出现不重合的现象。仪表传动机构的间隙、运动部件的摩擦、仪表内部元件存在能量吸收、弹性元件的弹性滞后和磁性元件的磁滞等都会使仪表产生回差。通常要求仪表的回差不超过仪表准确度等级所允许的误差。

通常采用最大相对回差来表征仪表的回差特性。图 3-2 中，用仪表全部测量范围内被测量值上行和下行所得到的两条特征曲线的最大偏差的绝对值 $\Delta H_{\max}$ 与仪表满量程 $Y_{\max}$ 之比的百分数 δ_h 来表示，即

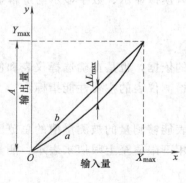

图 3-1　线性度

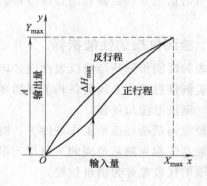

图 3-2　回差

$$\delta_h = \frac{\Delta H_{\max}}{Y_{\max}} \times 100\% \qquad (3\text{-}3)$$

（5）重复性

重复性指仪表在同一环境且被测对象参量不变的条件下，输入量按同一方向做多次全量程变化时，输入输出特性曲线的一致程度。仪表的重复性用输入输出特性曲线间最大偏差值 $\Delta R_{\max}$ 与仪表满量程 $Y_{\max}$ 之比的百分数 δ_R 来表示。

$$\delta_R = \frac{\Delta R_{\max}}{Y_{\max}} \times 100\% \qquad (3-4)$$

重复性还可以用来表示仪表在一个相当长的时间内，维持其输出特性不变的性能。从这个意义上讲，重复性与稳定性是一致的。

（6）灵敏度

灵敏度是指仪表或装置在到达稳态后，输入量变化引起的输出量变化的比值。或者说输出增量 Δy 与输入增量 Δx 之比 K，即

$$K = \frac{\Delta y}{\Delta x} \times 100\% \qquad (3-5)$$

灵敏度亦可直观地理解为单位输入变量所引起的指针偏转角度或位移量。

（7）漂移

漂移是指输入量不变时，由于某些因素（如温度等）的影响在经过一定的时间后输出量产生变化。由于温度变化而产生的漂移称温漂。当输入量固定在零点不变时，输出量发生变化（漂移）称为零漂。一般情况下，用变化值与满量程的比值来表示漂移。它们是衡量仪表稳定值的重要指标。漂移通常是由于敏感元件易受温度影响从而引起仪表弹性元件失效、电子元件老化等原因造成的。

3.1.5　检测仪表的分类

实际生产过程中，生产流程的复杂性与被测对象的多样性决定了测量方法与测量仪表的多样性。检测仪表的分类方法常见的有如下几种。

（1）按被测参数的性质分类

按照被测参数的性质，可将仪表分为过程参数、电气参数和机械参数检测仪表。过程参数主要包括温度、压力、流量、物位、成分等；电气参数包括电能、电流、电压、频率等；机械参数包括重量、距离、振动、缺陷、故障等。

（2）按使用性质分类

按使用性质，可将仪表分为实用型、范型和标准型仪表三种。实用型仪表用于实际测量，包括工业用表与实验用表；范型仪表用于复现和保持计量单位，或用于对实用仪表进行校准和刻度；具有更高准确度的范型仪表称为标准型仪表，用以保持和传递国家计量标准，并用于对范型仪表的定期检定。

（3）其他分类方式

按工作原理不同，分为模拟式、数字式和图像式等；按仪表功能的不同，可分为指示仪、记录仪、积算仪等；按仪表系统的组成方式的不同，分为基地式仪表和单元组合式仪表；按仪表结构的不同，分为开环式仪表与闭环式（反馈式）仪表。

3.2　测量误差及处理方法

3.2.1　测量误差

测量的目的是希望通过测量获取被测量的真实值。但由于种种原因，例如，传感器本身

性能不十分优良，测量方法不十分完善，外界干扰的影响等，都会造成被测参数的测量值与真实值不一致，其不一致程度用测量误差表示。测量误差就是测量值与真实值之间的差值，它反映了测量质量的好坏。测量误差既可以用绝对误差表示，也可用相对误差描述。

① 绝对误差　它指被测量的测量值 x_i 与真值 x_0 之间的差值。用 Δ 表示：

$$\Delta = x_i - x_0 \tag{3-6}$$

绝对误差 Δ 它既表明误差的大小，又指明其正负方向。

② 相对误差　相对误差 δ 是指被测量的绝对误差 Δ 与被测量的真值 x_0 的百分比，用下式表示

$$\delta = \frac{\Delta}{x_0} \times 100\% \tag{3-7}$$

由于被测量的真实值 x_0 无法知道，实际测量时用测量值 x_i 来替代真值 x_0，称为标称相对误差，用下式表示

$$\delta_{标} = \frac{\Delta}{x_i} \times 100\% \tag{3-8}$$

③ 引用误差　引用误差是一种实用方便的相对误差，常常在多挡和连续刻度的仪器仪表中使用。这类仪表的测量范围不是一个点，而是一个量程，这时按照上式计算，由于分母是随着被测量的变化而变化成为变量，所以计算很麻烦。为了计算和划分仪表精度等级的方便，通常采用引用误差，它是从相对误差演变过来的，其分母为仪表的量程值，因而引用误差是相对于仪表满量程 S 的一种误差，也用百分数表示，即

$$\delta_{引} = \frac{\Delta}{S} \times 100\% \tag{3-9}$$

仪表精度等级是根据引用误差来确定的。我国仪表的精度等级中，0.5 级表的引用误差的最大值不超过 $\pm 0.5\%$，1.0 级表的引用误差的最大值不超过 $\pm 1\%$。

3.2.2　误差分类

测量误差按误差产生的原因分类如下。

① 系统误差　系统误差指在偏离测量规定条件时或由于测量方法引入的因素所引起的、按某确定规律变化的误差，它反映了测量结果对真值的偏离程度，可用"正确度"的概念来表征。

② 粗大误差　它指由于错误的读取示值，错误的测量方法等所造成，明显歪曲了测量结果的误差。这种测量值一般称为坏值或异常值，应根据一定的规则加以判断后剔除。

③ 随机误差　对同一被测量进行多次重复测量时，绝对值和符号不可预知地随机变化，但就误差的总体而言，具有一定的统计规律性的误差称为随机误差。引起随机误差的原因是很多难以掌握或暂时未能掌握的微小因素，一般无法控制。如：电磁场的微变，零件的摩擦，空气的扰动，气压或湿度的变化等。对于随机误差不能用简单的修正值来修正，只能用概率和数理统计的方法去计算它出现的可能性的大小。

3.2.3　系统误差的分析与处理

3.2.3.1　系统误差的分类

系统误差按其表现形式可分为定值系统误差和变值系统误差两类。

（1）定值系统误差

定值系统误差指在整个测量过程中误差符号（方向）和数值大小均恒定不变。例如仪器

仪表在校验时,标准表的误差会引起定值系统误差;仪表的零点偏高或偏低等所引起的误差也是定值系统误差。

(2) 变值系统误差

它是一种按照一定的规律变化的系统误差。根据其变化特点又可分累积系统误差、周期系统误差和复杂变化系统误差等。

① 累积系统误差 在测量过程中,随着时间的延伸,逐渐增大或减小的系统误差。比如,由元件的老化磨损,以及工作电池的电压或电流随使用时间的加长而缓慢降低等因素引起的误差,都属于累积系统误差。

② 周期系统误差 它是指在测量过程中误差大小和符号按一定周期发生变化的系统误差。如冷端为室温的热电偶温度计会因室温的周期性变化而产生系统误差。

③ 复杂变化系统误差 误差的变化规律比较复杂。如导轨的直线度误差,刻度划分不规则的示值误差。

3.2.3.2 系统误差的减小或消除

为了进行正确的测量,并取得可靠的数据,在测量前或测量过程中,必须尽力减少或消除系统误差的来源,尽量将误差从产生根源上加以消除。首先,要检查仪表本身的性能是否符合要求,工作是否正常;其次,使用前应仔细检查仪器仪表是否处于正常的工作条件,如安装位置及环境条件是否符合技术要求,零位是否正确;此外必须正确选择仪表的型号和量程,检查测量系统和测量方法是否正确等。比较简单且经常采用以减少系统误差的方法如下。

① 检定修正法 它指在测量前,预先对测量装置进行标定或检定,获取仪表的修正值。在测量过程中,对实际测量值进行修正,虽然此时系统误差不能被完全消除,但被大大削弱。

② 直接比较法 它也称零位式测量法。用被测量与标准量直接进行比较,调整标准量使之与被测量相等,测量系统达到平衡,指零仪指零。直接比较法的测量误差主要取决于参与比较的标准量具的误差。由于标准量具的精确度较高,测量误差较小。

③ 置换法 它也称替代法。在一定测量条件下,用可调的标准量具代替被测量接入测量仪表,然后调整标准量具,使测量仪表的指示值与被测量接入时相同,则测试的标准量具的示值即等于被测量。由于测量值的精度取决于标准量的精度,只要检测系统(仪表)的灵敏度足够高,就可达到消除系统误差的目的。

④ 差值法 它也称测差法、微差法。用与被测量相近的固定不变的标准量与被测量相减,然后对二者的差值进行测量。由于测量仪表所测量的这个差值远远小于标准量,故测量微差的误差对测量结果的影响极小,测量误差主要由标准量具的精度决定。

⑤ 交换比较法 将测量中某些条件(如被测物的位置)进行互换,使产生系统误差的原因对测量结果起相反的作用,从而抵消系统误差。

3.2.4 粗大误差的分析与处理

在等精密度的多次测量值中,有时会发现个别值明显偏离测量值序列算术平均值,该值可能是粗大误差,也可能是误差较大的正常值,不能随便剔除。正确处理办法是:先用物理判别法,如果是由于写错、记错、误操作等,或是外界条件突变产生的,可以剔除;如果不能确定哪个是坏值,就要采用统计判别法,基本方法是规定一个置信概率和相应的置信系数,即确定一个置信区间,如误差超过此区间的测量值,就认为它不是属于随机误差,应予剔除。统计判别方法有 3σ 准则、肖维勒准则、格拉布斯准则等。

（1）3σ 准则

根据 Bessel 公式，标准误差 σ 的计算公式为

$$\sigma = \lim_{n \to \infty} \sqrt{\frac{1}{n-1} \sum_{i=1}^{n} (x_i - \overline{x})^2} = \lim_{n \to \infty} \sqrt{\frac{1}{n-1} \sum_{i=1}^{n} v_i^2} \tag{3-10}$$

$$v_i = x_i - \overline{x}$$

式中　n——测量次数；

　　　x_i——第 i 个测量值；

　　　$\overline{x}$——测量值 x 的算术平均值；

　　　v_i——x_i 的剩余误差。

通常把等于 3σ 的误差称为极限误差。对于正态分布的随机误差，落在 $\pm 3\sigma$ 以外的概率只有 0.27%，它在有限次测量中发生的可能性很小。3σ 准则就是如果一组测量数据中某个测量值的剩余误差的绝对值 $|v_i|$ 大于 3σ 时，则该测量值为可疑值（坏值），应剔除。

（2）肖维勒准则

肖维勒准则以正态分布为前提，假设多次重复测量所得的 n 个测量值中，某个测量值的剩余误差 $|v_i| > Z_c \sigma$，则剔除此数据。实用中 $Z_c < 3$，所以在一定程度上弥补了 3σ 准则的不足。肖维勒准则中的 Z_c 值见表 3-1。

表 3-1　肖维勒准则中的 Z_c 值

n	3	4	5	6	7	8	9	10	11	12
Z_c	1.38	1.54	1.65	1.73	1.80	1.86	1.92	1.96	2.00	2.03
n	13	14	15	16	18	20	25	30	40	50
Z_c	2.07	2.10	2.13	2.15	2.20	2.24	2.33	2.39	2.49	2.58

（3）格拉布斯准则

某个测量值的剩余误差的绝对值 $|v_i| > G\sigma$，则判断此值中含有粗大误差，应予剔除，此即格拉布斯准则。G 值与重复测量次数 n 和置信概率 Pa 有关，见表 3-2。

以上准则是以数据按正态分布为前提的，当偏离正态分布，特别是测量次数很少时，则判断的可靠性就差。因此，对粗大误差除用剔除准则外，更重要的是要提高工作人员的技术水平和工作责任心。另外，还要保证测量条件稳定，防止因环境条件剧烈变化而产生的突变影响。

表 3-2　格拉布斯准则中的 G 值

测量次数 n	置信概率 Pa		测量次数 n	置信概率 Pa	
	0.99	0.95		0.99	0.95
3	1.61	1.15	11	2.48	2.23
4	1.49	1.46	12	2.55	2.28
5	1.75	1.67	13	2.61	2.33
6	1.94	1.82	14	2.66	2.37
7	2.10	1.94	15	2.70	2.41
8	2.22	2.03	16	2.74	2.44
9	2.32	2.11	18	2.82	2.50
10	2.41	2.18	20	2.88	2.56

3.2.5 随机误差的分析和处理

在测量中，当系统误差已设法消除或减小到可以忽略的程度时，如果测量数据仍有不稳定的现象，说明存在随机误差，可以用概率数理统计的方法来研究和去除。

（1）随机误差的特性

在测量中，对单次测量结果，随机误差不具备规律性，但就多次重复测量结果而言，随机误差却具有统计规律性。在大多数情况下，当测量次数足够多时，测量过程中产生的误差服从正态分布规律，即

$$f(x-x_0)=f(\delta)=\frac{1}{\sigma\sqrt{2\pi}}e^{-\frac{\delta^2}{2\sigma^2}} \tag{3-11}$$

式中，σ 为标准误差；x_0 为被测量的真值；δ 为随机误差；$f(x-x_0)$ 为随机误差出现的概率。

图 3-3 给出了正态测量误差分布图。

由该图可知，一般情况下，随机误差具有以下特性。

① 单峰性　绝对值小的随机误差出现的概率大于绝对值大的随机误差出现的概率。

② 对称性　测量次数 n 足够大时，绝对值相等、符号相反的随机误差出现的概率相等。

③ 抵偿性　在同一条件下的测量，随着测量的次数的增加，各次随机误差 δ_i 的算术平均值将趋于零，这是随机误差最本质的特性。

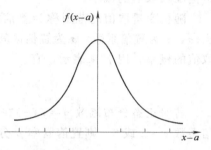

图 3-3　正态测量误差分布图

④ 有界性　随机误差的绝对值不超出一定界限，即误差出现在 $\pm 3\sigma$ 范围以外的可能性几乎为零。

2. 随机误差的统计处理

（1）算术平均值

在实际的工程测量中，测量的次数有限，而测量真值 x_0 也不可能知道。对于已消除系统误差的一组等精度测量值 x_1，x_2，…，x_n，其算术平均值 $\overline{x}$ 为

$$\overline{x}=\frac{1}{n}\sum_{i=1}^{n}x_i \tag{3-12}$$

根据概率理论，当测量次数 n 足够大时，算术平均值 $\overline{x}$ 是被测参数真值 x_0 的最佳估计值，即用 $\overline{x}$ 代替真值 x_0。

（2）残差

测量值 x_i 与平均值 $\overline{x}$ 之差称为残差，某次测量的残差 v_i 为 $v_i=x_i-\overline{x}$。如果对 n 个测量值残差求代数和，其值为 0，即

$$\sum_{i=1}^{n}v_i=0 \tag{3-13}$$

（3）总体标准偏差 σ

由随机误差的性质可知，它服从于统计规律，其对测量结果的影响一般用标准误差 σ 来表示，其中 $\delta_i=x_i-x_0$（被测量的真值）为随机误差，则

$$\sigma = \sqrt{\frac{\sum\limits_{i=1}^{n} \delta_i^2}{n}} \qquad (n \to \infty) \tag{3-14}$$

（4）实验标准偏差 σ_s

在实际测量中，由于真值 x_0 是无法确切知道的，一般用 n 次等精度测量值的算术平均值 $\overline{x}$ 代替真值 x_0，用残差 v_i 代替绝对误差 δ_i，这时得到 σ 的近似估计值 σ_s，即

$$\sigma_s = \sqrt{\frac{\sum\limits_{i=1}^{n} v_i^2}{n-1}} \tag{3-15}$$

（5）置信区间与置信概率

在研究随机误差的统计规律时，不仅要知道随机变量在哪个范围内取值，而且要知道在该范围内取值的概率。

随机变量取值的范围称为置信区间，它常用正态分布的标准偏差 σ 的倍数来表示，即 $\pm z\sigma$，z 为置信系数，σ 为置信区间的半宽。置信概率是随机变量在置信区间 $\pm z\sigma$ 的范围内取值的概率，用 p 来表示，有

$$p = \int_{-z\sigma}^{+z\sigma} f(x)\mathrm{d}x \tag{3-16}$$

若对正态分布函数 $y = f(x)$ 在 $-\sigma$ 到 $+\sigma$ 之间（即 $z=1$）积分，则有 $p=0.6827$。若置信系数 $z=2$ 或 3，则置信概率 p 分别为 0.9545 和 0.9973。

3.3　温度测量

3.3.1　概述

温度是表示物体冷热程度的物理量，是工业生产过程中最常见、最基本的参数之一。物质的化学反应和物理变化大都与温度有关，许多生产过程的操作都要求在一定的温度条件下进行，温度的变化直接影响到生产的产量、质量、能耗和安全。因此，温度的检测在工业生产和自动控制中占有极为重要的地位。用来量度物体温度数值的标尺叫温标，它规定了温度的读数起点（零点）和测量温度的基本单位。目前国际上用得较多的温标有华氏温标、摄氏温标、热力学温标和国际实用温标。

华氏温标（°F）规定：在标准大气压下，冰的熔点为 32°F，水的沸点为 212°F，中间划分 180 等分，每等份为华氏 1 度，符号为°F。

摄氏温标（℃）规定：在标准大气压下，冰的熔点为 0℃，水的沸点为 100℃，中间划分 100 等分，每等份为摄氏 1 度，符号为℃。

热力学温标又称开尔文温标，或称绝对温标，它规定分子运动停止时的温度为绝对零度，符号为 K。

国际实用温标是一个国际协议性温标，它与热力学温标相接近，而且复现精度高，使用方便。目前国际通用的温标是 1975 年第 15 届国际度量衡委员会通过的《1968 年国际实用温标—1975 年修订版》，记为：IPTS-68（Rev-75）。但由于 IPTS-68 温标存在一定的不足，国际度量衡委员会在 1989 年 9 月召开的第 18 届国际计量大会第七号决议通过了 1990 国际实用温标 ITS-90，ITS-90 温标替代 IPTS-68。我国自 1994 年 1 月 1 日起全面实施 ITS-90 国际温标。

3.3.2 温度测量的分类

许多物质的物理特性，如长度、电阻、热电势及辐射能等都随温度而变化。温度测量就是利用物质这些特性，通过测量某些物理参数的变化量来间接地获得温度值。

在工业生产中，温度的测量范围很广，所用的温度测量方法很多，各种测量方法在工作原理上有较大差别。从测量元件与被测介质是否接触的角度来看，大致可将温度测量仪表分为接触式和非接触式两大类。

接触式测温是使感温元件直接与被测物体接触。在两种不同温度的物体相互接触过程中，由于它们之间有温差存在，热量就会从高温物体向低温物体传递。在足够长的时间内两者达到热平衡。两个互为热平衡的物体温度相等。如果其中之一是被测物体，另一个为温度计的感温元件，则感温元件就反映了被测物体的温度，从而实现了对它的温度测量。接触式测量仪表比较简单、可靠、测量精度高，但由于感温元件在热交换过程中，达到热平衡的时间较长，因而会产生测量滞后现象，而且可能产生化学反应，不适宜于直接对腐蚀性介质测温。另外，受到耐高温材料的限制，不能用于极高温的测量。

非接触式测温是感温元件与被测物体互不接触，利用物体的热辐射（或其他特性），通过对辐射能量（或其他特性）的检测来实现温度测量。非接触式测温仪表从原理上来说，其测温范围可以从超低温到极高温，且不破坏温度场，测温速度也较快，但易受测温现场的粉尘、水汽等因素的影响，测量误差较大。另外非接触式测温结构较复杂，价格较高。

表 3-3 列出了各种常见测温仪表及性能。目前在工业生产过程应用最为广泛的是利用热电偶和热电阻作为感温元件的测温仪表。以下重点对这些测温仪表进行讨论。

表 3-3　各种常见测温仪表及性能

测温方式	类别	原理	典型仪表	测温范围/℃
接触式测温	膨胀类	利用液体、气体的热膨胀及物质的蒸汽压变化	玻璃液体温度计	$-100 \sim 600$
			压力式温度计	$-10 \sim 500$
		利用两种金属的热膨胀差	双金属温度计	$-80 \sim 600$
	热电类	利用热电效应	热电偶	$-200 \sim 1800$
	电阻类	利用固体材料的电阻随温度而变化的特性	铂热电阻	$-260 \sim 850$
			铜类电阻	$-50 \sim 150$
			热敏电阻	$-50 \sim 300$
	其他电学类	利用半导体器件的温度效应	集成温度传感器	$-50 \sim 150$
		利用晶体的固有频率随温度而变化的特征	石英晶体温度计	$-50 \sim 120$
非接触式测温	光纤类	利用光纤的温度特性或作为传光介质	光纤温度传感器	$-50 \sim 400$
			光纤辐射温度计	$200 \sim 4000$
	辐射类	利用普朗克定律	光电高温计	$800 \sim 3200$
			辐射传感器	$400 \sim 2000$
			比色温度计	$500 \sim 3200$

3.3.3 热电阻

（1）热电阻测温原理及材料

热电阻测温是基于金属导体的电阻值随温度的增加而增加这一特性来进行温度测量的。

热电阻是中低温区最常用的一种温度检测器。它的主要特点是测量精度高，性能稳定。热电阻大都由纯金属材料制成，目前应用最多的是铂和铜。其中铂热电阻的测量精度是最高的，它不但被广泛地应用于工业测温，而且被制成标准的基准仪。

（2）热电阻的结构类型

① 普通工业型热电阻　从热电阻的测温原理可知，被测温度的变化是直接通过热电阻阻值的变化来测量的，因此，热电阻体的引出线等各种导线电阻的变化会给温度测量带来影响。为消除引线电阻的影响一般采用三线制或四线制。

② 铠装热电阻　如图 3-4 所示，铠装热电阻是由感温元件（电阻体）、引线、绝缘材料、不锈钢套管组合而成的坚实体。它的外径一般为 $\phi 2 \sim 8$mm。与普通型热电阻相比，它具有：Ⅰ体积小，热惯性小，测量滞后小；Ⅱ耐振，抗冲击，能弯曲，力学性能好；Ⅲ便于安装和使用寿命长等优点。

③ 端面热电阻　如图 3-5 所示，端面热电阻感温元件由特殊处理的电阻丝材绕制成，紧贴在温度计端面，它与一般轴向热电阻相比，能更正确和快速地反映被测端面的实际温度，适用于测量轴瓦和其他机件的端面温度。端面热电阻有端面铜电阻（WZCM-201）和端面铂热电阻（WZPM-201）之分。端面热电阻元件由特殊处理的丝材（铜或铂丝）绕制而成，紧贴在温度计前端。

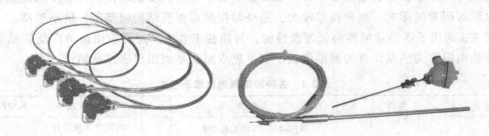

图 3-4　铠装热电阻

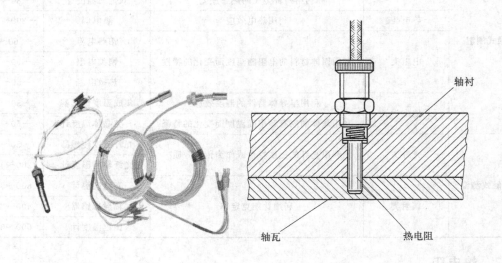

图 3-5　端面热电阻

④ 隔爆型热电阻 如图 3-6 所示，隔爆型热电阻通过特殊结构的密闭接线盒，把其外壳内部爆炸性混合气体因受到火花或电弧等影响而发生的爆炸局限在接线盒内，生产现场不会引起爆炸。隔爆型热电阻可用于具有爆炸危险场所的温度测量。

（3）常用的普通工业型热电阻材质类型

① 铂热电阻 广泛用来测量 −200~850℃ 范围内的温度。在少数情况下，低温可测至 1K，高温可测至 1000℃。其物理、化学性能稳定，复现性好，但价格昂贵。铂热电阻与温度是近似线性关系。其分度号主要有 Pt10 和 Pt100，其意义为铂热电阻在 0℃ 时的电阻值分别为 10Ω 和 100Ω。

图 3-6 隔爆型热电阻

② 铜热电阻 广泛用来测量 −50~150℃ 范围内的温度。其优点是高纯铜丝容易获得，价格便宜，互换性好，但易于氧化。铜热电阻与温度呈线性关系。其分度号主要有 Cu50 和 Cu100。

（4）热电阻测温系统的组成

热电阻测温系统一般由热电阻、连接导线和显示仪表等组成。必须注意以下两点：

ⅰ. 热电阻和显示仪表的分度号必须一致；

ⅱ. 为了消除连接导线电阻变化的影响，必须采用三线制接法。

（5）热电阻的信号连接方式

热电阻是把温度变化转换为电阻值变化的一次元件，通常需要把电阻信号通过引线传递到计算机控制装置或者其他一次仪表上。工业用热电阻安装在生产现场，与控制室之间存在一定的距离，因此热电阻的引线对测量结果会有较大的影响。

目前热电阻的引线主要有以下三种方式。

① 二线制 在热电阻的两端各连接一根导线来引出电阻信号的方式叫二线制。这种引线方法很简单，但由于连接导线必然存在引线电阻 r，r 的大小与导线的材质和长度等因素有关，因此这种引线方式只适用于测量精度较低的场合。

② 三线制 在热电阻的根部的一端连接一根引线，另一端连接两根引线的方式称为三线制，这种方式通常与电桥配套使用，可以较好地消除引线电阻的影响，是工业自动控制中最常用的引线电阻。

③ 四线制 在热电阻的根部两端各连接两根导线的方式称为四线制，其中两根引线为热电阻提供恒定电流 I，把 R 转换成电压信号 U，再通过另两根引线把 U 引至二次仪表。可见这种引线方式可以完全消除引线的电阻影响，主要用于高精度的温度检测。

为了消除连接导线电阻引起的测量误差，一般热电阻都采用三线制接法。当用与热电阻相配的二次仪表测量温度时，热电阻安置在被测温度的现场，而二次仪表则放置在操作室内。如果用不平衡电桥来

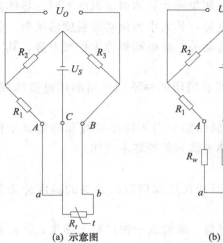
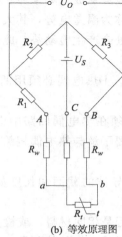

(a) 示意图 (b) 等效原理图

图 3-7 热电阻的三线制接法

测量，那么连接热电阻的导线都分布在桥路的一个臂上，如图 3-7 所示。由于热电阻与仪表之间一般都有一段较长的距离，并且两根连接导线的电阻随温度的变化，将同热电阻阻值的变化一起加在不平衡电桥的一个臂上，使测量产生较大的误差。为减小这一误差，一般在测温热电阻与仪表连接时，采用三线制接法，即从热电阻引出三根导线，将连接热电阻的两根导线正好分别处于相邻的两个桥臂内。当环境温度变化而使导线电阻值改变时，其产生的作用正好互相抵消，使桥路输出的不平衡电压不会因之而改变。另一导线电阻的变动，仅对供桥电压有极微小的影响，但在准确度范围内。这样消除了导线线路电阻带来的测量误差。

（6）工业用热电阻温度计的使用注意事项

① 外观检查　主要有以下几点。

ⅰ. 热电阻温度计应均匀光滑、无明显剥脱现象，热电阻温度计的感温元件的支撑骨架应完整无裂痕，保护管外表面不应有伤痕，保护管内不得有任何碎片，各部件应牢固。

ⅱ. 热电阻温度计应刻有制造单位或商标、产品名称和出厂编号等标志。

ⅲ. 温度计感温元件必须采用无应力结构，温度变化时感温元件应能自由膨胀和收缩。

② 热电阻简易检查方法　使用热电阻前必须检查它的好坏。简易的检查方法是用万用表测量其电阻。在室温下，若万用表读数为"0"或者万用表读数明显小于 R_0（热电阻阻值）值，则表明该热电阻已短路。若万用表读数为"∞"，则表明该热电阻已断路，不能使用。若万用表读数比 R_0 的阻值偏高一些，说明该热电阻是正常的。

③ 热电阻安装检查　热电阻安装时，其插入深度应不小于热电阻保护管外径的 8～10 倍，使热电阻受热部分尽可能长。热电阻尽可能垂直安装，以防在高温下弯曲变形。为了减小辐射热和热传导所产生的误差，热电阻在使用中应尽量使保护套管表面和被测介质温度接近。

3.3.4　热电偶

3.3.4.1　热电偶测温原理

热电偶测温的基本原理是热电效应。在两种不同的导体（或半导体）两端接合组成的回路中，当两个导体（或者半导体）两端的接合点的温度不同时，会在回路中产生热电势，即塞贝克电势，这一现象称为热电现象。利用所产生的热电势与两个接合点温度之间的关系，就可进行温度测量。

塞贝克电势实际上是由温差电势和接触电势组成。如果棒状导体两端温度不同，导体内部便有电场产生，从而产生电动势，此电势称为温差电势，其大小为棒两端温度的函数。如果将温度相同的两种金属接在一起，在接点处会产生电动势，此电动势称为接触电势，其大小由两种金属的特性和接点处的温度所决定。

热电偶产生热电势必须具备的两个条件：①热电偶必须用两种不同材料的热电极构成；ⅱ热电偶的两接点必须具有不同的温度。

在实际使用热电偶进行温度测量时，必须在热电偶回路中引入连接导线和测量显示仪表，为进一步掌握热电偶的测温特性，有必要了解与热电偶相关的基本定律。

（1）均质导体回路定律

由一种均质导体组成的闭合回路，不论导体的截面和长度如何以及各处的温度分布如何，都不能产生热电势。

这一定律的用途是：①检查二根金属是否是相同材料，或检查一种材料的纯度；ⅱ检查合金材料在其各段上的均匀性如何，用于测量热电极的均匀性。

（2）中间导体定律

用热电偶测温时，在测量回路中必须接入显示仪表和连接导线，而这些导线材料和热电极材料一般是不同的。中间导体定律是指在热电偶回路中，只要中间导体两端温度相同，那么接入中间导体后，对热电偶回路的总热电势没有影响。

此定律的用途如下。

ⅰ. 在热电偶回路中接入测量仪表和连接导线时，只要保持两端接点的温度相同，则不影响热电偶的回路电势。这一点很重要，如果没有这一定律，即使热电偶两端接触处的温度不同，回路中有电势存在，也无法把它测量出来，也就不能使用热电偶来测量温度了。

ⅱ. 热电偶两端点温度，无论是用熔焊、熔料焊或其他方法来制成接点，只要焊接点的大小能使在它上面所有各点的温度相同，制造方法对于热电偶的热电势的大小是没有影响的。这一点也极为重要，如这一定律不成立，那热电偶的两端点就无法连接，也就不能成为一个回路，也无法测量温度。

（3）连接导体定律与中间温度定律

在热电偶回路中，如果热电极 A、B 分别与连接导线 A'、B' 相接，接点温度分别为 T、T_n、T_0，如图 3-8 所示，那么回路的热电势将等于热电偶的热电势 E_{AB}（T，T_n）与连接导线 A'、B' 在温度 T_n、T_0 时热电势 $E_{A'B'}$（T_n，T_0）的代数和即为

$$E_{ABA'B'}(T,T_n,T_0)=E_{AB}(T,T_n)+E_{A'B'}(T_n,T_0) \tag{3-17}$$

此定律的用途是：在使用热电偶测量温度时，必须将参考端温度维持恒定，否则将会产生误差。在实际测量中，热电偶的测量端是在被测量物体处，而参考端也往往在附近，这样参考端的温度会受到被测物体的温度变化的影响，不容易稳定，必然给测量带来误差。因此可利用这一定律，在参考端处接入另外二种金属导体，将参考端远离

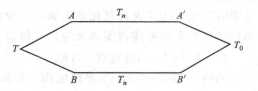

图 3-8　用导线连接的热电偶回路

被测量物体，使其温度稳定。实现这一目的的条件是这两种金属热电特性与热电偶的热电特性要一致，这附加的金属导体就被称为热电偶的补偿导线。

（4）参考电极定律

如果将热电极 C（一般为纯铂丝）作为参考电极（也称标准电极），并已知参考电极与各种热电极配对时的热电势，那么在相同接点温度电势（T，T_0），任意两热电极 A、B 配对后的热电势可按下式求得

$$E_{AB}(T,T_0)=E_{AC}(T,T_0)-E_{BC}(T,T_0) \tag{3-18}$$

式中　　　　　　　　E_{AB}（T，T_0）——由 A、B 两热电极组成的热电偶，在接点温度为 T 和
　　　　　　　　　　　　T_0 时的热电势；

　E_{AC}（T，T_0），E_{BC}（T，T_0）——接点温度在（T，T_0）时热电极 A、B 分别与参数电
　　　　　　　　　　　　极 C（纯铂丝）配对时的热电势。

由此可见，已知两导体分别与参考电极组成热电偶，就可以根据参考电极定律计算出该两导体组成热电偶时的热电势。参考电极的使用大大简化了热电偶的选配工作，只要获得有关热电极与标准铂电极配对的热电势，那么任何两种热电极配对时的热电势便可由公式（3-18）求得，而不需逐个测定。

3.3.4.2　实用热电偶类型

理论上任意两种导体（或半导体）都可以制成热电偶，但并不是所有的材料都适宜制作热电偶。作为实用的测温元件，对热电偶材料的要求是多方面的，主要有：

ⅰ. 制成的热电偶应有较大的热电势和热电势率，并且其热电势与温度之间最好呈线性关系或近似线性的单值函数关系；

ⅱ. 能在较宽的温度范围内应用，并且在长期工作后物理化学性能与热电特性都比较稳定；

ⅲ. 电导率要高，电阻温度系数和比热容要小；

ⅳ. 易于复制，工艺性与互换性要好，便于制定统一的分度表。材料要有韧性且焊接性能要好，以便于热电偶的制作；

ⅴ. 资源丰富，价格低廉。

按照工业标准化情况来分类，可以分为标准化分度热电偶和非标准化分度热电偶两大类。标准化是指工艺上比较成熟、应用广泛、能成批生产、性能优良而稳定并有统一标准的几种热电偶。同一型号的标准化热电偶具有同一的分度表，互换性好，使用起来非常方便。目前国际化标准分度的热电偶包括 S 型、R 型、B 型、K 型、N 型、E 型、J 型、T 型八种。

但在某些特殊环境中，如在高温、低温、高真空和核辐照的环境中，标准化热电偶难以满足特别的测温要求，在这些情况下就要用到非标准化热电偶。非标准化热电偶无论在使用范围或数量上均不及标准化热电偶，一般没有统一的分度表，但随着实际需求的变化，多种非标准化热电偶使用范围越来越广，得到了更为广泛的认可。

（1）铂铑 10-铂热电偶（S 型）

铂铑 10-铂热电偶（S 型热电偶）为贵金属热电偶，其正极（SP）的化学成分为铂铑合金，其中含铂 90%，含铑 10%，负极（SN）为纯铂。它的长期最高使用温度为 1300℃，短期最高使用温度为 1600℃。S 型热电偶在热电偶系列中准确度高，稳定性好，测温温区宽，使用寿命长，它的物理、化学性能良好，热电势稳定性及在高温下抗氧化性能好，适于氧化性和惰性气氛中。它的不足之处是热电势和热电势率较小，灵敏度低，高温下机械强度差，对污染很敏感，且材料昂贵。

（2）铂铑 13-铂热电偶（R 型）

铂铑 13-铂热电偶（R 型热电偶）为贵金属热电偶，其正极（RP）的化学成分为铂铑合金，其中含铂为 87%，含铑为 13%，负极（RN）为纯铂，长期使用最高温度为 1300℃，短期使用最高温度为 1600℃。R 型热电偶的综合性能与 S 型热电偶相当，研究发现 R 型热电偶的稳定性和复现性比 S 型热电偶好，R 型热电偶不足之处与 S 型热电偶类似。

（3）铂铑 30-铂铑 6 热电偶（B 型）

铂铑 30-铂铑 6 热电偶（B 型热电偶）为贵金属热电偶，其正极（BP）的化学成分为铂铑合金，其中含铑量 30%，负极（BN）也为铂铑合金，含铑量为 6%，该热电偶长期最高使用温度为 1600℃，短期最高使用温度为 1800℃。B 型热电偶的准确度高，稳定性能好，测温温区宽，使用寿命长，测温上限高，它适用于氧化性和惰性气氛中，也可短期用于真空中，但不适用于还原性气体或含有金属或非金属蒸气气氛中。B 型热电偶的参考端一般不须用补偿导线进行补偿，这是因为在 $0\sim50℃$ 范围内其热电势小于 $3\mu V$。B 型热电偶不足之处是热电势率更小，灵敏度更低，高温下机械强度下降，抗污染能力差，贵金属材料昂贵等。

（4）镍铬-镍硅热电偶（K 型）

镍铬-镍硅热电偶（K 型热电偶）正极（KP）的化学成分为 Ni：Cr＝90：10，负极（KN）的成分为 Ni：Si＝97：3，使用温度范围为－200～1300℃，是目前用量最大的廉金属热电偶。K 型热电偶具有线性度好，热电动势较大，灵敏度较高，稳定性和均匀性较好，抗氧化性能强，价格便宜等优点，能用于氧化性、惰性气氛中，但是它不能直接在高温下用于硫、还原性或还原氧化交替的气氛中和真空中。

（5）镍铬硅-镍硅热电偶（N 型）

镍铬硅-镍硅热电偶（N 型热电偶）为廉金属热电偶，是一种最新国际标准化的热电偶，正极（NP）的化学成分为 Ni：Cr：Si＝84.4：14.2：1.4，负极（NN）的化学成分为 Ni：Si：Mg＝95.5：4.4：0.1，其使用温度范围为－200～1300℃。N 型热电偶具有线性度好，热电动势较大，灵敏度较高，稳定性和均匀性较好，抗氧化性能强，价格便宜等优点，其综合性能优于 K 型热电偶，缺点是在高温下不能直接用于硫、还原性或还原氧化交替的气氛中和真空中。

（6）镍铬-铜镍（康铜）热电偶（E 型）

镍铬-铜镍热电偶（E 型热电偶）又称镍铬-康铜热电偶，是一种廉金属热电偶，其正极（EP）为镍铬 10 合金，化学成分与 KP 相同，负极（EN）为铜镍合金，化学成分为 55％铜和 45％的镍以及少量的钴、锰、铁等元素，该热电偶的使用温度为－200～900℃。E 型热电偶电动势之大，灵敏度之高是所有热电偶之最，宜制成热电堆，测量微小的温度变化。对于高湿度气氛的腐蚀环境不甚灵敏，宜于湿度较高的环境。E 型热电偶还具有稳定性好，抗氧化性能优于铜-康铜和铁-康铜热电偶，价格便宜等优点，能用于氧化性、惰性气氛中，缺点是不能直接在高温下用于硫或其他还原性气氛中，热电均匀性较差。

（7）铁-铜镍（康铜）热电偶（J 型）

铁-铜镍热电偶（J 型热电偶）又叫铁-康铜热电偶，是一种价格低廉的热电偶，它的正极（JP）的化学成分为纯铁，负极（JN）是铜镍合金，化学成分为 55％的铜和 45％的镍以及少量但却十分重要的钴、铁、锰等元素。尽管它也叫康铜，但却不同于镍铬-康铜和铜-康铜中的康铜，故不能用 EN 或 TN 来替换。铁-康铜热电偶覆盖测量温区为－210～1200℃，但常用的温度范围为 0～750℃。J 型热电偶线性度好，热电动势较大，灵敏度较高，稳定性和均匀性较好，价格便宜，它可用于真空、氧化、还原和惰性气氛中，但正极铁在高温下氧化较快，故使用温度受到限制，不能无保护直接在高温下用于硫化气氛中。

（8）铜-铜镍（康铜）热电偶（T 型）

铜-铜镍热电偶（T 型热电偶），又叫铜-康铜热电偶，是一种测量低温最佳的廉金属热电偶，正极（TP）是纯铜，负极（TN）是铜镍合金，它与镍铬-康铜的康铜 EN 通用，与铁-康铜的康铜 JN 不能通用。铜-康铜热电偶测量温区为－200～350℃。T 型热电偶具有线性度好，热电动势大，灵敏度高，稳定性和均匀性好，价格便宜等优点，特别是在－200～0℃温区使用，稳定性更好，在低温可作标准进行低温量值传递，缺点是正极铜在高温下抗氧化性能差，上限温度受到限制。

（9）非标准分度热电偶

① 钨铼系热电偶 钨铼系热电偶是在 20 世纪 60～70 年代发展起来的难熔金属热电偶。钨铼系热电偶有 WRe5-WRe20、W-WRe26、WRe3-WRe25、WRe5-WRe26 几种，美国 ASTM E230-2002 标准中已正式将钨铼 5-钨铼 26 热电偶定为标准分度热电偶，分度号为 C。

我国目前可以提供商品化的 WRe3-WRe25、WRe5-WRe26 热电偶。

与铂铑等贵金属热电偶相比，钨铼热电偶价格低廉，因此近几年来发展很快。为解决氧化气氛下的使用问题，抗氧化钨铼热电偶受到了普遍关注，主要是采用热电偶丝材料镀膜或采用高致密保护套管隔绝等技术，可以延长钨铼热电偶在氧化气氛下的使用时间，在一定程度上取代铂铑等贵金属热电偶，这将使钨铼热电偶得到更广泛的应用。

钨铼热电偶使用时要注意以下几点：①热电动势，在 800℃ 以下，其微分电势随温度的升高而降低，但是在 1500℃ 以上，其微分电势均比 S 型热电偶高；Ⅱ使用温度，它的最高使用温度达 2800℃，但是在高于 2300℃ 时，一致性较差，一般使用在 2000℃ 以下；Ⅲ使用气氛，由于钨铼热电偶电极易发生氧化，因此适用于惰性或干燥空气中使用，另外在含碳气氛中易生成稳定的碳化物，会降低其灵敏度并引起脆断，并且在有氢气存在的情况下，会加速碳化；Ⅳ绝缘与保护套管，为避免高温下因化学反应引起热电动势变化，可采用 Y_2O_3 或 BN 作绝缘材料，保护管采用氧化钇（Y_2O_3）管、钨管、钼管、钽管或铌管等。

② 铂铑系和铱铑系非标准分度热电偶　由于在航空航天或一些其他领域，需要测量的温度超过了 B 型热电偶的最高使用温度，而这些场合或需要长时间测量，或需要在氧化气氛下快速测量，提出了用 PtRh40-PtRh20 或铱铑热电偶进行测温。在铂铑系热电偶中，PtRh40-PtRh20 热电偶稳定性最高，最高使用温度可达到 1850℃。美国标准局（NBS）给出铱 60 铑-铱的极限使用温度为 2100℃，铱 50 铑-铱和铱 40 铑-铱热电偶的极限使用温度为 2150℃，但由于铱在氧化气氛中容易被氧化蒸发，因此在空气中只能短期使用到极限温度。

③ 非金属热电偶　传统的热电偶材料都是由金属或合金制成的。但金属热电偶材料也存在一些缺点，如：测温上限不够；金属在 1500℃ 以上一般都和碳起反应，不适用于高温含碳气氛的温度测量；测量高温的贵金属热电偶价格昂贵等。

为克服上述金属材料的缺点，非金属热电偶材料得到了人们的重视。非金属热电偶的特点有：①热电动势和微分电势大；Ⅱ熔点高，测温上限也高；Ⅲ价格低；Ⅳ选用合适的非金属材料，可制成抗氧化或碳化能力的热电偶，用于恶劣条件下温度测量，其缺点是复现性差，力学性能差。

目前取得进展的非金属热电偶有 C-TiC（ZrB_2、NbC、SiC）、SiC-SiC、ZrB_2（NbC）-ZrC、$MoSi_2$-WSi_2 以及 B_4C-C 等。

3.3.4.3　热电偶补偿导线

热电偶补偿导线一般由补偿导线合金丝、绝缘层、护套和屏蔽层组成。它是在一定温度范围（包括常温）具有与所匹配热电偶的热电动势的标称值相同的一对导线，用它们连接热电偶和测量装置，以补偿它们与热电偶连接处的温度变化所产生的误差。

使用补偿导线的作用包括：①改善热电偶测温线路的物理性能和力学性能，采用多股线芯或小直径补偿导线可提高线路的挠性，使接线方便，也可调节线路电阻或屏蔽外界干扰；Ⅱ降低测量线路成本，当热电偶与测量装置距离很远时，使用补偿导线可以节省大量热电偶材料，特别是使用贵金属热电偶时更为明显。

热电偶补偿导线分两种：①延长型补偿导线，其合金的名义化学成分及热电动势标称值与配用的热电偶相同，用字母"X"附在热电偶分度号之后表示，如 KX 表示 K 型热电偶用延长型补偿导线；Ⅱ补偿型补偿导线，其合金丝的名义化学成分与配用的热电偶不同，但其电动势值在 0～100℃ 或 0～200℃ 时与配用热电偶的电动势标称值相同，用字母"C"附在分度号之后表示，不同合金丝可以应用于同一分度号的热电偶，并用附加字母区别为

"KCA"、"KCB"。

3.3.5 精密集成电路温度传感器 LM35

LM35 是美国 NS 公司生产的精密集成电路温度传感器。其输出的电压线性地与摄氏温度成正比,因此,LM35 比按绝对温标校准的线性温度传感器优越得多。LM35 系列传感器生产制作时已经过校准,其输出电压与摄氏温度一一对应,使用极为方便。其灵敏度为 $10.0\text{mV}/℃$,精度在 $0.4\sim0.8℃$($-55\sim+150℃$ 温度范围内),重复性好,输出阻抗低,线性输出和内部精密校准使其与读出或控制电路接口简单和连接方便,可单电源和正负电源工作。

(1) 特性

ⅰ. 在摄氏温度下直接校准;

ⅱ. $+10.0\text{mV}/℃$ 的线性刻度系数;

ⅲ. 确保 $0.5℃$ 的精度(在 $25℃$);

ⅳ. 额定温度范围为 $-55\sim+150℃$;

ⅴ. 适合于远程应用;

ⅵ. 工作电压范围宽,$4\sim30\text{V}$;

ⅶ. 低功耗,小于 60uA;

ⅷ. 在静止空气中,自热效应低,小于 $0.08℃$ 的自热;

ⅸ. 非线性仅为 $\pm1/4℃$;

ⅹ. 输出阻抗在通过 1mA 电流时仅为 0.1Ω。

(2) 参数指标及外形图

LM35 有三种封装,即普通三极管 TO-46 封装和 TO-92 封装,以及双列直插 DIP-8 封装,如图 3-9 所示,图中还示出各引脚的功能。

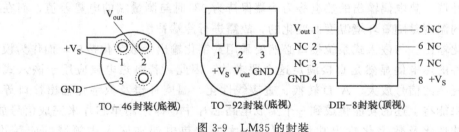

图 3-9 LM35 的封装

(3) 典型应用

LM35 的典型应用见图 3-10,将 $4\sim20\text{V}$ 的电源电压加在引脚1,引脚3接地,在引脚2和引脚3之间就能得到对应温度的电压信号。此电压信号较强,与温度的换算系数为 $10.0\text{mV}/℃$,所以可用万用表直接测量,或用单片机直接采集。

(4) 使用要点

实际使用中,可将塑封的传感器的平面用环氧树脂粘贴在待测的零件表面,若是 TO-46 金属封装的,则可在待测零件上钻一个与传感器管帽相当的孔,用胶粘牢,安装十分简单,其温度差不会超过 $0.01℃$。如果环境温度比表面温度高或低许多时,LM35 器件外表面的实际温度为环境温度和表面温度之间的温度,对于 TO-92 封装来说,情况更是如此。在这里,铜导线是向器件传导热量的主要热渠道,因此,其温度将更接近空气温度,而不是表面

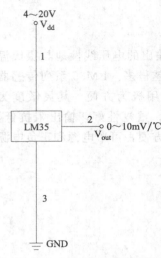

图 3-10　LM35 的典型应用

温度。

为了解决这个问题，应确保到 LM35 的导线保持与器件外表面同样的温度，最容易的方法是用环氧树脂覆盖这些导线，以确保引线和导线与器件外表面具有相同的温度，使得器件外表面的温度将不受环境温度的影响。

TO-46 金属封装也可被焊在金属表面或管子上，当然在这种情况下电路的电源负端（V-）接地到金属壳上。另一种方法是，LM35 被安装在密闭的金属管中，然后浸入一个槽中或拧入槽的螺纹孔中。和任何集成电路一样，LM35 和其伴随导线及电路必须绝缘和干燥，以防止漏电和腐蚀。如果电路工作在可能发生凝结的低温下，就应该更加注意。

3.3.6　数字温度传感器

数字温度传感器是指能把温度物理量通过温度敏感元件和相应电路转换成方便计算机、PLC、智能仪表等数据采集设备直接读取数字量的传感器。数字温度传感器中具有代表性的是美国美信公司（Maxim）出品的具有冷端补偿的单片 K 型热电偶放大器与数字转换器 MAX6675，以及热敏电阻放大器与数字转换器 MAX6682。下面以 MAX6675 进行说明。

热电偶作为一种主要的测温元件，具有结构简单、制造容易、使用方便、测温范围宽、测温精度高等特点。但是将热电偶应用在基于单片机的嵌入式系统领域时，却存在着以下几方面的问题。

①非线性　热电偶输出的热电势与温度之间的关系为非线性关系，因此在应用时必须进行线性化处理。

②冷端补偿　热电偶输出的热电势为冷端保持为 0℃时与测量端的电势差值，而在实际应用中冷端的温度是随着环境温度而变化的，故需进行冷端补偿。

③数字化输出　与嵌入式系统接口必然要采用数字化输出及数字化接口，而作为模拟小信号测温元件的热电偶显然是直接满足这个要求的。因此，若将热电偶应用于嵌入式系统时，须进行复杂的信号放大、A/D 转换、查表线性化、温度补偿及数字化输出接口等软硬件设计。如果能将上述的功能集成到一个集成电路芯片中，即采用单芯片来完成信号放大、冷端补偿、线性化及数字化输出功能，则将大大简化热电偶在嵌入式领域的应用设计。MAX6675 集成了热电偶放大器、冷端补偿、A/D 转换器及 SPI 串口的热电偶放大器与数字转换器，可以完成上述功能。

（1）性能特点

MAX6675 的主要特性如下：

ⅰ. 简单的 SPI 串行口温度值输出；

ⅱ. 0～+1024℃的测温范围；

ⅲ. 12 位 0.25℃的分辨率；

ⅳ. 片内冷端补偿；

ⅴ. 高阻抗差动输入；

ⅵ. 热电偶断线检测；

ⅶ. 单一+5V 的电源电压；

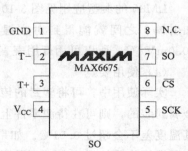

图 3-11　MAX6675 的封装

ⅷ. 低功耗特性；

ⅸ. 工作温度范围－20～＋85℃；

ⅹ. 2000V 的 ESD 信号。

该器件采用 8 引脚 SO 帖片封装。引脚排列如图 3-11 所示，引脚功能如表 3-4 所列。

表 3-4　MAX6675 引脚功能

引脚	名称	功　　能	引脚	名称	功　　能
1	GND	接地端	5	SCK	串行时钟输入
2	T－	K 型热电偶负极	6	CS	片选端，CS 为低时、启动串行接口
3	T＋	K 型热电偶正极	7	SO	串行数据输出
4	V_{CC}	正电源端	8	N. C.	空引脚

（2）工作原理

MAX6675 的内部结构如图 3-12 所示。该器件是一复杂的单片热电偶数字转换器，内部具有信号调节放大器、12 位的模拟/数字化热电偶转换器、冷端补偿传感和校正、数字控制器、1 个 SPI 兼容接口和 1 个相关的逻辑控制。

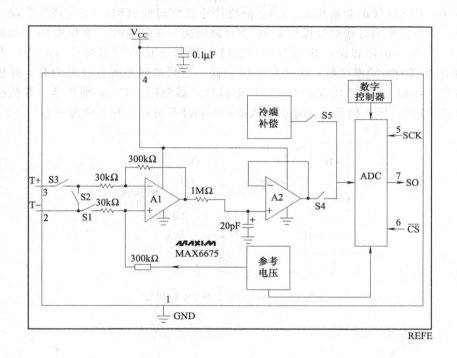

图 3-12　MAX6675 内部结构框图

① 温度变换　MAX6675 内部具有将热电偶信号转换为与模数转换（ADC）输入通道兼容电压的信号调节放大器，T＋和 T－输入端连接到低噪声放大器 A1，以保证检测输入的高精度，同时使热电偶连接导线与干扰源隔离。热电偶输出的热电势经低噪声放大器 A1 放大，再经过 A2 电压跟随器缓冲后，被送至 ADC 的输入端。在将温度电压值转换为等价的温度值之前，它需要对热电偶的冷端温度进行补偿，冷端温度即是 MAX6675 周围温度与

0℃实际参考值之间的差值。对于 K 型热电偶，电压变化率为 $41\mu V/℃$，电压可由线性公式 $V_{out}=(41\mu V/℃)\times(t_R-t_{AMB})$ 来近似热电偶的特性。式中，V_{out} 为热电偶输出电压，mV；t_R 是测量点温度；t_{AMB} 是周围温度。

② 冷端补偿　热电偶的功能是检测热、冷两端温度的差值，热电偶热节点温度可在 $0\sim+1023.75℃$ 范围变化，冷端即安装 MAX6675 的电路板周围温度，此温度在 $-20\sim+85℃$ 范围内变化。当冷端温度波动时，MAX6675 仍能精确检测热端的温度变化。

MAX6675 是通过冷端补偿检测和校正周围温度变化的。该器件可将周围温度通过内部的温度检测二极管转换为温度补偿电压，为了产生实际热电偶温度测量值，MAX6675 从热电偶的输出和检测二极管的输出测量电压。该器件内部电路将二极管电压和热电偶电压送到 ADC 中转换，以计算热电偶的热端温度，当热电偶的冷端与芯片温度相等时，MAX6675 可获得最佳的测量精度。因此在实际测温应用时，应尽量避免在 MAX6675 附近放置发热器件或元件，因为这样会造成冷端温度误差。

③ SPI 串行接口　如图 3-13 所示，MAX6675 采用标准的 SPI 串行外设总线与中央处理器（MCU）接口，且 MAX6675 只能作为从设备。MAX6675 SO 端输出温度数据的格式如图 3-14 所示。MAX6675 从 SPI 串行接口输出数据的过程如下：MCU 使 CS 变低并提供时钟信号给 SCK，由 SO 读取测量结果。CS 变低将停止任何转换过程；CS 变高将启动一个新的转换过程。一个完整串行接口读操作需 16 个时钟周期，在时钟的下降沿读 16 个输出位，第 1 位和第 15 位是一伪标志位，并总为 0；第 14 位到第 3 位为以最高位（MSB）到最低位（LSB）顺序排列的转换温度值；第 2 位平时为低，当热电偶输入开放时为高，开放热电偶检测电路完全由 MAX6675 实现，为开放热电偶检测器操作，T－必须接地，并使接地点尽可能接近 GND 脚；第 1 位为低以提供 MAX6675 器件身份码，第 0 位为三态。

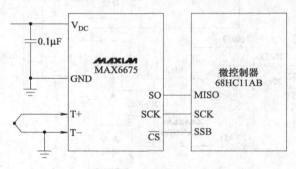

图 3-13　MAX6675 与 MCU 接口

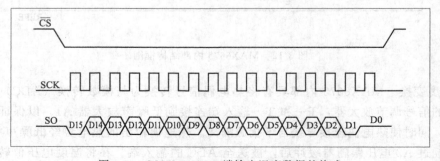

图 3-14　MAX6675 SO 端输出温度数据的格式

3.4　压力测量

3.4.1　概述

　　压力是工业生产过程中一种常见而又重要的检测参数。许多生产过程都是在一定的压力条件下进行的，所以正确地检测和控制压力是保证工业生产过程良好运行，达到高产、优质、低耗及安全生产的重要环节。此外，生产过程的其他一些参数，如物位和流量等，也可以通过测量压力或差压得到。

　　工程技术中所称的"压力"，实质上就是物理学中的"压强"，是指介质垂直均匀作用于单位面积上的力。压力常用字母 p 表示，其表达式为

$$p = \frac{F}{S}$$

　　式中，F 和 S 分别为作用力和作用面积。

　　按照国际单位制（SI）的规定，压力的单位为帕斯卡。简称为帕，符号为 Pa，表示 1 牛顿力垂直均匀地作用在 1 平方米面积上形成的压力，即 $1Pa = 1N/m^2$（牛顿/米²）。

　　长期以来，工程技术界广泛使用着一些其他压力计量单位，短期内尚难完全统一。这些单位包括：工程大气压（at），标准大气压（atm），毫米汞柱（mmHg），毫米水柱（mmH$_2$O）和巴（bar）等，这些压力单位与"帕"之间的单位换算关系如下。

$$1工程大气压(at) = 1kgf/cm^2 = 98066.5N/m^2 \approx 98kPa$$

$$1标准大气压(atm) = 1.013 \times 10^5 Pa$$

$$1毫米汞柱(mmHg) = 133.322Pa$$

$$1毫米水柱(mmH_2O) = 9.80665Pa$$

　　必须指出，随着国际标准单位"帕"的推广，上述这些非法定压力计量单位会逐渐废止。

　　常用的压力表示方式有三种，即绝对压力、表压力和负压力（或真空度）。绝对压力是指物体实际所承受的全部压力；表压力是指由压力表测量得到的指示压力；负压力是一个相对压力，它以环境大气压力为参照点，实质上是绝对压力与环境大气压力的差压。在工程中习惯于把绝对压力高于环境大气压力的差压称为表压，而把绝对压力低于环境大气压力的差压称为负压（或真空度）。它们之间的关系为

$$p_{表压} = p_{绝对压力} - p_{大气压力} \tag{3-19}$$

$$p_{真空度} = p_{大气压力} - p_{绝对压力}$$

　　在工程中所说的压力通常是指表压，即压力表上的读数，负压（或真空度）则是指真空表上的读数。如用 p_{ab} 表示绝对压力、用 p_c 表示表压，用 p_v 表示负压（或真空度）用 p_{atm} 表示环境大气压力，用 Δp 表示任意两个压力之差，则它们之间的相互关系如图 3-15 所示。

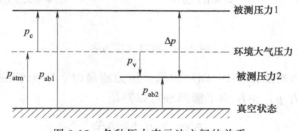

图 3-15　各种压力表示法之间的关系

测量压力的仪表种类很多，按其转换原理大致可分为以下几种。

① 液柱式压力表　液柱式压力表是根据静力学原理，将被测压力转换成液柱高度来测量压力的。这类仪表包括 U 形管压力计、单管压力计、斜管式压力计等。常用的测压指示液体有酒精、水、四氯化碳和水银。这类测压仪表的优点是结构简单、反应灵敏、测量精确，缺点是受到液体密度的限制，测压范围较窄。在压力剧烈被动时，液柱不易稳定而且对安装位置和姿势有严格要求。因此，一般仅用于测量低压和真空度，多在实验室中使用。

② 弹性式压力表　弹性式压力表是根据弹性元件受力变形的原理，将被测压力转换成弹性元件的位移来测量压力的。常见的有弹簧管压力表、波纹管压力表、膜片（或膜盒）式压力表。这类测压仪表结构简单、牢固耐用、价格便宜、工作可靠、测量范围宽，适用于低压、中压、高压多种生产场合，是工业中应用最广泛的一类测压仪表。不过弹性式压力表的测量精度不是很高，且多数采用机械指针输出，因而主要用于生产现场的就地指示。当需要信号远传时，必须配上附加装置。

③ 压力传感器和压力变送器　压力传感器和压力变送器是利用物体的某些物理特性，通过不同的转换元件将被测压力转换成各种电量信号，并根据这些信号的变化来间接测量压力。根据转换元件的不同，压力传感器和压力变送器可分为电阻式、电容式、应变式、电感式、压电式、霍尔片式等多种形式。这类测压仪表的最大特点就是输出信号易于远传，可以方便地与各种显示、记录和调节仪表配套使用，从而为压力集中监视和控制创造条件，所以在生产过程自动化系统中被大量采用。

3.4.2　液柱式压力表

液柱式压力表是根据流体静力学原理，将被测压力转换为液柱高度来进行测量的。一般采用 U 形管、单管或斜管充有水或水银来进行压力测量，其结构形式如图 3-16 所示。它的优点是结构简单、使用方便、价格低廉。缺点是体积大、读数不便、玻璃管易碎、精度较低。它只限于测量低压或微压、压差、负压不大、要求不高，且环境不复杂的场合。

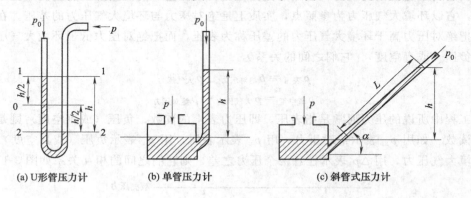

(a) U形管压力计　　(b) 单管压力计　　(c) 斜管式压力计

图 3-16　液柱式压力表

U 形管压力计的结构如图 3-16（a）所示。压力测量时，U 形管的一端通大气，压力为 p_0，另一端接被测压力 p，由压力平衡原理可以写出

$$pA = p_0 A + \rho g h A \tag{3-20}$$

式中　A——U 形管内孔截面积；

　　　　ρ——U 形管内工作液的密度；

　　　　g——重力加速度。

式（3-20）可简写为 $\qquad\qquad\qquad p=p_0+\rho gh$ $\qquad\qquad\qquad\qquad$ (3-21)

由式（3-21）可以看出，U 形管内的液柱差 h 与被测压力或差压成正比，因此被测压差或压力可以用工作液高度 h 的大小来表示。U 形管压力计中的 h 需两次读数，读数误差较大。为了减小上述两次读数误差，可采用单管压力计，如图 3-16（b）所示。

当使用 U 形管压力计测量微小压力时，在读数方面往往有一定的困难，这时可以采用斜管式压力计（微压计）。它的读数最小单位为 0.1mm，测量精度在 0.5% ～ 1.0% 之间，图 3-16（c）为斜管式压力计的原理简图。这种微压计可以看成是 U 形管的垂直管倾斜，与水平的夹角为 α，这样一来就把 U 形管压力计的读数 h 扩大到了 $1/\sin\alpha$ 倍。显然 α 越小，斜管式微压计的灵敏度就越高，但液面拉得也越长，会影响读数的准确性，且 α 太小会使压力测量范围过小，故 α 一般不小于 15°。

3.4.3　弹性式压力表

弹性式压力表是利用弹性元件在被测压力作用下产生弹性变形的原理来测量被测压力。弹性压力表中所用感受压力的元件通常有膜片、波纹管和弹簧管等，如图 3-17 所示。膜片和波纹管等弹性元件一般用于测量中低压和微压；而弹簧管既可以测量中高压，也可测量真空度。因而获得最广泛的应用。下面介绍弹簧管压力表。

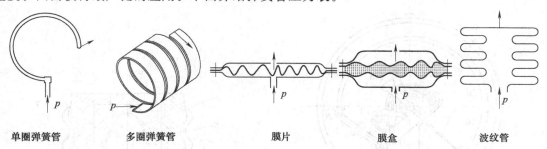

单圈弹簧管　　　　多圈弹簧管　　　　膜片　　　　膜盒　　　　波纹管

图 3-17　弹性元件

弹管簧压力表的测量元件是一个弯成圆弧形的空心管子，其截面为扁圆形或椭圆形，如图 3-18 所示。管子一端自由，但端面封闭，为位移输出端，见图中 B 端；管子的另一端固定，为被测压力的输入端，见图中 A 端。当被测压力从输入端 A 通入后，椭圆形截面在压力 p 的作用下将趋于圆形，因而弯成弧形的弹簧管会向外挺直，自由端就从 B 移动到 B'。如此就将压力变化转换成位移量，且压力越大，位移量越大。

弹簧管压力表的结构如图 3-19 所示，被测压力 p 通入后，弹簧管 1 自由端产生位移，通过拉杆 2 使扇形齿轮 3 逆时针偏转，并带动啮合的中心齿轮 4 转动，与中心齿轮 4 同轴的指针 5 将同时顺时针偏转，并在面板 6 的刻度标尺上指示出从接头 9 引入的被测压力值。通过调整螺钉 8 可以改变拉杆与扇

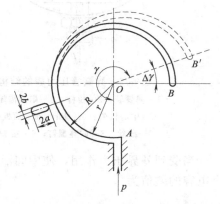

图 3-18　弹簧管测压原理

形齿轮的接合点位置，从而改变放大比来调整仪表的量程。转动轴上装有游丝7，用以消除两个齿轮啮合的间距，减小仪表的误差。直接改变指针套在转动轴上的角度，就可以调整仪表的机械零点。

弹簧管的材料由被测压力的高低和被测介质的性质决定。一般当 $p < 2 \times 10^7 Pa$ 时，可采用磷铜；当 $p > 2 \times 10^7 Pa$ 时，则采用不锈钢或合金钢。但是，必须注意被测介质的化学性质，例如测量氨气压力不可采用铜质材料，而测量氧气压力时，则严禁沾有油脂。

3.4.4 电容式压力传感器

电容式压力传感器是利用转换元件将压力变化转换成电容变化，再通过检测电容的方法来测量压力。其中具有代表性的是电容式差压传感器。

先讨论差动平板电容器的工作原理。差动平板电容器共有三个面对面平行放置的极板，两边的极板为固定电极板，中间极板为活动电极板。初始状态下，活动极板正好位于两固定电极板的中间，此时左右两个电容的容量完全相等，其差值为零。每个电容的容量为

$$C_0 = \frac{S\varepsilon}{d_0} \tag{3-22}$$

式中　ε——平行极板间介质的介电常数；
　　　d_0——平行极板间的距离；
　　　S——平行极板的极板面积。

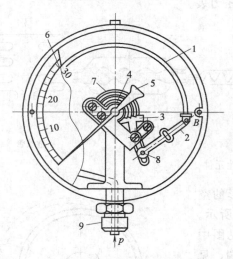

图 3-19　弹簧管压力表的结构
1—弹簧管；2—拉杆；3—扇形齿轮；
4—中心齿轮；5—指针；6—面板；
7—游丝；8—调整螺钉；9—接头

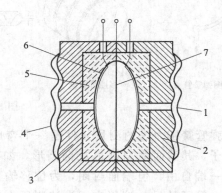

图 3-20　电容式差压传感器原理图
1,4—波纹隔离膜片；2,3—不锈钢基座；
5—玻璃绝缘体；6—金属薄膜；7—弹性膜片

当受到外界压力作用，使中间活动电极板产生一个微小位移 Δd，如图 3-20 所示，其两个电容的差值为

$$\Delta C = C_1 - C_2 = \frac{S\varepsilon}{d_0 - \Delta d} - \frac{S\varepsilon}{d_0 + \Delta d} = \frac{2S\varepsilon}{d_0^2} \frac{\Delta d}{1 - (\Delta d/d_0)^2} \tag{3-23}$$

当 $\Delta d/d_0 \ll 1$ 时，有

$$\Delta C \approx \frac{2S\varepsilon}{d_0^2}\Delta d = K\Delta d \tag{3-24}$$

由式（3-24）可知，当差动平板电容器的中间活动电极板的位移较小时，其电容变化量与活动电极板的位移成正比，电容式压力变送器正是基于这一原理而设计的。

电容式差压传感器原理如图 3-20 所示。传感器有左右对称的两个不锈钢基座 2 和 3，外侧加工成环状波纹沟槽，并焊上波纹隔离膜片 1 和 4，弹性膜片 7 作为感压元件，它由弹性稳定性好的特殊合金薄片（例如合氏合金、蒙耐尔合金等）制成，为差动电容的活动电极。弹性膜片在压差作用下，可有 0.1mm 的左右移动距离。在弹性膜片左右有两个用玻璃绝缘体 5 磨成的球形凹面，用真空镀膜法在该表面镀上一层金属薄膜 6，作为差动电容的固定极板，弹性膜片位于两固定极板的中央，它与固定极板构成两个小室。金属薄膜和弹性膜片都接有输出引线。每一小室通过孔与自己一侧的隔离膜片腔室连通，两小室和隔离腔室内都充有硅油。当被测差压作用于左右隔离膜片时，通过内充的硅油使测量膜片产生与差压成正比的微小位移，从而引起测量膜片与两侧固定极板间的电容产生差动变化。差动变化的两电容 C_L（低压侧电容）和 C_H（高压侧电容）由引线接到测量电路。

电容式差压传感器完全没有机械传动结构，尺寸紧凑、抗振性好、工作稳定可靠、测量精度高，而且调整零点和量程时互不干扰。当低压室通大气时，便可直接测量压力。

3.4.5　扩散硅压力传感器

扩散硅压力传感器是基于电阻应变原理来测量压力的应变式传感器。当电阻体在外力作用产生机械变形（伸缩变形）时，其电阻值也发生变化，这种现象称为电阻应变效应。通过对电阻变化量的检测，可得到其受力情况。

扩散硅压力传感器测压原理结构如图 3-21（a）所示。它的感压元件叫做扩散硅应变片，这是一种弹性半导体硅片，边缘为很厚的环形，中间膜片部分却很薄，像杯形，故称为"硅杯"。在硅杯的膜片上利用集成电路工艺，按特定方向和排列扩散四个等值电阻，其电阻布置如图 3-21（b）所示。一般硅杯膜片内侧承受被测量压力 p，外侧为大气压力。

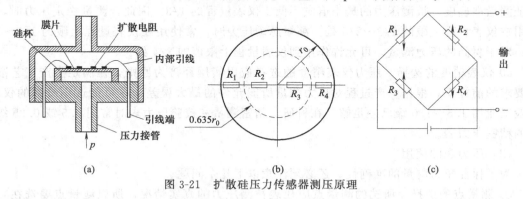

图 3-21　扩散硅压力传感器测压原理

当被测压力作用于膜片内侧时，硅杯上的膜片将受力而产生变形。其中，位于中间区域的电阻 R_2 和 R_3 受到拉应力的作用而拉伸，电阻值增大；位于边缘区域的电阻 R_1 和 R_4 则受到压应力作用而压缩，电阻值减小。如果把这四个应变电阻接成图 3-21（c）的电桥形式，在电源电压为 E 时，就可得到电压形式的输出量。当压力为零时，桥路的输出为

$$U = \frac{R_2 E}{R_1 + R_2} - \frac{R_4 E}{R_3 + R_4} \tag{3-25}$$

硅杯设计时，取 $R_1=R_2=R_3=R_4=R$，所以桥路平衡，$U=0$。当有压力作用时，四个电阻的变化量相等，即 $\Delta R_1=\Delta R_2=\Delta R_3=\Delta R_4=\Delta R$，这时桥路的输出电压信号为

$$U=\frac{\Delta R E}{R}$$

(3-26)

上式表明桥路的输出电压与应变电阻的变化量成正比。输出电压再经放大和转换，成为标准信号显示和调节仪表的输入。

为了防止被测介质的腐蚀污染，硅杯的两面都有隔离膜片，且硅杯与膜片之间冲入硅油。被测介质的压力经过隔离膜片传给硅油，再作用于硅杯的膜片上。扩散硅压力传感器的硅杯直径约为 $1.8\sim10\text{mm}$，膜厚 $50\sim500\mu m$。所以，这种压力传感器体积小、重量轻、动态响应快、性能稳定可靠。

扩散硅压力传感器可用于低温、高压、水下、强磁场以及核辐射等恶劣的工业场合。

3.4.6　压力测量仪表的选择和使用

选择压力仪表应根据被测压力的种类（压力、负压或压差）、被测压力范围、测量精度、被测介质的物理和化学性质、用途以及生产过程所提出的技术要求，同时应本着既满足测量准确度，又经济的原则，合理地选择压力仪表的型号、量程和精度等级。

（1）压力表的选择

① 仪表类型的选用　仪表的选型必须满足生产过程的要求，例如被测压力范围、精确度以及是否需要远传、自动记录或报警等；被测介质的性质及状态（温度高低、黏度大小、脏污程度、腐蚀性、是否易燃易爆、是否易结晶等）；是否对仪表提出了专门的要求；仪表安装的现场环境条件（如高温、腐蚀、潮湿、振动、电磁场等）对仪表有无特殊要求等。

② 仪表的量程的选择　究竟应选择多大量程的仪表，应由生产过程所需要测量的最大压力来决定。为了避免压力仪表超过负荷而破坏，仪表的上限值应高于生产过程中可能出现的最大压力值。一般地，在被测压力比较平稳的情况下，压力仪表上限值应为被测最大压力的 3/2 倍；在压力波动较大的测量场合，压力仪表上限值应为被测压力最大值的 2 倍。为了保证测量准确度，被测压力的最小值应不低于仪表量程的 1/3。因此，测量稳定压力时，常使用在仪表量程上限的 1/3～2/3 处。测量脉动压力时，常使用在仪表量程上限的 1/3～1/2 处。对于瞬间的压力测量，可允许作用到仪表量程上限值的 3/4 处。

③ 仪表精度的选择　压力仪表精度的选择应以实用经济为原则，在满足生产工艺准确度要求的前提下，根据生产过程对压力测量所能允许的最大误差，尽可能选用价廉的仪表。一般工业用 1.5～1.0 级已经足够，在科研、精密测量和校验压力表时常用 0.5 或 0.25 级以下的精密压力表。

（2）压力表的使用

为了保证压力测量的准确性，还必须注意以下几个问题。

① 测量点的选择　所选的测量点应代表被测压力的真实情况，所以测量点要选在直管段，离局部阻力较远的地方。导压管最好不伸入被测对象内部而应与工艺管道平齐。为了不引起传递滞后，导压管内径一般为 6～10mm，且长度小于 50mm。当测量气体压力时，取压点应在管道上部，使导压管内不积存液体；当测量液体压力时，取压点应在管道下部，使导压管内充满液体。若被测液体易冷凝或冻结，必须加装管道保温设备。

② 安装　测量蒸汽压力时，应装冷凝管或冷凝器，使导压管中测量的蒸汽冷凝。当被测流体有腐蚀性或易结晶时，应采用隔离液和隔离器，以免破坏压力测量仪表的测量元件。

压力表尽量安装在远离热源、振动的场所。在靠近取压口的地方应装切断阀，以备检修压力表时使用。

③ 维护 使用过程中，应定期进行清洗，以保持导压管和压力计的清洁。

3.5 流量测量

3.5.1 概述

在工业生产过程中，为了有效地进行生产操作和控制，经常需要测量各种介质（液体、气体和蒸汽等）的流量，以便为生产操作和控制提供依据。同时，为了进行经济核算，经常需要知道在一段时间（如一班，一天等）内流过的介质总量。所以，介质流量是控制生产过程达到优质高产和安全生产以及进行经济核算所必需的一个重要参数。

工程上，流量通常指单位时间内通过管道某一截面的流体数量，称为瞬时流量，它可以用体积流量和质量流量来表示。体积流量 q_V 指单位时间内流过管道某一截面流体的体积数，其单位为 m^3/h。质量流量 q_m 指单位时间内流过管道某一截面流体的质量数，其单位为 kg/h。体积流量与质量流量之间的关系为

$$q_m = \rho q_V \tag{3-27}$$

式中，ρ 为流体密度。流体密度是随温度和压力而变化的，在换算时，应予考虑。

除了瞬时流量外，有时候还要求知道在一定的时间间隔内通过管道某一横截面的流体数量，称为累积总量。与瞬时流量相对应，累积总量分为体积累积总量 $q_{V总}$ 和质量累积总量 $q_{m总}$，其单位分别为 m^3 和 kg。累积总量与瞬时流量的关系为

$$q_{V总} = \int_{t_0}^{t} q_V \, dt \tag{3-28}$$

$$q_{m总} = \int_{t_0}^{t} q_m \, dt \tag{3-29}$$

各种流体的性质差别很大，液体和气体在可压缩性上就相差悬殊，其密度受温度的影响也很大，且各种流体的黏度、腐蚀性和导电性也不一样，因而很难有统一的流量测量方法。有些场合的流体是伴随着高温高压，甚至可能是气液两相或固液两相的混合流体，这更增加了流量测量的难度。目前所使用的流量测量方法非常多，原理上差别很大。某一测量方法在特定的条件下可以使用，在另外的场合使用却不尽如人意，对流量测量的这一特点必须给予重视。

3.5.2 差压式流量计

在流量测量中，基于流体节流原理的差压式流量计，是最成熟且应用最广泛的一种流量测量仪表。差压式流量计通常由节流装置、引压管、差压计（或差压变送器）及显示仪表组成。

（1）节流装置的流量测量原理

节流装置是指安装在管道中的一个局部节流元件以及相配套的取压装置。连续流动的流体经过节流装置时，由于流束收缩，流速提高，发生能量的转换，在节流装置的前后产生静压力差。这个压差与流体的流量有关，而且流量越大，压差也越大。下面以孔板节流装置为例详细说明其工作原理。

在水平管道中垂直安装一块孔板，孔板前后流体的速度与压力的分布情况如图 3-22 所

示。流体在节流元件上游的截面Ⅰ前，以一定的流速 v_1 充满管道平行连续地流动，其静压力为 p_1'。当流体流过截面Ⅰ后，由于受到节流装置的阻挡，流束产生收缩运动并通过孔板，在惯性的作用下，位于截面Ⅱ处的流束截面达到最小，此处的流速为 v_2 其静压力为 p_2'。随后流束逐渐摆脱节流装置的影响又逐渐地扩大，到达截面Ⅲ后，完全恢复到原来的流通面积，此时的流速 $v_3=v_1$，静压力为 p_3'。

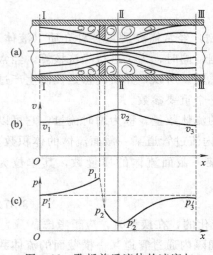

图 3-22　孔板前后流体的速度与
压力的分布情况

根据能量守恒定律，对于不可压缩的理想流体，在管道任一截面处的流体的动能和静压能之和是恒定的，并且在一定条件下互相转化。由此可知，当表征流体动能的速度在节流装置的前后发生变化时，表征流体静压能的静压力也将随之发生变化。因而，当流体在截面Ⅱ处流束截面达到最小，而流速 v_2 达到最大时，此处的静压力 p_2' 则为最小，这样在节流装置前后就会产生静压差 $\Delta p=p_1'-p_2'$。而且，管道中流体流量越大，截面Ⅱ处的流速 v_2 也就越大，节流装置前后产生的静压差也就越大。只要测出孔板前后的压差 Δp，就可知道流量的大小。这就是节流装置测量流量的基本原理。

实际中流体在流经节流装置时，由于摩擦和撞击等原因，使部分能量转化为不可逆的热量。因此，流体通过孔板后，将会产生部分静压损失，即

$$\Delta p=p_1'-p_3' \tag{3-30}$$

（2）流量公式

根据伯努利方程式和流体的连续性方程可以推导出节流装置前后静压差与流量的定量关系式为

$$q_V=\alpha\varepsilon F_0\sqrt{\dfrac{2}{\rho_1}\Delta p}$$

$$q_m=\alpha\varepsilon F_0\sqrt{2\rho_1\Delta p} \tag{3-31}$$

式中　α——流量系数，它与节流装置的结构形式、取压方式、流动状态、节流元件的开孔截面积与管道截面积之比以及管道直径等因素有关；

ε——膨胀校正系数，用于对可压缩流体（气体和蒸汽）的校正，对于不可压缩的液体 $\varepsilon=1$；

F_0——节流元件的开孔截面积；

Δp——节流元件前后实际测得的静压差；

ρ_1——节流元件前的流体密度。

由流量计算公式（3-31）可以看出，根据所测的差压来计算流量其准确与否的关键在于 α 的取值。对于国家规定的标准节流装置来说，在某些条件确定后其值可以通过有关手册中查到的一些数据计算得到；对于非标准节流装置，其值只能通过实际来确定。所以节流装置的设计与应用是以一定的应用条件为前提的，一旦条件改变，就不能随意套用，必须另行计算，否则，将会造成较大的测量误差。

式（3-31）中，当 α、ε、ρ_1 和 F_0 均已选定，并在某一工作范围内均为常数时，流量与

差压的平方根成正比。所以，这种流量计用来测量流量时，为了得到线性的刻度指示，就必须在差压信号之后加入开方器或开方运算，否则，流量标尺的刻度将是不均匀的，并且在起始部分的刻度很密。就是说，如果被测流量接近仪表下限值时，误差将增大。

（3）标准节流装置

节流元件的形式很多，有孔板、喷嘴、文丘利管、偏心孔板、道尔管和环形管等，其中应用最多的是孔板、喷嘴和文丘利管。对于这些节流装置，在规定的流体种类和流动条件下进行了大量实验，求出流量与差压的关系，形成标准，称之为标准节流装置。

标准节流装置由节流元件、取压装置、节流元件上游侧第一、第二阻力件、下游侧第一阻力件及它们之间的直管段所组成。标准节流装置同时规定了它们适应的流体种类、流体流动条件以及对管道安装条件和流动参数的要求。如果设计制造、安装和使用都符合规定的标准，则可不必通过实验标定。

目前，国际上规定的标准节流装置有标准孔板、喷嘴和文丘利管。孔板结构简单，易于加工和装配，对前后直管段的要求低，但是孔板压力损失较大，可达最大压差的 50%～90%，而且抗磨损和耐腐蚀能力较差；文丘里管则正好相反，其加工复杂、要求较长的直管段，但压力损失小，只有最大压差的 10%～20%，而且比较耐磨损和耐腐蚀；喷嘴的性能正好介于孔板和文丘里管之间，可根据各种节流装置的特点，从实际需要加以选择。

（4）差压变送器

由节流装置得到的差压信号，经过差压计可转换成流量信号。另外，差压计可配合指示、记录及流量积算等机构实现流量显示。利用取压管提供的差压信号构成的流量仪表，往往装有开方运算器和电路，以使其指示流量时有均匀的刻度。

节流装置取压管提供的差压信号靠被测介质传递，不便远传。所以，为了集中检测和控制，常借助于差压变送器将差压信号转变为标准信号。一般只要量程合适，各种差压变送器都能完成此项功能。事实上，工业生产过程中的流量测量，大多数由差压变送器与节流装置配套而成。如果要得到正比于流量的标准信号，只要再接上开方运算器即可。如果采用是智能差压变送器，则其本身就能实现开方运算。

近年来，以微处理器为基础的各种数显仪表大量使用。这类仪表内部具有可编程的精确开方运算和总量积算功能，如与不具备开方功能的普通差压变送器配套使用，可大大增强流量测量仪表的可视化。

（5）差压式流量计的安装和使用

为了保证差压式流量计的测量精度，除必须按规定的要求进行设计计算、加工制造及仪表选型外，还必须正确地安装和使用。

① 节流装置的安装　采用节流法测流量，要求被测介质在节流装置的前后保持稳定的流动状态。为此，必须使节流装置前后保持足够的直管段。在节流装置附近不允许开取样口，也不允许有弯头、分叉、汇合、阀门等阻力件。节流元件的安装方向应使节流元件露出部分标有"＋"的一侧逆着流向放置。节流元件的开孔管道的轴线应同心，节流装置的端面与管道的轴线应垂直。节流装置所在的管道内，流体必须充满管道且为单相流。绝对禁止在安装过程中，让杂质进入管道将节流孔堵塞。

② 导压管路的安装　导压管应按最短路线敷设，长度在 16m 以内。导压管的内径应根据被测介质的性质和导压管的长度等因素综合考虑，一般在 6～25mm 之间。两根导压管应尽量靠近，以避免因温度不同，引起密度变化而带来测量误差。导压管应垂直或倾斜敷设，

其倾斜度不得小于1∶2。取压口一般设置在用于固定节流元件和法兰、环室或夹紧环上。被测流体为液体时，其开口方向应保证防止气体进入导压管；为气体时，防止水和脏物进入导压管。

在测量蒸汽时，应在导压管路中加装冷凝器，以便被测蒸汽冷凝，并使正负导压管中的冷凝液面有相同的高度且保持恒定。当被测流体具有腐蚀性、易冻结、易析出固体物或者黏度很高时，应采用隔离器和隔离液，防止被测介质直接与差压计或差压变送器接触，破坏仪表的工作性能。隔离液应选择沸点高、凝固点低、物理和化学性能稳定的液体。

③ 差压计的安装　差压计的安装首先要保证安装环境不与设计时规定的要求有明显的差别。具体的安装位置要根据现场的情况而定，为提高响应速度，应使其尽可能靠近取压口，并使被测介质能充满引压管路。为了保证差压计的安全，在导压管与差压计连接之前需安装三阀组件，这样既能防止差压仪表瞬间过压，又能在必要时将导压管路与工艺主管路切断。

④ 差压计的投运　差压式流量计在现场安装完毕并经核查和校验合格后，便可投入运行。开表前，首先必须使导压管内充满相应的介质，比如被测液体（正常液体测量）、冷凝液（蒸汽测量）、隔离液体（腐蚀介质测量），并将积存在导压管中的空气排除干净，然后，再按照步骤正确地操作三阀组，将差压计投入运行。

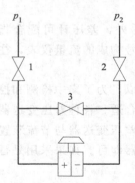

图 3-23　差压计三阀组的安装示意图
1,2—切断阀；3—平衡阀

差压计三阀组的安装示意图如图 3-23 所示，它包括两个切断阀和一个平衡阀。安装三阀组的主要目的是为了在开停表时，防止差压计单向受到很大的静压力，使仪表产生附加误差，甚至损坏。为此，必须正确地使用三阀组。具体步骤是：先开平衡阀 3，使正负压室连通；然后再依次逐渐打开正压侧的切断阀 1 和负压侧的切断阀 2，使差压计的正负压室承受同样的压力；最后再渐渐地关闭平衡阀 3，差压计即投入运行。当差压计需要停用时，应先打开平衡阀 3，然后再关闭切断阀 1 和 2。

3.5.3　容积式流量计

应用容积法测量流体流量的仪表，称为容积式流量计，又称定排量流量计。它是利用机械旋转部件，使被测流体连续充满一个已标定容积的计量室，然后再连续将其排放出去，根据排放次数及标定容积来测量流体体积总量的流量计。容积式流量计具有很高的测量精度，适合测各类流体，且管道安装条件要求低，测量范围宽，因而获得广泛应用。容积式流量计特别适用在昂贵介质或需精确计量的场合。

容积式流量计的种类较多，按旋转体的结构不同分为转轮式、转盘式、活塞式和皮囊式流量计等。转轮式流量计有两个相切转轮，又可分为齿轮式、腰轮式、双转子式和螺杆式等。以下简要介绍齿轮式中的椭圆齿轮流量计。

（1）工作原理

椭圆齿轮流量计的工作原理如图 3-24 所示。互相啮合的一对椭圆形齿轮在被测流体的压力推动下产生旋转运动，在图（a）中，p_1 为流体入口侧压力，p_2 为流体出口侧压力，显然 $p_1 > p_2$，下面的椭圆齿轮在两侧压差的作用下，产生逆时针方向旋转，此时为主动轮，而上面的齿轮为从动轮，它在下面的齿轮带动下，做顺时针旋转；在图（b）中，两个齿轮均在流体压差作用下产生旋转力矩，并在力矩的作用下沿箭头方向旋转；在图（c）位置上，上面的齿轮变为主动轮，下面的齿轮变为从动轮，并仍按箭头方向旋转。由于两齿轮的旋转，它们便把齿轮与壳体之间的流体从入口侧移动到出口侧。在一次循环过程，流量计排出由四个齿轮与壳壁围成的新月型空腔的流体体积（上述过程两次），该体积为标定容积，只要计量齿轮的转数即可得知有多少体积的被测流体通过仪表。

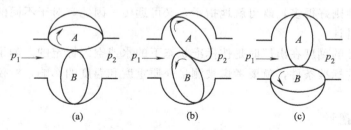

图 3-24　椭圆齿轮流量计的工作原理

椭圆齿轮流量计一般装有脉冲发生装置。即在传动轮上装有永磁铁，齿轮带动永磁铁旋转，每转一周发出一个电脉冲信号，传给电磁计数器，可以进行流量的指示和累计。椭圆齿轮流量计生产厂家很多，仪表测量精度为±(0.2%～0.5%)。

（2）使用特点

椭圆齿轮流量计一般用于液体介质流量测量，工作温度范围为－30～160℃。当被测介质含有污物或颗粒时，上游入口端需加装过滤器以避免齿轮卡死和磨损；在测量含气体的液体时，入口端必须装设气体分离器，以保证测量的准确性。椭圆齿轮流量计结构复杂、体积笨重，故一般只适于中小口径用。在实际使用中，被测介质的流量、温度、压力和黏度的使用范围必须与流量计铭牌相符，并按规定进行定期检查、维护和校验。

3.5.4　浮子式流量计

浮子式流量计是以浮子在垂直的锥形管中随其流量变化而升降，由此改变浮子和锥形管之间的流通环隙面积来进行流量测量的仪表。浮子流量计有玻璃管式和金属管式两种。

（1）工作原理

浮子式流量计工作原理如图 3-25 所示，它是由一根自下向上扩大的垂直锥形管和一个可以上下自由浮动的浮子组成。当被测流体从下向上流过由锥形管和浮子形成的环隙时，由于浮子产生的节流作用，其上下端将形成静压力差，使浮子受到一个向上的力。作用在浮子上的力还有重力、流体对浮子的浮力及流体对浮子的黏性摩擦力。当这些力平衡时，浮子就停留在某一个位置。如果流量增加，静压力差会使浮子受到的向上力增加，这样浮子上升；反之，浮子下降，所以浮子的高度与被测介质的流量是有着一定的对应关系。玻璃管式浮子式流量计锥形管的外壁刻有流量分度或另装有标尺，可直接读出流量。金属管浮子式流量计则通过磁耦合等方式，将浮子的高度量传递给现场指示器，或就地指示流量，或由转换器转换成标准信号远传。

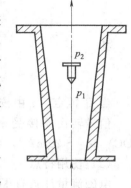

图 3-25　浮子式流量计工作原理

（2）使用特点

浮子式流量计具有结构简单、工作可靠和压力损失小的特点，可连续测量管道中的气体、液体的体积流量，非常适合小流量的测量场合。一般测量精度为 1.5%～2.5%，输出近似线性。浮子式流量计必须垂直安装，使流体自下而上流动。流量计前后直管段要求不很严格。如果被测介质含有污物，则仪表上游入口端应安装过滤器，必要时设置冲洗配管，定期冲洗。

对于玻璃管浮子式流量计，一般用于现场的就地指示，所以要求被测介质清澈透明。由于玻璃管易损坏，只适用测量压力小于 0.5MPa 和温度低于 120℃的流体。而金属管浮子式流量计的抗冲击性则好得多，既可就地指示，又可远传。因此，对于不同的被测介质可选用不同的浮子式流量计。

浮子式流量计的刻度在出厂时是按标准状态下的水或空气标定的。如果被测量介质或条件不符合出厂时的标准条件，就要考虑被测量介质重度和温度的影响，对仪表的刻度指示值进行重新标定。

3.5.5　电磁流量计

（1）工作原理

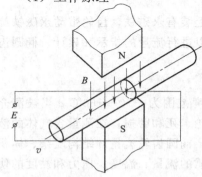

图 3-26　电磁流量计工作原理

电磁流量计是基于电磁感应定律工作的流量测量仪表。根据法拉第电磁感应定律，导体在磁场中作切割磁力线运动时，导体中会产生感应电势，其电势方向可由右手定则来确定，电磁流量传感器就是根据这一原理制成的。它主要由内衬绝缘材料的测量管、左右相对安装的一对电极及上下安装的磁极 N 和 S 所组成，三者互相垂直。当具有一定导电率的液体在垂直于磁场的非磁性测量管内流动时，液体中会产生电动势，如图 3-26 所示。该感应电势由两电极引出，其电势的数值与流量大小、磁场强度、管径等有关，可由下式表示

$$E = kBdv \tag{3-32}$$

式中　E——感应电动势，V；

　　　k——系数；

　　　B——磁感应强度，T；

　　　d——测量管内径，m；

　　　v——平均流速，m/s。

体积流量 q_V 与流速 v 的关系为

$$q_V = \frac{1}{4}\pi d^2 v \tag{3-33}$$

和

$$E = \frac{4kB}{\pi d}q_V \tag{3-34}$$

当 B 恒定，k 由校验确定后，被测流量完全与电势 E 成正比。

信号转换器接受来自两电极的电压信号，进行放大转换后，输出标准信号 [0～5V（DC）或 4～20mA]，可实现流量的显示。

（2）使用特点

电磁流量计具有很突出的优点，它不受流体密度、黏度、温度、压力和电导率变化的影响，测量管内无阻碍流动部件，不易阻塞，无压力损失，直管段要求较低，测量范围度大，可选流量范围宽，满刻度值流速可在 0.5～10m/s 内选定，零点稳定，精确度较高（可优于

1级），口径范围比其他品种流量仪表宽（从几毫米到 3 米），输出线性，用于测量具有一定电导率的液体。尤其适合测量泥浆、矿浆、纸浆等含有团状颗粒的液体，并能测量具有腐蚀性的酸、碱、盐等溶液，因此在化工、造纸、矿山等工业部门得到广泛应用。

3.5.6 流量计选用

要正确地选用流量计，首先要深刻地了解各种流量计的结构原理和流体特性等方面的知识；同时还要根据现场的具体情况及周边的环境条件进行选择；也要考虑到经济方面的因素。一般情况下，主要应从下面五个方面进行选择。

（1）流量计的性能要求

流量计的性能主要包括：测量流量（瞬时流量）还是总量（累积流量），准确度要求，重复性，线性度，流量范围，压力损失，输出信号特性和流量计的响应时间等。

（2）流体特性

在流量测量中，由于各种流量计总会受到被测流体物性中某一种或几种参量的影响，所以流体的物性很大程度上会影响流量计的选型。因此，所选择的测量方法和流量计不仅要适应被测流体的性质，还要考虑测量过程中流体物性某一参量变化对另一参量的影响，比如温度变化对液体黏度的影响。

流体物性常见的有密度、黏度、蒸汽压力和其参量。这些参量一般可以从手册中查到，评估使用条件下流体各参量和选择流量计的适应性。但也会有些物性是无法查到，比如腐蚀性、结垢、堵塞、相变和混相状态等。

（3）安装要求

安装对不同原理的流量计要求是不一样的。对有些流量计，比如差压式流量计、速度流量计，按规程规定在流量计的上、下游（进口、出口）需配备一定长度的或较长的直管段，以保证流量计进口端前流体流动达到充分发展；而另一些流量计，比如对容积式流量计、浮子式流量计等，则对直管段长度就没有要求或要求较低。

（4）环境条件

在选流量计的过程中不应忽略周围条件因素及有关变化，比如环境温度、湿度、安全性和电气干扰等。

（5）经济方面

从经济方面考虑购置流量计的费用、安装费用、运行费用、检测费用、维护费用和备用件费用等，以够用为原则。

3.6 液位测量

3.6.1 概述

物位是液位、料位及界位的统称，其中液位是指容器内液体介质的相对高度或表面位置。

在生产过程中，常常需要了解液体的体积或在容器中的高度，可以通过各种液位计（或物位计）来测量。测量液位的目的有两个：一是通过测量液位来确定容器或储罐里的原料、半成品或成品的数量，以保证生产中各环节之间的物料平衡或进行经济核算等；二是通过液位测量可以及时了解生产的运行情况，以便将液位控制在一个合理的范围内，保证安全生产以及产品的数量和质量。液位测量与被测介质的物理性质、化学性质以及工作条件有极大关系，应选择不同的测量仪表。

目前工业上常用的液位测量仪表按工作原理可分为如下几类。

① 直读式液位计　它利用液体的流动特性，直接使用与被测容器连通的玻璃管显示液位高度。

② 静压式液位计　利用液位高度与液体的静压力成正比的原理来测量液位。

③ 浮子式液位计　利用浮于液面上的浮子的位置随液面而变化，或浸没于液体中浮筒所受的浮力随液面而变化的原理来测量液位。

④ 电气式液位计　它是将液位变化转换为电量的变化，并通过对电量变化的测量来间接测知液位。

⑤ 声波式液位计　基于声学回声原理，通过测量超声波由发射到返回的时间来推算液位的高度。

⑥ 辐射式液位计　利用伽马射线穿过介质时，其辐射强度随介质的厚度而衰减的原理来测量液位。

除此之外，还有激光式、雷达式、振动式、微波式等液位测量仪表。

3.6.2　静压式液位计

静压式液位计是根据液体在容器内的液位高度与液柱高度产生的静压力成正比的原理进行工作的。

图 3-27（a）为敞口容器的液位测量原理图。将压力计与容器底部相连，根据流体静力学原理，所测压力与液位的关系为

$$p = \rho g H \tag{3-35}$$

式中　p——容器内取压平面上由液柱产生的静压力；

　　　H——从取压平面到液面的高度；

　　　ρ——容器内被测介质的密度；

　　　g——重力加速度。

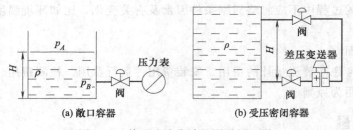

图 3-27　静压式液位计的测量原理图

由式（3-35）可知，如果液体介质的密度是已知的，且容器为敞口容器，如图 3-27（a）所示，就可以根据测得的压力按式（3-36）计算出液位的高度

$$H = p / \rho g \tag{3-36}$$

在测量受压密闭容器中的液位时，由于介质上方的压力会产生附加静压力，故采用差压法测液位。其原理如图 3-27（b）所示。差压变送器的高压侧与容器底部的取压管相连，低压侧则与被测压面上方容器的顶部相连，此时差压变送器高、低压侧所感受的压力分别为

$$p_H = p + \rho g H \tag{3-37}$$

$$p_L = p \tag{3-38}$$

差压变送器所受的压差力

$$\Delta p = \rho g H \tag{3-39}$$

因此，可根据差压变送器测得的差压按下式计算出液位高度

$$H = \Delta p / \rho g \tag{3-40}$$

综上所述，利用静压原理测液位，就是把液位测量转化为压力或差压测量，所以各种压力和差压测量仪表，只要量程合适都可用来测量液位。通常把用来测量液位的压力仪表和差压仪表分别称为压力式液位计和差压式液位计。

3.6.3 浮子式液位计

浮子式液位计是基于物体在液体中受浮力作用的原理工作的。浮子漂浮在液面上或半浸在液体中随液面上下波动而升降，浮子所在处就是液体的液位。前者是浮子法，后者是浮力法，是应用最广的液位计。

在液体中放置一个浮子，也称浮标，随液面变化而自由浮动。它是一种维持力不变的即恒浮力式液位计。液面上的浮子用绳索连接并悬挂在滑轮组上如图 3-28 所示。绳索的另一端有平衡重物，使浮子的重力和所受的浮力之差与平衡重物的重力相平衡，浮子可以随动地停留在任一液面上。

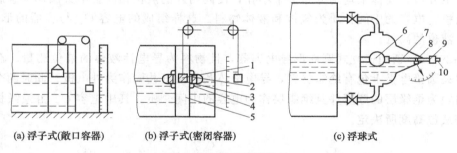

(a) 浮子式(敞口容器)　　(b) 浮子式(密闭容器)　　(c) 浮球式

图 3-28　浮子式液位计

1—浮子；2—磁铁；3—铁心；4—导轮；5—非导磁管；6—浮球；7—连杆；8—转动轴；9—重锤；10—杠杆

浮子是半浸没在液体表面上，当液位上升时，浮子所受的浮力增加，破坏原有的平衡关系，浮子沿着导轮向上移动；相反，当液面下降时，浮子则随液面下落，直到达到新的平衡为止。由于浮子所受的力，还有引导浮子升降缆绳与滑轮的摩擦力，会影响液面升降时的力平衡，造成误差。绳重对浮子施加的载荷随液位而变，相当于增加了一个附加力，由此引起的误差是有规律的，可以设法消除并予以修正。而滑轮的摩擦力是随机变化的，并与运动方向有关，因而无法修正，只有加大浮子的定位能力以减小其影响。

浮子随液面的升降，通过绳索和滑轮带动指针，便指示出液位数值。如果把滑轮的转角和绳索的位移，经过机械传动后转化为电阻或电感等变化，就可以进行液位的远传、指示记录液位值。浮子液位计比较简单，可以用于敞口容器，如图 3-28 （a） 所示；也可用于密闭容器，如图 3-28 （b） 所示。

对于温度或压力不太高，但黏度较大的液体介质的液位测量，一般采用浮球式液位计，详见图 3-28 （c） 所示。在容器的外侧做一浮球室与容器相连通；浮球 6 是铜或不锈钢制成的空心球，通过连杆 7 和转动轴 8 相接；重锤 9 用来调整杠杆系统的平衡。要求浮球的一半浸入液体时，杠杆系统的力矩平衡。随着液位的升降，平衡被破坏，浮球也随着液位变化绕

转动轴旋转，达到新的平衡为止。

　　浮球式液位计采用密封的轴与轴套结构，必须保持密封又要将浮球随液位的升降准确而灵敏地传递出来，其耐压与测量范围都受到限制，只适用于压力较低和范围较小的液位测量。

3.6.4　电容式物位计

　　电容式物位计是基于圆筒形电容器的原理而工作的，它将被测介质物位的变化转化成电容量的变化。并通过对电容的检测与转换将其变为标准的电流信号输出。电容式物位计的工作原理如图 3-29 所示，大致可分成下列三种工作方式。

　　图 3-29 （a）适用于立式圆筒形导电容器，物料为非导电液体或固体粉末的物位测量。在这种应用中，器壁为电容的外电极，沿轴线插入金属棒，作为内电极（也可悬挂带重锤的软导线作为内电极）。忽略杂散电容和端部边界效应的影响，两极间的总电容 C_x 由料位上部的气体为介质的电容，以及料位下部的物料为介质的电容两部分组成，并且与料位的高度成比例，随物位的变化而变化。

　　图 3-29 （b）适用于非金属容器或非圆筒形金属容器，物料为非导电性液体的液位测量。在这种应用中，中心棒状电极的外面套有一个同轴金属筒，并通过绝缘支架互相固定，金属筒上下开口，筒体上均匀分布多个小孔，使筒内外的液位相同。中央圆棒与金属套筒构成两个电极，电容的中间介质为气体和液体物料。这样组成的电容 C_x 与容器的形状无关，只取决于液位的高低。

　　图 3-29 （c）适用于立式圆筒形导电容器，且物料为导电性液体的液位测量。在这种应用中，中央圆棒电极上包有绝缘材料，导电液体和容器壁共同作为外电极。此时两个电极间的距离缩短为绝缘层的厚度并且绝缘层作为电容的中间介质。其中电容 C_x 由绝缘材料的介电常数和液位高度所决定。

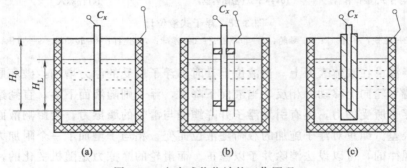

图 3-29　电容式物位计的工作原理

　　可以证明，上述三种情况下的电容值 C_x 或电容变化量 ΔC_x 都与液位（或物位）成正比，所以只要测出电容量的变化，便可知道液位（或物位）的高度。传感器的转换部分的测量线路通常是采用交流电桥法或充放电方法将电容变化转换为电量输出，然后送给有关单元，进行液位的显示或控制。

　　电容式物位计可测量液位、粉状料位，也可测量界位，具有结构简单、安装要求低等特点。当被测介质黏度较大时，液位下降后，电极表面仍会粘附一层被测介质，从而造成虚假液位示值，会影响测量精度。被测介质的温度、湿度等变化都能影响测量精度，当精度要求较高时，应采用修正措施。

3.6.5 其他液位（物位）测量仪表

（1）超声波物位仪表

超声波物位仪表是基于回声测距原理设计的。利用超声波发射探头发出超声脉冲，发射的脉冲被物质表面反射形成回波，由接收探头将信号接收下来，测出超声脉冲从发射到接受所需时间，根据已知介质中的波速就能计算出探头到物位或液位表面的距离，从而确定物位的高度。

超声波物位仪表可以对容器内的液位或料位进行非接触式的连续测量，因而可用于测量低温、有毒、有腐蚀性、黏度高、非导电等介质及用于环境恶劣的场合。其使用范围广、寿命长，但电路复杂、造价高，且电磁场、温度、压力等会影响其测量精度。如果介质对声波吸收能力强，则不能使用这类仪表。

（2）核辐射式物位仪表

核辐射式物位仪表是根据被测物质对放射线的吸收、散射等特性而设计制造的。不同的物质对射线的吸收能力也不同，当放射线穿过一定的被测介质时，由于介质的吸收作用，会使射线的辐射强度随着被测介质的厚度而按指数衰减。所以只要测出通过介质后的辐射强度，就可求出被测介质的厚度即物位的高度。

核辐射式物位仪表可以进行无接触式测量，可用于各种场合，环境条件变化不会影响其测量精度。但使用中必须采取防护措施，以免造成人身的伤害。

3.6.6 液位测量仪表的选用

表 3-5 给出了各种液位测量仪表的特性，在选择时应根据各种仪表的测量范围、应用场合、经济性等方面进行综合选择。

表 3-5 各种液位测量仪表的特性

仪表名称		测量范围/m	主要应用场合	说　明
直读式	玻璃管液位计	＜ 2	主要用于直接指示密闭和开口容器中的液位	就地指示
	玻璃板液位计	＜ 6.5		
浮力式	浮球式液位计	＜ 10	用于开口或承压容器液位的连续测量	可直接指示液位，也可输出 4～20mA(DC)信号
	浮筒式液位计	＜ 6	用于液位和相界面的连续测量，以及在高温高压条件下的工业生产过程中的液位测量、界位测量和限位越位报警连锁	
	磁翻板液位计	0.2～15	适用于各种储罐的液位指示报警，特别适用于危险介质的液位测量	有醒目的现场指示，4～20mA 的标准输出，可与 DDZ-Ⅲ型组合仪表及计算机配套使用
	磁浮子液位计	115～60	适用于常压和承压容器内液位和界位的测量，特别适合于大型储槽、球罐、腐蚀性介质的液位测量	
静压式	压力式液位计	0～0.4	可测较黏稠、有气雾和/或露等液体的液位测量	压力式液位计主要用于开口容器液位的测量；压差式液位计主要用于密闭容器的液位测量
	差压式液位计	20	应用于各种液体的液位测量	
电磁式	电导式物位计	＜ 20	适用于一切导电液体(如水，污水，果酱，啤酒等)的液位测量	
	电容式物位计	10	用于各种储槽、容器液位、粉状料位的连续测量及控制报警	不适合高黏度液体的液位测量

续表

仪表名称		测量范围/m	主要应用场合	说　明
其他形式	运动阻尼式物位计	1~2，2~3.5，3.5~5，5~7	用于敞开式料仓内的固体颗粒（如矿砂，水泥等）料位的信号报警及控制	以位式控制为主
	超声波物位计	液体 10~34 固体 5~60 盲区 0.3~1	被测介质可以是腐蚀性液体或粉状的固体物料的非接触测量	测量结果受温度影响
	辐射式物位计	0~2	适用于各种料仓内、容器内高温、高压、强腐蚀、剧毒的固体和液态介质的物位、液位的非接触式连续测量	放射线对人体有损害
	微波式物位计	0~35	适用罐体和反应器内具有高温、高压、湍动、惰性气体覆盖层及尘雾或蒸气的液体和浆状、糊状或块状固体的物体测量；适用各种恶劣工况和易爆等的危险场合	安装于容器外壁
	雷达液位计	2~20	应用于工业生产过程中的各种敞口或承压容器的液位测量	测量结果不受温度和压力的影响
	激光式物位计		不透明的液体、粉末的非接触测量	测量不受高温、真空压力和蒸汽等影响
	机电式物位计	可达几十米	恶劣环境下大料仓内固体及容器内液体物位及液位的测量	

3.7　湿度测量

3.7.1　概述

在工农业生产、气象、环保、国防、科研、航天等部门，经常需要对环境湿度进行测量及控制。对环境温度和湿度的控制以及对工业材料水分值的监测与分析都已成为比较普遍的技术条件之一。但在常规的环境参数中，湿度是最难准确测量的一个参数，这是因为测量湿度要比测量温度复杂得多，温度是个独立的被测量，而湿度却受其他因素（如大气压强、温度）的影响。此外，湿度的校准也是一个难题，国外生产的湿度标定设备价格十分昂贵。

湿度是表示大气干燥程度的物理量。在一定的温度下及在一定体积的空气里含有的水汽越少，则空气越干燥；水汽越多，则空气越潮湿。空气的干湿程度叫做"湿度"。

湿度很久以前就与生活存在着密切的关系，但用数量来进行表示较为困难。对湿度的表示方法有绝对湿度、相对湿度、露点、湿气与干气的比值（重量或体积）等。日常生活中所指的湿度为相对湿度，即气体中（通常为空气中）所含水蒸气量（水蒸气压）与其空气中相同情况下饱和水蒸气量（饱和水蒸气压）的百分比，用%RH表示。

3.7.2　湿度测量方法

常见的湿度测量方法有：动态法（双压法、双温法、分流法）、静态法（饱和盐法、硫酸法）、露点法、干湿球法和电子式温度传感器法。

① 双压法、双温法　是基于热力学 p、V、T 平衡原理，平衡时间较长；分流法是基于绝对湿气和绝对干空气的精确混合。由于采用了现代测控手段，这些设备可以做得相当精密，却因设备复杂、昂贵、运作费时费工，主要作为标准计量之用，其测量精度可达±2% RH以上。

② 静态法中的饱和盐法　是温湿度计测量中最常见的方法，简单易行。但饱和盐法对

液、气两相的平衡要求很严，对环境温度的稳定要求较高，用起来要求用很长时间去平衡，低湿点要求更长。特别在室内湿度和瓶内湿度差值较大时，每次开启都需要平衡 6~8h。

③ 露点法　是测量湿空气达到饱和时的温度，是热力学的直接结果，准确度高，测量范围宽。计量用的精密露点仪准确度可达±0.2℃甚至更高。

④ 干湿球法　这是 18 世纪就发明的测湿方法，历史悠久，使用最普遍。干湿球法是一种间接方法，它用干湿球方程换算出湿度值，而此方程是有条件的：即在湿球附近的风速必须达到 2.5m/s 以上。普通用的干湿球温度计将此条件简化了，所以其准确度只有 5%~7%RH。

⑤ 电子式湿度传感器法　电子式湿度传感器产品及湿度测量属于 20 世纪 90 年代兴起的行业，近年来，国内外在湿度传感器研发领域取得了长足进步。湿敏传感器正从简单的湿敏元件向集成化、智能化、多参数检测的方向迅速发展，为开发新一代湿度测控系统创造了有利条件，也将湿度测量技术提高到新的水平。

以下介绍一些至今发展比较成熟的电子式湿敏传感器。

3.7.3　氯化锂湿敏电阻

氯化锂湿敏电阻是利用吸湿性盐类潮解，离子导电率发生变化而制成的测湿元件。该元件的结构如图 3-30 所示，由引线、基片、感湿层和金属电极组成。

氯化锂通常与聚乙烯醇组成混合体，在氯化锂（LiCl）溶液中，Li 和 Cl 均以正负离子的形式存在。Li^+ 对水分子的吸引力强，离子水合程度高，其溶液中的离子导电能力与浓度成正比。当溶液置于一定温湿场中，若环境相对湿度高，溶液将吸收水分，使浓度降低，因此，其溶液电阻率增高；若环境相对湿度变低时，则溶液浓度升高，其电阻率下降，如此实现对湿度的测量。氯化锂湿敏元件的湿度-电阻特性曲线如图 3-31 所示。由图可知，在 50%~80% 相对湿度范围内，电阻与湿度的变化呈线性关系。

为了扩大湿度测量的线性范围，可以将多个氯化锂含量不同的器件组合使用，如将测量范围分别为（10%~20%）RH、（20%~40%）RH、（40%~70%）RH、（70%~90%）RH 和（80%~99%）RH 五种元件配合使用，就可完成整个湿度范围的湿度测量。

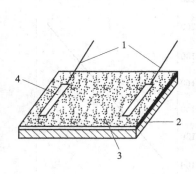

图 3-30　湿敏电阻结构示意图

1—引线；2—基片；3—感湿层；4—金属电极

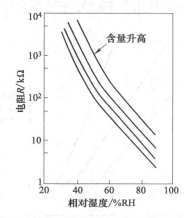

图 3-31　不同含量氯化锂湿敏元件的湿度-电阻特性曲线

氯化锂湿敏元件的优点是滞后小，不受测试环境风速影响，检测精度较高，但其耐热性差，不能用于露点以下的湿度测量，器件性能的重复性不理想，使用寿命短。

3.7.4　半导体陶瓷湿敏电阻

半导体陶瓷湿敏电阻通常是用两种以上的金属氧化物半导体材料混合烧结而成的多孔陶瓷。这些材料有 $ZnO\text{-}LiO_2\text{-}V_2O_5$ 系、$Si\text{-}Na_2O\text{-}V_2O_5$ 系、$TiO_2\text{-}MgO\text{-}Cr_2O_3$ 系和 Fe_3O_4 等。

前三种材料的电阻率随湿度增加而下降，故称为负特性湿敏半导体陶瓷，最后一种的电阻率随湿度增大而增大，故称为正特性湿敏半导体陶瓷（为叙述方便，有时将半导体陶瓷简称为半导瓷）。

（1）负特性湿敏半导瓷的导电机理

由于水分子中的氢原子具有很强的正电场，当水在半导瓷表面吸附时，就有可能从半导瓷表面俘获电子，使半导瓷表面带负电。如果该半导瓷是 P 型半导体，则由于水分子的吸附使表面电势下降；若该半导瓷为 N 型，则由于水分子的附着使表面电势下降。如果表面电势下降较多，不仅使表面层的电子耗尽，同时吸引更多的空穴达到表面层，有可能使到达表面层的空穴浓度大于电子浓度，出现所谓表面反型层，这些空穴称为反型载流子。

它们同样可以在表面迁移而对电导做出贡献，由此可见，不论是 N 型还是 P 型半导瓷，其电阻率都随湿度的增加而下降。图 3-32 表示了几种负特性半导瓷阻值与湿度之关系。

（2）正特性湿敏半导瓷的导电机理

正特性湿敏半导瓷的导电机理认为这类材料的结构、电子能量状态与负特性材料有所不同。当水分子附着在半导瓷的表面使电势变负时，导致其表面层电子浓度下降，但还不足以使表面层的空穴浓度增加到出现反型程度，此时仍以电子导电为主。

于是，表面电阻将由于电子浓度下降而加大，这类半导瓷材料的表面电阻将随湿度的增加而加大。如果对某一种半导瓷，它的晶粒间的电阻并不比晶粒内电阻大很多，那么表面层电阻的加大对总电阻并不起多大作用。

不过，通常湿敏半导瓷材料都是多孔的，表面电导占的比例很大，故表面层电阻的升高必将引起总电阻值的明显升高。但是，由于晶体内部低阻支路仍然存在，正特性半导瓷的总电阻值的升高没有负特性材料的阻值下降得那么明显。

图 3-33 给出了 Fe_3O_4 正特性半导瓷湿敏电阻阻值与湿度的关系曲线。

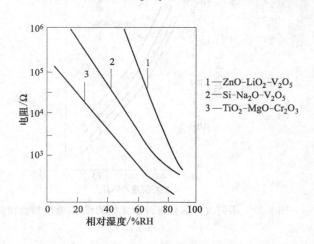

1—$ZnO\text{-}LiO_2\text{-}V_2O_5$
2—$Si\text{-}Na_2O\text{-}V_2O_5$
3—$TiO_2\text{-}MgO\text{-}Cr_2O_3$

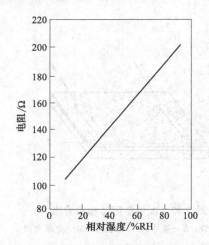

图 3-32　几种负特性半导瓷阻值与湿度之关系

图 3-33　Fe_3O_4 正特性半导瓷湿敏电阻阻值与湿度的关系曲线

（3）典型半导瓷湿敏元件

① $MgCr_2O_4$-TiO_2 湿敏元件 氧化镁复合氧化物-二氧化钛（$MgCr_2O_4$-TiO_2）湿敏材料通常制成多孔陶瓷型"湿-电"转换器件，它是负特性半导瓷。$MgCr_2O_4$ 为 P 型半导体，它的电阻率低，阻值温度特性好，结构如图 3-34 所示，在 $MgCr_2O_4$-TiO_2 陶瓷片的两面涂覆有多孔金电极。

金电极与引出线烧结在一起，为了减少测量误差，在陶瓷片外设置由镍铬丝制成的加热线圈，以便对器件加热清洗，排除恶劣气氛对器件的污染。整个器件安装在陶瓷基片上，电极引线一般采用铂-铱合金。

$MgCr_2O_4$-TiO_2 陶瓷湿度传感器的相对湿度与电阻值之间的关系，如图 3-35 所示。传感器的电阻值既随所处环境的相对湿度的增加而减少，又随周围环境温度的变化而有所变化。

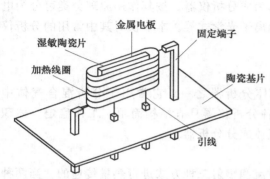

图 3-34 $MgCr_2O_4$-TiO_2 陶瓷湿度传感器结构

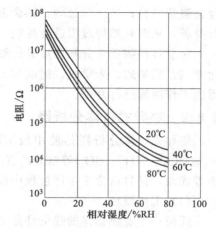

图 3-35 $MgCr_2O_4$-TiO_2 陶瓷湿度传感器湿度-阻值关系曲线

② ZnO-Cr_2O_3 陶瓷湿敏元件 ZnO-Cr_2O_3 湿敏元件的结构是将多孔材料的电极烧结在多孔陶瓷圆片的两表面上，并焊上铂引线，然后将敏感元件装入有网眼过滤的方形塑料盒中用树脂固定而做成的，其结构如图 3-36 所示。

ZnO-Cr_2O_3 传感器能连续稳定地测量湿度，而无需加热除污装置，因此功耗低于 0.5W，体积小，成本低，是一种常用测湿传感器。

3.7.5 湿度测量方案的选择

现代湿度测量方案最主要的有两种：干湿球测湿法和电子式湿度传感器测湿法。下面对这两种方案进行比较。

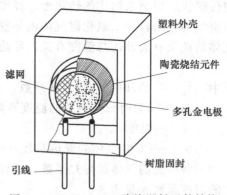

图 3-36 ZnO-Cr_2O_3 陶瓷湿敏元件结构

干湿球测湿法的维护相当简单，在实际使用中，只需定期给湿球加水及更换湿球纱布即可。与电子式湿度传感器相比，干湿球测湿法不会产生老化和精度下降等问题，所以干湿球测湿方法更适合于在高温及恶劣环境的场合使用。而电子式湿度传感器在产品出厂前都要用标准湿度发生器来逐支标定，其准确度可以达到（2%～3%）RH。

在实际使用中，由于尘土、油污及有害气体的影响，使用时间长，会产生老化和精度下降，湿度传感器年漂移量一般都在±2%左右，甚至更高。一般情况下，生产厂商会标明 1 次标定的有效使用时间为 1 年或 2 年，到期需重新标定。

3.8　成分分析仪器

3.8.1　概述

石油化工生产过程中，仅根据温度、压力、流量、液位等变量进行检测与控制以稳定工艺条件是不够的。例如在合成氨生产中，仅控制合成塔的温度、压力、流量并不能保证最高合成效率，还必须同时分析进气的化学成分，控制其中的氢气和氨气的最佳比例，才能获得较高生产率。又如在锅炉燃烧控制中，由于燃料成分经常发生变化，当空气太少，燃烧不充分会浪费燃料；当空气过剩，则会带走大量热量，因此必须不断地对烟道气中的某些组分进行分析，从而对燃烧过程进行控制，实现燃烧优化，以节省燃料。

对于各种物质成分和含量进行测量的仪器称为成分析仪器。按其作用原理分类可分为电化学式、热学式、光学式、射线式、电子光学和离子光学式等。本节仅对其中常用的分析仪器的工作原理进行介绍。

3.8.2　热导式气体分析器

热导式气体分析器是使用最早的物理式气体分析器之一。它常用于分析混合气体中 H_2、CO_2、NH_3、SO_2 等组分的百分含量。这种分析仪器具有结构简单、工作稳定、体积小等优点，是目前化工生产过程中使用较多的气体成分分析器之一。

（1）工作原理

任何一个发热物体的热量都是通过传导、对流和辐射三种方式进行热量传递的。当两种物体接触时，热量就会从温度高的传向温度低的物体，这种现象称为热传导。在热传导过程中，气体和固体一样，不同的气体由于其导热系数不同，热传导的速率也不同，导热系数大的传热快，导热系数小的传热慢。经实验测定，气体中氢气的导热能力最强，其导热系数约为空气的七倍，而二氧化碳气体的导热系数只有空气的 60% 左右。气体的导热系数除了与气体的性质有关外还与温度有关。导热系数与温度的关系可近似地表示为

$$\lambda = \lambda_0(1 + \beta t) \tag{3-41}$$

式中　λ_0——0℃时气体的导热系数，$W/(m \cdot ℃)$；

　　　β——0℃时导热系数的温度系数，$1/℃$；

　　　t——温度，℃；

　　　λ——t℃时气体的导热系数，$W/(m \cdot ℃)$。

一些常见的气体的导热系数、相对导热系数（与 0℃时空气导热系数的比值）及导热系数的温度系数 β 见表 3-6。

表 3-6　常见气体在 0℃ 时的导热系数、相对导热系数及导热系数的温度系数 β

气体名称	导热系数 /[$W/(m \cdot ℃)$]	相对导热系数	$\beta/(1/℃)(0\sim100℃)$
空气	5.83	1.00	0.0028
N_2	5.81	0.996	0.0028

气体名称	导热系数 /[W/(m·℃)]	相对导热系数	β/(1/℃)(0~100℃)
O_2	5.89	1.013	0.0028
H_2	41.60	7.156	0.0027
CO	5.63	0.96	0.0028
NH_3	5.22	0.895	0.0048
SO_2	2.01	0.350	—
He	34.80	5.91	—
CO_2	3.25	0.603	0.0048
CH_4	7.21	1.25	0.00655

对于彼此之间无相互作用的多组分混合气体，该混合气体的导热系数可近似地认为是各组分导热系的加权平均值，即

$$\lambda = \lambda_1 C_1 + \lambda_2 C_2 + \lambda_3 C_3 + \cdots + \lambda_n C_n = \sum \lambda_i C_i \tag{3-42}$$

式中　λ——混合气体的总导热系数，W/(m·℃)；

　　λ_i——混合气体中第 i 组分的导热系数，W/(m·℃)；

　　C_i——混合气体中第 i 组分的百分含量。

如果被测组分导热系数为 λ_1，其余组分为被测组分的背景组分，并假定 $\lambda_2 \approx \lambda_3 \approx \cdots \approx \lambda_n$，由于 $C_1 + C_2 + C_3 + \cdots + C_n = 1$，代入式（3-42）

$$\lambda = \lambda_1 C_1 + \lambda_2 (C_2 + C_3 + \cdots + C_n) = \lambda_1 C_1 + \lambda_2 (1 - C_1) = \lambda_2 + (\lambda_1 - \lambda_2) C_1 \tag{3-43}$$

或

$$C_1 = \frac{\lambda - \lambda_2}{\lambda_1 - \lambda_2} \tag{3-44}$$

由式（3-44）可知，在 λ_1、λ_2 已知的情况下，通过测定混合气体的总导热系数 λ，就可确定被分析组分的体积含量 C_1。

在实际测量中，必须满足两个假定的条件：

ⅰ. 混合气体中除被测组分外，其余背景气体组分的导热系数必须近似相等；

ⅱ. 被测组分的导热系数与背景组分的导热系数应有明显差别，差值越大，灵敏度越高。

对于不具备上述两个条件的多组分混合气体，如分析烟道气中的 CO_2 含量，已知烟道气中的气体组分有 CO_2、N_2、CO、SO_2、H_2、O_2 及水蒸气等，SO_2、H_2 导热系数相差太大，应通过预处理除去。剩余的 CO_2、N_2、CO 和 O_2 四种气体，后三者导热系数相近，而又与被测气体 CO_2 的导热系数有显著差别，故可用上述原理进行测量。

（2）热导检测器

由于气体的导热系数很小，直接用物理学的方法进行测量较困难。在工程上，通常用热导池来检测混合气的导热系数。

热导池如图 3-37 所示，其腔体为长圆柱体的小室，室内装有一根很细的铂或钨电阻丝，电阻丝与腔体之间有良好的绝缘。被测的混合气体从热导池的下端流入，上端流出。当电阻丝有恒定电流流过时，电阻丝发热，其温度 t_n 将大于室壁的温度 t_c，电阻丝上的热量将通过混合气体向室壁传递。若室壁温度是恒定的（一般热导池是放在恒温装置中），那么电阻丝热平衡时的温度 t_n 就由气体的导热系数决定。当混合气体的导热系数越大，散热条件越

好，电阻丝平衡温度 t_n 越低，电阻丝的电阻值 R_n 变化也就越大；反之，混合气体的导热系数越小，电阻丝的电阻值变化就越小。这样，通过对电阻丝电阻变化的测量就间接的测量到混合气体的导热系数的变化，也就测出了被测气体组分的变化。

为了突出气体热传导作用，减少测量误差，热导池在结构上采取如下措施。

ⅰ. 使电阻丝的温度 t_n 不超过 150℃，以减小辐射方式的热损失。

ⅱ. 小室直径做得很小，气流方向与对流方向一致，大大减小对流传热损失。

ⅲ. 热导池的被测气体的流量尽量小而恒定，且温度恒定，以减少由气体带入或带出的热量。

ⅳ. 电阻丝的长度远远大于它的直径，这样，从电阻丝两端传导带走的热量很小。

（3）测量线路

热导池中电阻值的变化，采用如图 3-38 所示的电桥来测量。为了消除热导池内壁温度变化对测量结果带来的误差，热导测量电路中常采用称为参比室的结构，四个如图 3-37 所示的结构参数完全相同的气室，安装在一块金属体上，保证各气室壁温一致。图中 R_1、R_4 为测量桥臂，其气室通以被测气样；R_2、R_3 为参比桥臂，其气室封有被测气体下限浓度的气样。当测量气室流过的被测组分的百分含量与参比气室中的气样浓度相等时，$R_1 = R_2 = R_3 = R_4$，电桥处于平衡状态，电桥输出为零。当被测组分发生变化时，R_1、R_4 也发生变化，电桥失去平衡，输出电压信号的变化值就代表了被测组分含量变化。

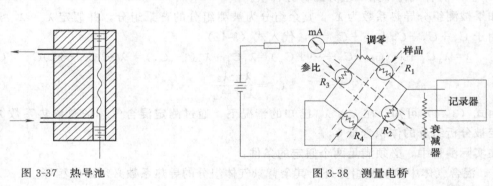

图 3-37　热导池　　　　　　　　　　图 3-38　测量电桥

电桥中的热导池电阻丝的加热电流要求恒定，所以桥路电源系恒流供电。在制造或安装四个热导池时总有微小差异，因此设有调零电位器。

3.8.3　红外线气体分析仪

红外线气体分析仪属光学式分析仪器的一种，它是一种根据不同的组分对不同波长的红外线具有选择性吸收的特性而工作的物理式分析仪器。与其他分析仪器相比较具有测量范围宽、灵敏度高、反应速度快和选择性好等优点。在石油化工生产过程中，常用来分析混合物中 CO、CO_2、CH_4、NH_3 等气体浓度。

（1）工作原理

红外线和电磁波一样具有反射、折射、吸收和直线传播等特点。当它通过介质时，能被某些分子吸收，吸收的波带取决于分子的结构。由于各种物质的分子本身都有一个特定的振动和转动频率，只有红外线光谱的频率与分子本身的特定频率一致时，这种分子才能吸收红外光谱的辐射能。这种分子吸收辐射能后，可部分转化为热能，使介质温度升高。某种分子只能选择性地吸收与其固有频率相当波长范围的红外辐射能，该波长称为特征吸收波长。

红外线的波长范围大致在 $0.75\sim420\mu m$ 之间。红外线气体分析器主要利用 $1\sim25\mu m$ 之间的一段光谱。一些结构对称、无极性的气体，如 O_2、H_2、Cl_2、N_2、He 和 Ne 等的吸收光谱波长不在 $1\sim25\mu m$ 之间，所以不能检测这些气体。

红外线通过物质前后强度的变化和被测组分浓度的关系服从朗伯贝尔定律。

$$I = I_0 e^{-KCL} \tag{3-45}$$

式中 K——被测组分的吸收系数；

C——被测组分的浓度；

L——光线通过被测组分的吸收层厚度；

I_0——红外光辐射强度。

由式（3-45）可见，当红外光辐射强度 I_0 一定，被分析气样的吸收层厚度 L 一定，对某种确定气体的吸收系数 K 也为常数，则通过被测组分后的透过光强度 I 与待测组分的浓度 C 成单值函数关系。

综上所述，红外线气体分析法的基本原理是基于某些气体对红外线辐射能具有特定的吸收波长，且吸收能力与该气体的浓度有关。通过对透射能吸收、转换、测量，便可测得被测组分的浓度。

（2）直读式红外线气体分析器的结构原理

红外线分析仪有色散（分光）和非色散（不分光）型两种。色散型的分析能力较强，大多用于实验室做较复杂的气体成分分析用。非色散型，即光源发出的连续光谱辐射全部射到被测组分上进行吸收，其结构简单，工业上大多数采用这种型式。工业上红外线分析仪可按所测量的光束分为单光束和双光束系统；也可按信号检测系统不同分为直读式和补偿式。我国生产的工业型红外线分析仪大多数为非分光直读式双光束结构。

直读式红外线分析仪的结构原理如图 3-39 所示。它包括红外辐射源、测量气室、参比气室、检测器、放大器及记录仪等部分。

以下以被分析的气体为 CO_2 背景气中含有 CO 和 CH_4 为例，来说明红外线分析仪的结构原理。

两个结构性能完全相同的红外灯1，接通电源后发射出 $2\sim10\mu m$ 波长的红外线，红外线分别由两抛物面反射镜反射成两束强度相同的平行光。由同步电机 3 带动切光片 2 旋转，将反射镜过来的两束红外线按一定周期切断和接通，使两束平行的连续红外线变成脉冲红外线，其光强为 I。其中一束脉冲红外线经过滤光气室 4 和参比气室 5 进入检测器一侧，另一束经滤光气室 4 和测量气室 6 后进入检测器另一侧。滤光气室 4 中密封有 CO 和 CH_4，两束红外线经滤光气室

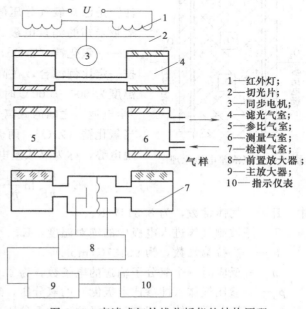

1—红外灯；
2—切光片；
3—同步电机；
4—滤光气室；
5—参比气室；
6—测量气室；
7—检测气室；
8—前置放大器；
9—主放大器；
10—指示仪表

图 3-39 直读式红外线分析仪的结构原理

4 后，其中 CO 和 CH₄ 的特征波长的辐射被完全吸收，仅剩下 CO_2 的辐射能，但光强减弱。参比气室 5 中有对红外线没有吸收能力的惰性气体如 N_2，因此通过参比气室的一束红外线强度不变。当工作侧一束红外线经过测量气室 6 时，被测组分 CO_2 的特征波长的辐射能被吸收，红外线光强有一定的减弱，减弱的程度取决于混合气中被测组分 CO_2 的含量。这样，进入检测器两边光强就产生一个差值。其大小由被测组分浓度决定，与混合气中扰动组分无关。

　　检测器内密封有足量的被测 CO_2 气体，以吸收相应特征波长的辐射能。检测室中间被一金属薄膜分成左右完全相同的两室。另有一固定的金属极板与薄膜形成了一个电容器，当两束红外线分别射入检测器的左右两室时，参比边的光强大于工作边的光强。检测器中的 CO_2 吸收红外辐射能后，将产生热膨胀，在定容状态下，使左右两室压力增加。由于左右两室吸收能量不一样，两室增加的压力不等，形成压差，压差使弹性薄膜与极板距离改变，电容量发生相应变化。由于切光片对光束的调制，该薄膜电容器的电容量将随切光片频率同步变化，检测出电容的动态变化值，就可得到混合气体中测量组分的浓度情况。

　　综上所述，两束强度一样经调制后的红外线，经选择吸收后，入检测器，检测器将被测组分浓度变成成比例的能量差。能量被吸收后转换成温度、压力和电容的变化，变化的电容通过充放电转换成电压，经放大器放大后输出给记录仪，记录仪将指示或记录该被测组分的浓度。这就是常用工业红外线气体分析器的工作原理。

3.8.4　氧化锆氧量分析仪

　　氧含量分析仪是工业生产中应用较多的分析仪表，主要用来分析混合气体中氧的含量等，目前主要包括氧化锆式、热磁式和磁力机械式等几种。其中的氧化锆氧量分析仪因其具有结构简单、反应快捷灵敏、适于分析高温气体等特点，已在冶金、动力、化工、炼油以及环保等领域得到广泛的应用。

（1）工作原理

　　氧化锆氧量分析仪根据浓差电池原理设计而成。如图 3-40 所示，氧浓差电池由两个"半电池"构成：一个"半电池"是已知氧气分压的铂参比电极；另一个"半电池"是含氧量未知的测量电极。两个"半电池"电极之间用固体电介质——氧化锆（ZrO_2）连接。氧化锆介质是由 ZrO_2 和 CaO 按一定比例混合，在高温下烧结后形成的立方晶系物质，在温度为 600～800℃ 时，它就成为氧离子的良好导体，两个"半电池"之间的氧离子可以通过氧化锆（ZrO_2）进行交换，当氧化锆（ZrO_2）两侧氧的浓度不同时，则在两电极之间出现电势，称为氧浓差电势，其数值可由恩斯特公式计算

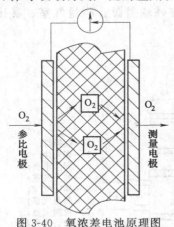

图 3-40　氧浓差电池原理图

$$E = \frac{RT}{nF} \ln \frac{p_1}{p_2} \tag{3-46}$$

式中　　R——气体常数，为 8.314J/K；

　　　　T——被测气体进入电极中的绝对温度，K；

　　　　F——法拉第常数，为 96487C/mol；

　　　　n——反应时一个氧分子输送的电子数，为 4；

　　　　p_1——参比气体（即参比电极侧）的氧分压，通常采用空气作参比气体；

　　　　p_2——被分析气体（即测量电极侧）的氧分压。

若被测气体与参比气体的总压均为 p，则恩斯特公式可表示为

$$E=\frac{RT}{nF}\ln\frac{\varphi_1}{\varphi_2} \tag{3-47}$$

式中 　φ_1——参比气体的氧浓度；

　　　　φ_2——被分析气体的氧浓度。

式（3-47）中若 φ_1 和 T 稳定，则可由测得的电动势 E 确定 φ_2，从而可测定待测气体中的氧含量。

由于电极工作在高温下（600℃左右），被测气体中如果含有 H_2 和 CO 等可燃气体时，气样中将发生燃烧反应而耗氧，不仅会造成测量误差，而且还有爆炸的危险，故仪器一般不用于可燃性气体组分的氧分析。

（2）氧化锆氧气分析仪检测器

氧化锆检测器的原理示意图如图 3-41 所示。它由氧化锆管、铂内外电极和引线构成。氧化锆管通常制成一端封闭的圆管，管径为 10mm 左右，壁厚为 1mm 左右，长度为 150mm 左右。管内外壁用烧结的方法附上铂、铑等多孔性金属电极和引线。管内通以参比气体（通常是空气），管外通以待测气体。

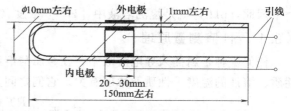

图 3-41　氧化锆检测器的原理示意图

实际的检测器一般都要采用恒温措施，还带有必要的辅助结构，如参比气体引入管、测温热电偶、过滤器、加热炉等。图 3-42 是带有恒温加热炉的氧化锆测氧检测器的示意图。

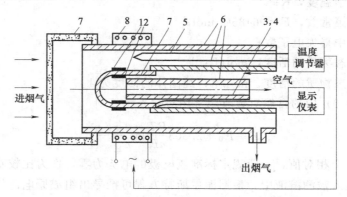

图 3-42　带恒温加热炉的氧化锆测氧检测器结构示意图

1,2—外、内电极；3,4—内、外电极引线；5—热电偶；6—Al_2O_3 陶瓷管；7—氧化锆管；8—恒温加热炉

为了正确测量气体的氧浓度，需注意以下几点。

ⅰ．氧化锆传感器要恒温，否则需要在计算电路中采取补偿措施。

ⅱ．氧化锆传感器一定要在高温下工作，以保证有足够的灵敏度。只有在高温环境下，氧化锆才是氧离子的良好导体。而且温度愈高，在相同氧浓差下输出电压越大，灵敏度愈高。通常要求氧化锆传感器工作温度在 800℃ 左右。

ⅲ．应用公式（3-46）时，要保证被测气体与参比气体的总压相等，此时两种气体的氧分压之比才能用两气体的氧容积百分比表示。

ⅳ．两侧的气体应保持一定的流速。

3.9　工业 pH 计

工业酸度计（pH 计）属于电化学分析仪器，是直接用于生产过程中自动测量溶液酸碱度的工业仪表。在生产过程及污水处理中，水溶液的酸碱性对氧化还原反应、结晶、吸附、沉淀等过程都具有很重要的影响。在生产过程中，严格地监视和控制溶液的酸碱性，就可以提高产品质量，降低消耗定额，减少设备腐蚀。

溶液的酸碱性可用氢离子浓度 [H^+] 的大小来表示。由于弱酸、弱碱溶液中 [H^+] 很小，使用和计算不方便，因此化学上常采用 [H^+] 的负对数来表示溶液的酸碱性，并把它叫做溶液的 pH 值，即

$$pH = -\lg[H^+] \tag{3-48}$$

因此，pH 计就是检测溶液中 [H^+] 浓度（酸碱性）的仪器。

3.9.1　pH 值测量原理

任何一种金属插入导电溶液中，在金属与溶液间会产生电极电势，此电极电势与金属的性质、溶液的温度、性质及浓度有关。它们之间关系用涅恩斯特公式表示为

$$E = E_0 + \frac{RT}{nF}\ln\frac{\alpha_{\text{氧化态}}}{\alpha_{\text{还原态}}} \tag{3-49}$$

式中　E——平衡电极电势，V；

E_0——标准电极电势，V；

R——气体常数，$R = 8.314\text{J}/(\text{mol·K})$；

T——热力学温度，K；

F——法拉第常数，$F = 96485\text{C/mol}$；

n——反应中得失电子数；

$\alpha_{\text{氧化态}}$——氧化态物质的活度，mol/L；

$\alpha_{\text{还原态}}$——还原态物质的活度，mol/L；纯固体的活度为 1。

如果将式（3-49）中的自然对数改用常用对数表示，则

$$E = E_0 + 2.303\frac{RT}{nF}\lg\frac{\alpha_{\text{氧化态}}}{\alpha_{\text{还原态}}} \tag{3-50}$$

电极电势是一个相对值，一般规定标准氢电极的电势为零，作为比较基准。如果将参比电极和工作电极插入被测溶液中，根据涅恩斯特方程可推导出组成原电池的电势为

$$E = 2.303\frac{RT}{F}\lg[H^+] = 2.303\frac{RT}{F}pH_x \tag{3-51}$$

式中　pH_x——被测溶液的 pH 值。

将 $T = 25℃$（298K），$R = 8.314\text{J}/(\text{mol·K})$，$F = 96485\text{C/mol}$ 代入则得

$$E = 2.303\frac{-2.303 \times 8.314 \times 298}{96485} = -0.0591pH_x \tag{3-52}$$

式中，E 为原电池电动势。

由以上讨论可知，测量 pH 值必须用两个电极组成原电池，其中一个电极的电势随被测溶液中的氢离子浓度改变而变化，称为工作电极或测量电极，另一个电极具有固定的电位，称为参比电极。测量原电池的电动势即可测出溶液的 pH 值。工业 pH 计由发送器和测量仪器两部分组成。

3.9.2 pH发送器

pH发送器有沉入式和流通式两种，它由工作电极和参比电极组成，其作用是将溶液的pH值转换成直流电动势，为了保证精确度，在发送器内还装有能自动进行温度补偿作用的热敏电阻。

氢电极由于操作使用不方便，工业上多以甘汞电极或银/氯化银电极为参比电极，以锑电极或玻璃电极为工作电极。

① 甘汞电极 它是由金属汞及糊状甘汞（氯化亚汞）和与此盐有相同的阴离子（Cl^-）的可溶性盐溶液（KCl）组成的电极。甘汞电极结构简单，电势比较稳定，但易受温度变化的影响，不宜用于条件较恶劣的工业流程中的测量。

② 银-氯化银电极 它是铂丝上镀上一层银，然后放在稀盐酸中通电，银的表面被氯化成氯化银薄膜沉积在银电极上，将电极插入饱和KCl或HCl溶液中形成了银-氯化银电极。该电极结构简单，工作温度可达250℃。

③ 锑电极 它是在锑金属棒的表面产生一层氧化物 Sb_2O_3。当电极插入水溶液时，Sb_2O_3 在水中形成 $Sb(OH)_3$，它的电极电势与溶液中 $[OH^-]$ 浓度有关，所以锑电极电势直接与溶液的pH值有关。锑电极结构简单，使用温度较高，适用于 pH=2～12 的胶状物及油水混合物的pH值的测量。但由于在强氧化性溶液中三价锑易被氧化成五价锑，致使测量精度不高。

④ 玻璃电极 图3-43为典型的玻璃电极。电极玻璃球泡用特殊玻璃制成，底部呈球形，其壁厚约0.1mm，玻璃球内充有pH值恒定的标准溶液。在玻璃电极管内装有内参比电极，如银/氯化银电极或甘汞电极。当玻璃电极插入溶液中，当玻璃膜两侧溶液pH值不同时，就会出现电势差，这一电势差随被测溶液的pH值不同而变化。

玻璃电极的电极电势不受氧化剂或还原剂的影响，准确度高，线性度好，使用时不污染被测溶液，应用范围很广。但也存在一些缺点，如内阻高、被测溶液温度变化影响大、易破碎，需通过较复杂的电子线路才能进行测量。

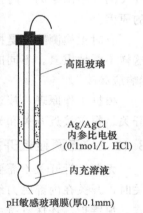

高阻玻璃

Ag/AgCl
内参比电极
(0.1mol/L HCl)

内充溶液

pH敏感玻璃膜(厚0.1mm)

图3-43 玻璃电极

3.9.3 测量仪器原理

在实际测量中，由于发送器的内阻很高（玻璃电极内阻为几十MΩ至150MΩ），在 pH=0～14 的全范围所产生的电势只有数百毫伏。如果要达到 0.02pH 的精度，测量仪器就必须准确到 1.2 毫伏才能满足需要。如果测量仪器的输入阻抗不能远远大于发送器的内阻，就很难保证测量的精度和灵敏度，这点可用图3-44来说明。图中 E_x 和 R_i 是发送器产生的电动势及内阻，R 是测量仪器的输入阻抗，I 为回路电流，由欧姆定律可知

$$I = \frac{E_x}{R_i + R} \tag{3-53}$$

在测量仪器的输入端，实际测得的电势

$$E_x' = RI = \frac{RE_x}{R_i + R} \tag{3-54}$$

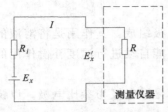

图 3-44　电动势测量原理图

可见，只有 $R \gg R_i$ 时，测量仪器的测量值 E_x' 才接近发送器产生的电动势 E_x。若要求测量误差为 0.1%，则测量仪器的输入阻抗 R 必须为 R_i 的 1000 倍，如 $R_i = 100\text{M}\Omega$，则 $R = 10^{11}\Omega$。

通过分析可知，工业 pH 计的测量部分实质上是一个具有很高输入阻抗的直流放大器，它将发送器产生的高内阻的直流电动势，经过调制放大和解调后，送至指示或记录设备对 pH 值进行指示或记录。

3.10　接近开关

3.10.1　概述

在实际生产过程中经常要对物体的位置和运行状态进行检测和确认，如阀门的开闭状态、流水线是否正常运行、传输带上是否有物料和驱动阀门的气缸是否到达指定位置等，这时就要用到接近开关。

接近开关是可以在不与目标物实际接触的情况下检测物体位置或运行状态的传感器。其检测的物体可以是金属物体，也可以是非金属物体。当接近开关与检测物体的距离小于接近开关的"检出距离"时接近开关才会动作，输出一开关量，这就是此传感器被称为接近开关的原因。

有时被检测物体是按一定的时间间隔一个接一个地移向接近开关，又一个一个地离开，这样不断地重复。不同的接近开关，对检测对象的响应能力是不同的。这种响应特性被称为"响应频率"。

根据工作原理，接近传感器大致可以分为无源接近开关、涡流式接近开关、电容式接近开关、霍尔接近开关和光电式接近开关等几类。

3.10.2　无源接近开关

无源接近开关不需要电源，通过磁力感应来控制开关的闭合状态。当磁质触发器靠近开关时，开关在内部磁力线产生的磁力作用下闭合。无源接近开关具有不需要电源、非接触式、免维护、环保等特点。

无源接近开关中的核心部件为如图 3-45 所示的磁簧管。磁簧管的主体为玻璃管，内装有两根彼此有一定间隙的强磁性簧片，如图（a）所示。玻璃管内封入惰性气体，同时触点部位镀铑或铱，以防止触点的老化。当有磁性的物体接近磁簧管时，将在簧片上诱导出 N 极和 S 极，如图（b）所示，簧片在这种磁性吸引力的作用下吸合；当磁性物体远离时，由于簧片的弹性，触点即刻恢复原状并断开。

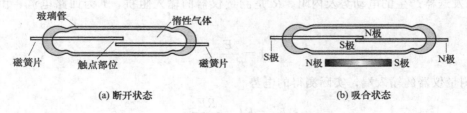

(a) 断开状态　　　　　　　　　　　　(b) 吸合状态

图 3-45　磁簧管

利用磁簧管可制成图3-46所示的气缸接近开关。接近开关安装在气缸表面,气缸内部的活塞装有磁环。当带有磁环的活塞运动到接近开关附近时,即触发磁簧管动作,输出活塞位置信号。

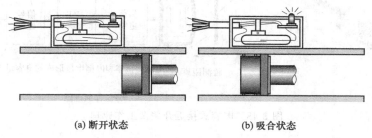

(a) 断开状态 (b) 吸合状态

图 3-46 气缸接近开关

3.10.3 电感式接近开关

电感式接近开关及工作原理如图3-47所示。开关内部集成了高频振荡器、检波器、放大器、触发器及输出电路等。振荡器在传感器的检测面产生一个交变电磁场,当无金属物体时,振荡器正常振荡;当金属物体接近传感器检测面时,会在金属表面产生电涡流,这样就吸收了振荡器的能量,使振荡减弱以至停振。振荡器的振荡及停振这两种状态代表了有无金属物体这两种状态。状态转换为电信号,通过整形放大就可转换成二进制的开关信号,经功率放大后还能驱动功率器件。

电感式接近传感器仅能检测金属物体。

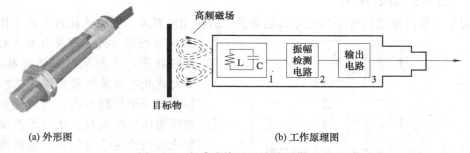

(a) 外形图 (b) 工作原理图

图 3-47 电感式接近开关及工作原理

3.10.4 电容式接近开关

电容式接近开关及工作原理如图3-48所示。这种开关的测量头通常是构成电容器的一个极板,而另一个极板是物体的本身,当物体移向接近开关时,物体和接近开关的介电常数发生变化,使得和测量头相连的电路状态也随之发生变化,由此便可控制开关的接通和关断。这种接近开关所能检测的物体并不限于金属导体,也可以是绝缘的液体或粉状物体。在检测较低介电常数 ε 的物体时,可以调节位于开关后部的多圈电位器来增加感应灵敏度。

3.10.5 霍尔接近开关

霍尔元件是一种磁敏元件,利用霍尔元件做成的开关,叫做霍尔开关,其外形如图3-49(a)所示,其工作原理如图3-49(b)所示。当磁性物件移近霍尔开关时,开关检测面上的霍尔元件因产生霍尔效应而使开关内部电路状态发生变化,由此识别附近有磁性物体存在,进而控制开关的通或断。这种接近开关的检测对象必须是磁性物体。

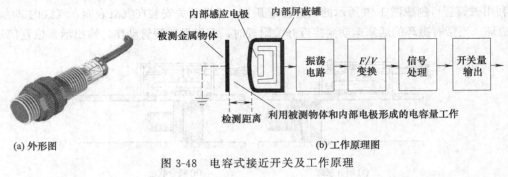

(a) 外形图　　　　　　　　　　　　　　　(b) 工作原理图

图 3-48　电容式接近开关及工作原理

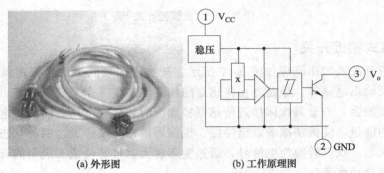

(a) 外形图　　　　　　　　　　　(b) 工作原理图

图 3-49　霍尔接近开关及工作原理

3.10.6　光电式接近开关

利用光电效应做成的开关叫光电接近开关，或称光电开关，光电式接近开关工作原理如

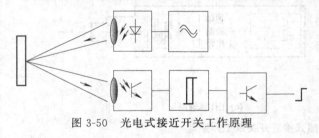

图 3-50　光电式接近开关工作原理

图 3-50 所示。光电开关有发光器件与感光电器件，分为反射式和对射式两种。反射式光电开关将发光器件与感光器件装在同一个检测头内。当有反光面（被检测物体）接近时，光电器件接收到反射光后便产生信号输出，由此便可"感知"有物体接近。对射式则将发光器件与感光器件分开，被检测物体在发光器件与感光器件之间移动。当被检测物体遮住发光器件与感光器件之间的光束时，感光器件有信号输出，由此"感知"有物体接近。

3.10.7　接近开关的术语

接近开关有以下代表其性能的术语，使用时应予以注意。

检测距离　检测距离是指检测体按一定方式移动时，从基准位置（接近开关的感应表面）到开关动作时测得基准位置到检测面的空间距离。额定检测距离是指接近开关动作距离的标称值。

设定距离　指接近开关在实际工作中的整定距离，一般为额定动作距离的 0.8 倍。被测物与接近开关之间的安装距离一般等于额定检测距离，以保证工作可靠。安装后还须通过调试，然后紧固。

复位距离　接近开关动作后，又再次复位时与被测物的距离，它略大于检测距离。

回差值　检测距离与复位距离之差的绝对值。回差值越大，对外界的干扰以及被测物的抖动等的抗干扰能力就越强。

响应频率 接近开关每秒内可动作的次数。

工作电压 接近开关正常工作所允许加的电压。

负载能力 接近开关最大允许输出电流。

输出形式 接近开关的输出形式主要有 NPN 常开、NPN 常闭、PNP 常开、PNP 常闭等。

3.11 仪表防爆技术

3.11.1 概述

工业生产过程中的某些场合，存在着易燃易爆的气体和粉尘或其他易燃易爆材料。安装在这种场合的仪表如果产生火花，就可能会引起燃烧或爆炸，造成人员和财产的损失。因此，在这些场合所安装的一切仪表装置应该具有防爆性能。

国际上对防爆技术的研究，最早起源于煤炭的开发。经过数十年的研究和经验积累，仪表防爆技术已较为成熟。特别是在石油化工行业，仪表防爆技术已经得到了较好的应用。本节从爆炸原理着手，对仪表的防爆技术进行分析与探讨。

3.11.2 仪表防爆原理

要产生爆炸，必须具备以下三个条件：

ⅰ. 现场存在助燃物质氧气；

ⅱ. 现场存在易燃易爆物质，如易爆气体；

ⅲ. 现场存在引爆源，如足够能量的火花或足够高的物体表面温度。

这三个条件又称为爆炸三要素。当三要素同时满足时，爆炸就会发生；反过来说，只要消除爆炸三要素中的任何一个，就能达到防爆目的。

由于第一个要素中的氧气无处不在，一般难以控制，所以控制后两个要素中的易燃易爆物质和引爆源，就成为最常采用的防爆措施。

① 正压型防爆方法 采取控制易燃易爆气体防爆措施的典型代表为正压型防爆方法，其工作原理是在一个密封的壳体内，充满不含易燃易爆气体的洁净空气或惰性气体，并保持壳体内气压略大于壳体外气压，而将仪表安装在壳体内，使得易燃易爆气体不能接近引爆源，从而达到防爆的目的。

② 本质安全防爆方法 采取控制引爆源防爆措施的典型代表为本质安全防爆方法，其工作原理是利用安全栅技术，将提供给现场仪表的电能量限制在既不能产生足以引爆的火花又不能产生足以引爆的仪表表面温升的安全范围内。依照国家有关标准，当安全栅安全区一侧所接仪表设备发生任何故障（不超过 250V 电压）时，本质安全防爆方法确保现场的防爆安全，允许对现场仪表进行带电拆装、检查和维修。

③ 隔爆型防爆方法 采取控制爆炸范围防爆措施的典型代表为隔爆型防爆方法，其工作原理是为仪表设计一个足够坚固的壳体，并严格地按标准设计、制造和安装所有的界面，使壳体内发生的爆炸不至于引发壳体外危险性气体的爆炸。这种防爆方法很苛刻，对安装、接线和维修的要求非常严格。

3.11.3 爆炸性危险场所的分级

爆炸性危险场所的划分按照国家 1995 年公布的《爆炸危险场所电气安全规程》的规定，

将爆炸危险场所划分为两种场所五个级别。第一种场所指爆炸性气体或可燃蒸汽与空气混合形成爆炸性气体混合物的场所；第二种场所指爆炸性粉尘或易燃纤维与空气混合形成爆炸性混合物的场所。

(1) 第一场所的分级

爆炸性气体混合物危险场所，按其危险程度的大小分为 0 区、1 区和 2 区三个区域等级。

① 0 级区域（简称 0 区） 在正常情况下，爆炸性气体混合物，连续地、短时间频繁地出现或长时间存在的场所。

② 1 级区域（简称 1 区） 在正常情况下，爆炸性气体混合物有可能出现的场所。

③ 2 级区域（简称 2 区） 在正常情况下，爆炸性气体混合物不能出现，仅在不正常情况下偶尔短时间出现的场所。

(2) 第二场所的分级

按照其危险程度的大小分为 10 区和 11 区两个区域等级。

① 10 级区域（简称 10 区） 在正常情况下，爆炸性粉尘或易燃纤维与空气的混合合物可能连续地、短时间频繁出现或长时间存在的场所。

② 11 级区域（简称 11 区） 在正常情况下，爆炸性粉尘或易燃纤维与空气的混合物不能出现，仅在不正常情况下偶尔短时间出现的场所。

通过对可能出现爆炸性气体环境场所进行分区，可以帮助自动控制设计人员正确地选择、安装和安全使用仪表设备，保证人员、生产和设备的安全。

3.11.4 爆炸性物质的分类、分级与分组

各种防爆方法均根据爆炸性混合物的危险性规定了具体的防爆安全参数。以下着重介绍对气态爆炸性混合物危险性的评价和分类。

(1) 爆炸性物质的分类

爆炸性物质分为三类：

Ⅰ类——矿井甲烷；

Ⅱ类——爆炸性气体、蒸汽；

Ⅲ类——爆炸性粉尘、纤维。

(2) 爆炸性物质的分级

根据可能引爆的最小火花能量，将Ⅱ类爆炸性气体分类为ⅡA、ⅡB和ⅡC三个危险性等级，见表 3-7。

(3) 爆炸性物质的分组

根据气体对物质表面温度的敏感性，将爆炸性气体分成六个温度组别，见表 3-8。

表 3-7 Ⅱ类爆炸性气体的危险性等级

气体分类	代表性气体	最大试验安全间隙（MESG）/mm	最小引爆火花能量/mJ	最小点燃电流比（MICR）
ⅡA	丙烷	≥0.9	0.180	>0.8
ⅡB	乙烯	0.5<MESG<0.9	0.060	0.45≤MICR≤0.8
ⅡC	氢气	≤0.5	0.019	<0.45

表 3-8 爆炸性气体的六个温度组别

温度组别	安全的物体表面温度	155 种常用爆炸性气体的举例
T1	≤450℃	氢气,丙烯腈等 46 种
T2	≤300℃	乙炔,乙烯等 47 种
T3	≤200℃	汽油,丁烯醛等 36 种
T4	≤135℃	乙醛,四氟乙烯等 6 种
T5	≤100℃	二硫化碳
T6	≤85℃	硝酸乙酯和亚硝酸乙酯

3.11.5 仪表设备的常用防爆型式及适用范围

根据国家有关标准,各等级的危险场所仪表设备所适用的电气防爆型式如下。

① 0 区:　　　Ex ia　　　　　　　　　　　　　　　　　　　本质安全型

　　　　　　　Ex s　　　　　　　　　　　　　　　　　　　特殊防爆型

② 1 区:　　　适用于 0 区的防爆型式

　　　　　　　Ex ib　　　　　　　　　　　　　　　　　　本质安全型

　　　　　　　Ex p　　　　　　　　　　　　　　　　　　　正压型

　　　　　　　Ex d　　　　　　　　　　　　　　　　　　　隔爆型

　　　　　　　Ex e　　　　　　　　　　　　　　　　　　　增安型

　　　　　　　Ex m　　　　　　　　　　　　　　　　　　浇封型

　　　　　　　Ex q　　　　　　　　　　　　　　　　　　　充砂型

　　　　　　　Ex o　　　　　　　　　　　　　　　　　　　充油型

③ 2 区:　　　适用于 0 区和 1 区的防爆型式

　　　　　　　Ex n　　　　　　　　　　　　　　　　　　　无火花型

仪表防爆标志见表 3-9。

表 3-9 仪表的防爆标志

标志内容	符号	含义
防爆声明	Ex:	符合某种防爆标准,如中国国家标准
防爆方法	ia:	采用 ia 级本质安全防爆方法,可安装在 0 区
气体类别	ⅡC:	被允许涉及ⅡC 类爆炸性气体
温度组别	T6:	仪表表面温度不超过 85℃

仪表防爆标志具体表示形式如图 3-51。

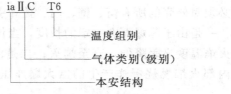

图 3-51 仪表防爆标志表示形式

3.11.6 防爆仪表设备

为了使现场仪表满足石油、化工等工业过程的应用要求,须对其中各仪表设备采取适当的防爆技术措施。其中常用的措施为采用正压型、隔爆型及本质安全型等防爆仪表。

（1）正压型防爆仪表

① 防爆原理　正压型防爆仪表设备在启动和运行时，仪表壳体内部的保护性气体压力高于仪表外部的气压，以限制周围爆炸性气体混合物进入仪表的内部。把仪表可能产生火花、电弧和危险温度的所有部件全部放置在正压型防爆仪表保护外壳之内，使其不可能与周围含有爆炸性气体混合物接触，从而达到安全运行目的。

② 防爆措施　根据正压型防爆仪表的防爆原理，正压型防爆仪表采用以下防爆措施：

ⅰ. 壳体要严格密封，防止泄漏，确保壳体内为正压；

ⅱ. 需安装时间继电器，其整定的时间保证开机前用5倍仪表外壳净容积的风量进行充分吹扫，彻底清除爆炸性气体，并且应有联锁装置；

ⅲ. 需安装风压继电器，保持仪表内部压力始终比仪表外大气压力正压50Pa，风压继电器应安装在仪表风压最低的出口处，也应有联锁装置，当正压小于50Pa时，应切断电源；

ⅳ. 仪表外壳表面及出风口的气体温度不得超过所处环境爆炸气体的组别温度；

ⅴ. 必须有新鲜风源或取自距危险场所较远的空气，以保证气源不含爆炸危险物质。

正压型防爆结构在装备控制的设计中一般很少应用，只有在仪表必须安装在防爆区内，而又没有防爆仪表可选用时才不得以采用正压型防爆仪表。

（2）隔爆型防爆仪表

① 防爆原理　把能产生火花、电弧和危险温度的零部件都放在与周围爆炸性气体混合物隔开的级别相适应的仪表隔爆外壳内，由于隔爆外壳的间隙存在，仪表内允许存在爆炸性气体混合物。当仪表内部的火花、电弧或危险温度点燃仪表内部爆炸性气体混合物时不会引起仪表外爆炸性气体混合物爆炸。

② 防爆措施　由仪表隔爆外壳的防爆原理可以看出，隔爆外壳承担着两项任务，一是在仪表内部发生爆炸时不能损坏及变形；二是不能将仪表内部的爆炸扩散到仪表外，由此得出隔爆型仪表的隔爆措施。

ⅰ. 仪表外壳有足够的强度。由于隔爆外壳有法兰结合间隙，仪表内部是允许存在爆炸性气体混合物的。当仪表内部发生爆炸时，火焰波就以点燃源为中心向四周快速扩散，爆炸产生的冲击能量在极短的时间内作用在仪表外壳上。正常情况下，爆炸性混合物的爆炸压力一般不超过1.0MPa。外壳的强度，即外壳承受爆炸产生的冲击压力能力，要达到这一要求，并留有一定的余量。

ⅱ. 仪表外壳的隔爆性能（不传爆性）是由外壳的法兰接合面（又称隔爆面）来实现的，它是隔爆型仪表的基本性能。由于任何一个仪表产品都有外壳，要达到既能满足功能要求又能满足防爆要求，必须对外壳的所有窗、壁、门、盖和引入装置等采取隔爆措施。研究表明隔爆面有两大作用：一是由于隔爆面有一定的长度，当仪表内火焰通过这些路径时，金属良好的热传导性能使火焰温度显著降低，直至熄灭；二是由于隔爆面具有一定的间隙值，由于间隙的存在，仪表内部火焰燃烧爆炸产生的巨大爆炸压力迅速释放，火焰传播速度降低，避免外壳爆裂。

（3）本质安全型防爆仪表

① 防爆原理　试验表明，每种爆炸性气体环境都有最小点燃能量，当小于这个能量时，将不能引起点燃。本质安全电路从限制电路中能量入手，采用各种方式使电路中的电压、电

流及电气参数在一个允许的范围内，这时尽管产生了电火花也是一种安全火花，也不会点燃爆炸性气体，从而不能形成引爆源。本质安全电路一般用"i"表示，它是指在正常工作和规定的故障条件下所产生的任何电火花或热效应均不能点燃规定的爆炸性气体环境的电路。

② 防爆措施　从本质安全电路的防爆原理及定义可知，本质安全电路是通过适当选择电路参数，限制电路能量达到防爆的目的。电路的参数包括电压、电流、电阻、电容和电感。电路的工作过程，就是能量消耗、储存、释放及变换的过程。正常情况下，火花只能在某些接点（如开关、继电器的触点）产生，而在故障状态下情况就比较复杂，可能是电路的开路、短路或两者在不同部位同时发生，当这些故障出现后，电流将发生变化，特别在短路或接地时，往往由于电流过大引起导线发热产生高温使元件损坏，成为点燃源。为此必须对电路参数进行正确选择，限制电路能量。

本质安全防爆系统构成模式如图 3-52 所示。本质安全仪表简称本安仪表。

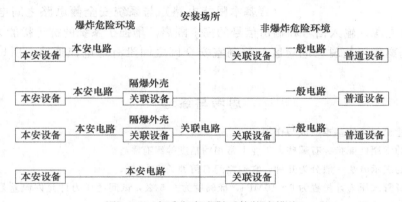

图 3-52　本质安全防爆系统构成模式

从本安防爆系统构成图看出，本安防爆必须做到系统防爆，它由三部分组成：现场本安仪表、连接电缆和本安关联设备。

现场仪表包括各种一次检测仪表，连接电缆包括电源电缆、信号电缆、控制电缆等，关联设备包括齐纳式安全栅、变压器隔离式安全栅、其他形式的安全栅及具有限流、限压功能的保护装置等。

本安型仪表设备按安全程度和使用场所不同，可分为 Ex ia 和 Ex ib。Ex ia 安全程度高于 Ex ib。

ⅰ. Ex ia 级本安仪表在正常工作、发生两个故障时均不能点燃爆炸性气体混合物。在 ia 型电路中，工作电流被限制在 100mA 以下，适用于 0 区和 1 区。

ⅱ. Ex ib 级本安仪表在正常工作、发生一个故障时均不能点燃爆炸性气体混合物。在 ib 型电路中，工作电流被限制在 150mA 以下，仅适用于 1 区。

③ 关联设备与安全栅　本安关联设备指内部装有本质安全电路和非本质安全电路，且结构使非本质安全电路不能对本质安全电路产生不利影响的电气设备。关联设备在危险场所安装使用时，应加其他防爆型式外壳保护，如隔爆型、正压型等。在安全场所安装使用时，其外壳选用一般型。

安全栅是关联设备之一。在系统回路中，接在本安型和非本安型电路之间，被用来保护处于危险场所的现场仪表。当非本安型侧电路出现故障时，它能将出现的高电压和大电流所带来的危险能量限制在本安仪表之外。

基本限能电路如图 3-53 所示。图中：

保险丝 F——防止齐纳管被长时间流过的大电流烧断；

齐纳管 Z——用于限制回路电压在安全限压值以下；

电阻 R——用于限制回路电流在安全值以下。

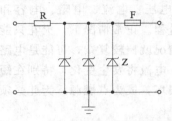

图 3-53　安全栅基本限能电路

④ 安全栅类型　有齐纳式安全栅和隔离式安全栅。

ⅰ. 齐纳式安全栅必须安装在安全区，并可靠接地，用来防止在危险区存在过高的对地电势和产生过大的地电流。

ⅱ. 隔离式安全栅的限能原理与齐纳栅相似。二者的区别在于隔离栅用可靠的变压器隔离技术，在采用快速切断、限流和限压等措施基础上，实现了在现场危险侧电路（含基本限能电路）与系统安全侧电路之间电流的完全隔离，其中包括电源、输入信号和输出信号的完全隔离。增强了系统的抗干扰能力，提高了可靠性。由于隔离作用使现场危险区与控制室安全区之间没有地电流通路，所以隔离栅无须接地。

思考与练习

3-1　简述检测仪表的基本组成与作用。

3-2　仪表的常用性能指标有哪些，工业上常用的精度等级有哪些？

3-3　误差的表示方法一般分为几种，它们之间有何种关系？

3-4　某弹簧管式压力计量程为 0～10MPa，准确度为 0.5 级，试问此压力计允许误差是多少？如果此压力计的示值为 8.5MPa，则仪表示值的最大相对误差和绝对误差各为多少？

3-5　按照系统误差变化特点，系统误差可分为几种，如何减少恒值系统的误差？

3-6　随机误差有什么特性？如何减少随机误差？

3-7　用指示式测温仪对某一温度进行测温，仪表准确度等级为 1.0 级，测温范围为 0～1100℃。温度测试结果如表 3-10 所示，试对测温结果进行分析。

表 3-10　温度测试数据

序号	1	2	3	4	5	6	7	8	9	10
$t/℃$	997	998	1000	1001	999	998	999	998	997	999

3-8　温度测量分几类？简述各种常见测温仪表及性能。

3-9　热电阻温度计为什么要采用三线制接法？为什么要规定外阻值？

3-10　对于现场已安装好的热电阻的三根连接导线，在不拆散的情况下，如何测试每根导线的电阻值？

3-11　什么是热电现象，产生热电现象的原因是什么，热电偶回路中的总热电势如何计算？

3-12　为什么要对热电偶的参比端温度进行补偿处理，常用的补偿处理方法有几种？

3-13　何谓补偿导线，为什么要规定补偿导线的型号和极性，在使用中应注意哪些问题？

3-14　实用热电偶有哪些类型，简述各类型的应用场合。

3-15　简述集成电路温度传感器 LM35 的典型应用及使用要点。

3-16　什么叫压力，表压力、绝对压力、真空度之间有何关系？

3-17　测压仪表有哪几类，各基于什么原理？

3-18　常用的压力检测弹性元件有几种，各有何特点？

3-19　弹簧管压力计的测压原理是什么，试述弹簧管压力计的主要组成及测压过程。

3-20 何为压电效应，试述压电式压力传感器的工作原理。

3-21 试述电容式压力传感器的工作原理，它有何特点？

3-22 常用的液柱式压力传感器有哪几种？简述其工作原理及特点。

3-23 何为压阻效应，简述压阻式压力传感器的工作原理和特点。

3-24 何谓流量？流量测量方法有哪些？

3-25 何谓标准节流装置，标准节流装置有哪几种？

3-26 用标准节流装置进行流量测量时，流体必须满足哪些条件？

3-27 电磁流量计是根据什么原理工作的，比较说明不同励磁波电磁流量计的特点？

3-28 椭圆齿轮流量计是根据什么原理来测量流量的？

3-29 常用的液位测量仪表按工作原理可分为几类？简述各类的工作原理和适用场合。

3-30 恒浮力式液位计与变浮力式液位计有何不同？试举例说明。

3-31 常用的湿度测量仪表按工作原理可分为几类？简述各类的工作原理和适用场合。

3-32 简述热导式气体分析器的工作原理。

3-33 红外线气体分析仪工作的基本依据是哪些？有哪几个基本组成部分且各部分有何作用？

3-34 氧化锆为什么能测量气体中的氧含量，适用于什么场合，测量过程为什么要求介质温度稳定？

3-35 试述 pH 发送器的工作原理。为何它必须与高输入阻抗的测量仪器配用？

3-36 简述接近开关的分类、各类原理及应用场合和选用原则。接近开关的术语有哪些？

3-37 什么叫仪表的防爆？仪表引起爆炸的主要原因是什么？

3-38 我国化工企业对爆炸危险场所如何划分？

3-39 隔爆型防爆仪表和本质安全型防爆仪表各有何特点？适用于什么场合？

第4章 执行器与控制器

执行器是过程装备控制系统的执行部件。在过程控制中，使用最多的执行器就是各种调节阀，其作用是接受控制器的控制信号，根据信号的大小改变操纵量，即阀门开度，从而达到对被控变量进行控制的目的。调节阀按使用的能源不同，可分为气动调节阀、电动调节阀和液动调节阀。在顺序控制中，执行器则接受控制器的控制指令，实现控制器期望的"开"或"关"的状态。顺序控制中使用的执行器则有多种多样，如电磁阀、继电器、接触器、各种气动元件以及各种电机等。

控制器是自动控制系统中重要的组成部分。它接受变送器或转换器送来的标准信号，按预定的规律（称控制作用或控制规律）输出标准信号，推动执行器消除偏差，使被控参数保持在给定值附近或按预定规律变化，实现对生产过程的自动控制。控制器有多种分类方法，按照所用的能源不同，控制器可分为气动、液动和电动三类；按照信号形式，可分为模拟控制器和数字控制器两种，两种控制器按照控制规律又可分为位式、比例（P）、比例微分（PD）、比例积分（PI）和比例积分微分（PID）控制器等。

4.1 调节阀

4.1.1 概述

过程控制中常用的调节阀在结构上分为两部分，其一是产生推力或扭矩的执行机构，其二是称为阀体的能产生阀门开度的调节机构。根据不同的驱动原理，执行机构又分为气动、电动和液动三种。不同的执行机构可搭配相同的调节机构组成完整的调节阀。

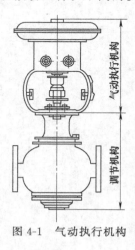

图 4-1 气动执行机构

气动执行机构以压缩空气为驱动能源。气动执行机构具有结构简单、动作可靠、安装方便及本质防爆等特点，而且价格较为便宜。它不仅可与气动仪表配套使用，而且通过电-气转换器或电-气阀门定位器等，还可与电动仪表及计算机控制系统配套使用。图 4-1 为完整的搭配了气动执行机构的气动调节阀。

电动执行机构以电力为驱动能源。与气动执行机构相比，电动执行机构具有能源取用方便、信号传播速度快、传递距离远、灵敏度及精度高等特点，但其结构比较复杂，不便于维护，而且防爆性能不如气动执行器。将图 4-1 中的气动执行机构换为电动执行机构就变成电动调节阀。

液动执行机构以加压液体为驱动能源。其推力大，但较为笨重，实际应用较少。

4.1.2 气动执行机构

气动执行机构的分类如下：

气动执行机构 {
 薄膜式 {
  正作用
  反作用
}
 活塞式 {
  比例式 {
   正作用
   反作用
}
  两位式
}
 长行程
 滚筒膜片
}

实际应用中，使用最广泛的是薄膜式执行机构，其次是活塞式执行机构；长行程执行机构主要应用在需要大转角（0°~90°）和大力矩的场合，如与蝶阀和风门等配合的调节机构；滚筒膜片式执行机构专为偏心旋转阀设计。后两种执行机构使用较少。

（1）薄膜式执行机构

结构简单的薄膜式执行机构常用作一般调节机构的驱动装置，是应用最多的执行机构。

薄膜式执行机构按其动作方式可分为正作用式和反作用式两种，其结构如图 4-2 和图 4-3所示。当执行机构的压力控制信号增大时，其推杆向下移动的称为正作用式执行机构；反之，当执行机构的压力控制信号增大时，其推杆向上移动的称为反作用式执行机构。正作用式执行机构的输入信号是送入波纹膜片上方的气室，产生的作用力是向下的；而反作用式执行机构的输入信号是送入波纹膜片下方的气室，产生的作用力是向上的。从两者的结构图可以看出，正、反作用执行机构的构成是基本相同的，通过更换个别部件，就可以改变其作用方式。

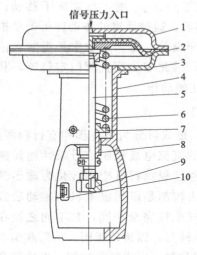

图 4-2　正作用式气动薄膜执行机构

1—上膜盖；2—波纹膜片；3—下膜盖；4—支架；
5—推杆；6—弹簧；7—弹簧座；8—调节件；
9—连接阀杆螺母；10—行程标尺

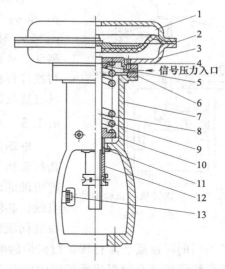

图 4-3　反作用式气动薄膜执行机构

1—上膜盖；2—波纹膜片；3—下膜盖；4—密封膜片；
5—密封环；6—填料垫圈；7—支架；8—推杆；9—弹簧；
10—弹簧座；11—衬套；12—调节件；13—行程标尺

通常情况下，采用正作用式执行机构，且通过调节机构阀芯的正装和反装来实现执行器的气开和气关。下面以最常用的正作用式执行机构来说明其工作原理。

执行机构的输出特性是比例式的，即输出位移与输入气压信号成比例关系。当气压信号通入波纹膜片气室时，会在膜片上产生推力，从而使推杆移动并压缩弹簧。当弹簧的反作用力与信号压力在膜片上产生的推力相平衡时，推杆稳定在平衡位置处。压力信号增大时，相应的推力增大，则推杆的位移量也增大。推杆的位移即是执行机构的输出，称为行程。

气动薄膜式执行机构的输入与输出关系可表示为

$$S = \frac{A}{K}p \qquad (4-1)$$

式中　S——推杆位移或行程（等于弹簧位移）；

　　　p——输入压力信号（一般为 20～100kPa，最大为 250kPa）；

　　　A——膜片有效面积；

　　　K——弹簧刚度。

通常按行程和膜片有效面积来确定气动薄膜式执行机构的规格。行程规格有 10mm、16mm、25mm、40mm、60mm 和 100mm 等。膜片有效面积规格有 300cm²、280cm²、400cm²、630cm²、1000cm² 和 1600cm² 等。实际应用中，可根据行程及所需推力的大小来确定执行机构的规格。

（2）活塞式执行机构

活塞式执行机构的最大操作压力可达 500kPa，可产生较大的推力。活塞式执行机构主要用做大口径、高静压、高压差阀和蝶阀等的推动装置。按其动作方式可分为两位式和比例式两种。比例式又可分为正作用和反作用两种，其定义与薄膜式执行机构类似。气动活塞式执行机构的结构如图 4-4 所示。

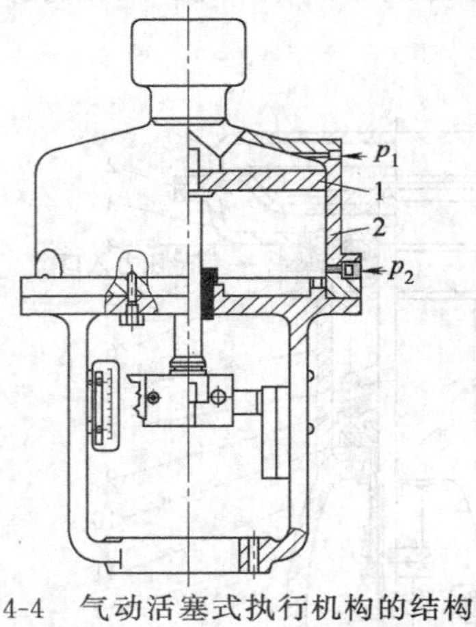

气动活塞式执行机构的工作原理简单。以两位式为例，p_1 和 p_2 为操作压力。当 $p_1 > p_2$ 时，活塞向下移动；当 $p_1 < p_2$ 时，活塞向上移动。通过活塞的移动即可带动推杆移动，从而实现阀门的开或关。比例式动作是指输入信号与推杆行程成比例关系，因此需要配置阀门定位器，利用其位置反馈功能来实现比例动作。

4.1.3　电动执行机构

电动执行机构按输出形式可分为角行程和直行程两类。角行程执行机构将输入的直流电流控制信号线性地转换为输出轴的转角输出，而直行程执行机构则转化为输出轴的直线位移输出。这两种机构都是以伺服电机为驱动装置的位置伺服机构，所以电气原理完全相同，其不同之处在于

图 4-4　气动活塞式执行机构的结构
1—活塞；2—气缸

采用了不同的减速器。角行程执行机构的输出为输出轴的转角，以带动蝶阀、球阀和偏心旋转阀等角行程阀。直行程执行机构的输出为输出轴的直线位移，以带动单座阀、双座阀和三

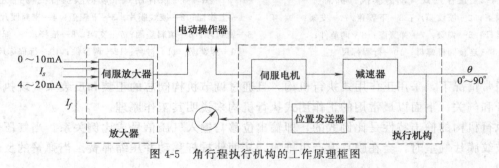

图 4-5　角行程执行机构的工作原理框图

通阀等直行程阀。

图 4-5 为角行程执行机构的工作原理框图。电动执行机构由伺服放大器和执行机构两部分组成的。伺服放大器将输入的设定信号 I_s 与反馈信号 I_f 比较得到差值，随后将差值进行功率放大后驱动伺服电机转动。伺服电机的高转速小力矩输出，经减速器转换为低转速大力矩输出，最终使输出轴转角 θ 改变。I_s 与 I_f 差值的正或负，决定了伺服电机的正转或反转，最终决定了输出轴转角 θ 的增大或减小。输出轴转角位置再经位置发送器转换成相应的反馈电流 I_f，送回伺服放大器的输入端。当反馈信号 I_f 与输入设定信号 I_s 相等时，伺服电机不再转动，从而使输出轴转角稳定在与输入设定信号 I_s 相对应的位置处。

输出轴转角 θ 与输入设定信号 I_s 之间的关系为

$$\theta = K(I_s - I_0) \tag{4-2}$$

式中　K——为比例系数；

　　　I_0——为起始零点信号（0mA 或 4mA）。

电动执行机构一般具有电动操作器等附件，利用电动操作器可实现电动执行机构的"自动"或"手动"操作的切换。若将电动操作器的操作方式切换到"手动"操作，则可直接用手动方式来操纵输出轴的正转和反转，从而实现手动控制。

电动执行机构的技术指标主要包括输出力矩或推力、行程、输出速度和精度等。直行程执行机构主要是依据输出推力来确定其规格型号，各规格内又分为不同行程可供选用；角行程执行机构主要是依据输出轴力矩来确定其规格型号，其转角通常为 0°～90°。

4.1.4　调节机构

调节机构也称作阀体，其局部阻力可以改变，是一个按照节流原理来工作的节流部件。当流体流过阀时，流体的流速及压力变化过程与流体流过孔板时的流速及压力变化过程相似，不同的是阀的流通截面积可以改变，而孔板的流通截面积是不可改变的。当控制信号发生变化时，执行机构的推力发生变化，使推杆的位移量发生变化，并带动阀的阀芯转动或移动，改变阀的开度，或称改变了阀座与阀芯之间的流通截面积。这就相当于改变了阀的阻力系数，从而使流过阀的流量发生变化，最终达到调节工艺参数的目的。

阀按节流原理来工作，因此阀的流量方程与流量测量章节中推导的节流流量方程很相似，为

$$q_V = \frac{A_0}{\sqrt{\xi}}\sqrt{\frac{2(p_1 - p_2)}{\rho}} \tag{4-3}$$

式中　q_V——流体体积流量；

　　　A_0——阀的接管截面积；

　p_1，p_2——阀前后压力；

　　　ρ——流体密度；

　　　ξ——阻力系数，取决于阀的结构、开度及流体的性质。

由式（4-3）可知，当阀结构确定，阀前后接管截面积一定，阀前后压差（$p_1 - p_2$）不变时，流过阀的流量 q_V 仅随阻力系数 ξ 变化。实际上，当阀开度增大时，阻力系数 ξ 减小，流量 q_V 增大；而当阀开度减小时，阻力系数 ξ 随之增大，则流量 q_V 减小。因此，通过阀开度的改变可以达到调节流量的目的。

4.1.5　常用调节机构及特点

（1）直通双座阀

如图 4-6 所示的直通双座阀是最常用的调节机构。在阀体内有两个阀座和两个阀芯。当阀芯上下移动时，阀芯与阀座间的流通截面积将发生改变，从而改变流体的流量。图中，流体从阀的左侧流入，通过两个阀芯和阀座间的间隙，合流后由右侧流出。

直通双座阀的上下阀盖均有衬套，对阀芯起导向作用，称为双导向。对于具有双导向结构的调节机构，阀芯可以正装或反装。正装的阀芯向下移动时，阀芯与阀座间的流通截面积减小；而反装的阀芯向下移动时，阀芯与阀座之间的流通截面积增大。阀芯的正装与反装示意图如图 4-7 所示。

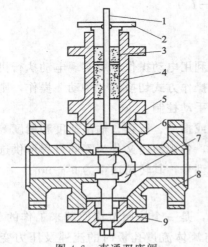

图 4-6　直通双座阀

1—阀杆；2—压板；3—填料；4—上阀盖；5—衬套；
6—阀芯；7—阀座；8—阀体；9—下阀盖

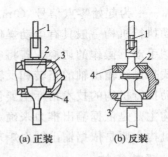

(a) 正装　　　(b) 反装

图 4-7　阀芯的正装与反装

1—阀杆；2—阀芯；3,4—阀座

气动执行机构有正作用和反作用两种形式，结合调节机构阀芯的正装和反装，可实现整个气动执行器的气开或气关动作。此处气开指的是随着执行器输入信号增大，阀的流通截面积增大，气关则是随着执行器输入信号增大，阀的流通截面积减小。因此，利用执行机构的正作用及反作用和调节机构阀芯的正装及反装来实现执行器的气开或气关时，有如图 4-8 所示的四种组合方式。

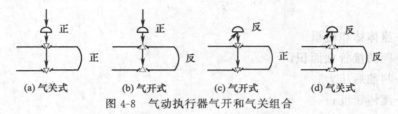

(a) 气关式　　　(b) 气开式　　　(c) 气开式　　　(d) 气关式

图 4-8　气动执行器气开和气关组合

为适应不同的工艺要求，阀盖有多种形式。普通型适用温度为 $-20\sim200℃$，散热片型适用于高温场合，长颈型适用于低温场合，波纹管密封型适用于有毒易挥发介质等。

直通双座阀的优点是阀芯受到的不平衡力小，允许有较大压差，其流量系数大于直通单座阀。缺点是泄漏量较大，流路复杂。所以直通双座阀适用于阀前后压差较大和泄漏量要求不高的场合，不适用于高黏度和含有纤维物的场合。

（2）直通单座阀

直通单座阀的结构如图4-9所示。直通单座阀的阀体内只有一个阀芯和一个阀座，其他结构与直通双座阀相似。

公称直径 $DN \geqslant 25mm$ 的直通单座阀采用双导向，阀芯可以正装，也可以反装。这时，执行机构通常选用正作用式，而整个执行器的气关或气开则通过阀芯的正装或反装来实现。公称直径 $DN < 25mm$ 的直通单座阀为单导向阀，故阀芯只能正装，执行器的气关或气开通过选用正作用式或反作用式执行机构来实现。

由于直通单座阀只有一个阀芯和一个阀座，所以泄漏量较小，一般为双座阀的十分之一左右。但阀芯所受的不平衡力较大，故通常用于阀前后压差较小的场合。

（3）其他结构形式的调节机构

其他结构的调节机构有角形阀、三通阀、蝶阀、套筒阀、偏心旋转阀等，其结构示意图如图4-10所示。

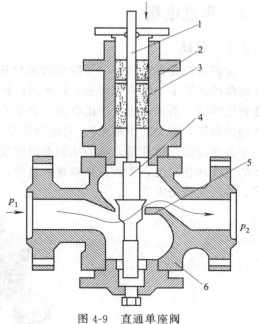

图4-9 直通单座阀
1—阀杆；2—上阀盖；3—填料；
4—阀芯；5—阀座；6—阀体

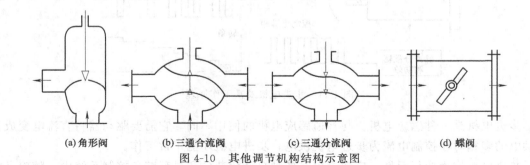

(a)角形阀　　(b)三通合流阀　　(c)三通分流阀　　(d)蝶阀
图4-10 其他调节机构结构示意图

角形阀的结构如图4-10（a）所示，阀体为直角形，其他结构与直通单座阀类似。其特点是流路简单、流体所受阻力较小，适用于高压差、高黏度含悬浮物和颗粒状介质流量的控制。角形阀为单导向结构，阀芯只能正装，流体一般从底部进入，侧面流出。在高压场合，为了减小流体对阀芯的冲蚀，也可采用侧进底出方式使用。

三通阀的结构如图4-10（b）、（c）所示。三通阀有三个出入口与管道相连，图（b）为三通合流阀，流体从两个入口流入，在阀内合流后，从出口流出。图（c）为三通分流阀，它有一个入口和两个出口。流体由入口流入，经阀分流后，由两个出口流出。三通阀主要是用于换热器的温度控制，有时也用于简单的配比控制。

蝶阀的结构如图4-10（d）所示，属于角行程阀。它是由阀体、挡板和挡板轴等组成。挡板在挡板轴的带动下可旋转，从而达到改变流量的目的。由于蝶阀具有阻力小、流量系数大和结构简单等特点，特别适用于大口径、大流量、低压差气体和带有悬浮物流体的流量控制。

4.2　步进电机

4.2.1　概述

步进电机是将电脉冲信号转变为角位移或线位移的开环控制元件，如图 4-11 所示。在非超载的情况下，电机的转速、停止的位置只取决于脉冲信号的频率和脉冲数，而不受负载变化的影响。当步进驱动器接收到一个脉冲信号，它就驱动步进电机按设定的方向转动一个固定的角度，称为"步距角"，它的旋转是以固定的角度一步一步运行的。可以通过控制脉冲个数来控制角位移量，从而达到准确定位的目的，也可以通过控制脉冲频率来控制电机转动的速度和加速度，从而达到调速的目的。另外，对于步进电机可以通过改变驱动脉冲的顺序，来改变转动方向。

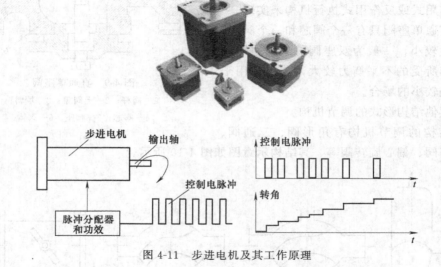

图 4-11　步进电机及其工作原理

步进电机是一种感应电机。与普通感应电机的使用不同，它需要驱动器将直流电变成分时供电的多相时序控制电流为步进电机供电，步进电机才能正常工作。

步进电机作为执行元件，广泛应用在各种自动化装备和过程装备控制系统中。随着微电子和计算机技术的发展，步进电机的需求量与日俱增，且将会在国民经济各个领域发挥更大的作用。

4.2.2　步进电机分类

步进电机从构造上分有三种主要类型：反应式（variable reluctance，VR）、永磁式（permanent magnet，PM）和混合式（hybrid stepping，HS）。

反应式　反应式步进电机的定子上有绕组，转子由软磁材料组成。其特点为结构简单、成本低、步距角小（可达 1.2°），但动态性能差、效率低、发热大，可靠性难保证。

永磁式　永磁式步进电机的转子用永磁材料制成，转子的极数与定子的极数相同。其特点是动态性能好、输出力矩大，但这种电机精度差，步距角大（一般为 7.5°/步或 15°/步）。

混合式　混合式步进电机综合了反应式和永磁式的优点，其定子上有多相绕组，转子上采用永磁材料，转子和定子上均有多个小齿以提高步距精度。其特点是输出力矩大、动态性能好，步距角小，但结构复杂、成本相对较高。

按定子上的绕组来分，有两相、三相和五相等系列。步进电机必须配上具有细分功能的驱动器后，才能得到好的运行效果。以两相混合式步进电机为例，其基本步距角为 1.8°/步，配上细分数为 2 的驱动器后，步距角减为 0.9°/步，配上最大细分数为 256 的驱动器后，其步距角低达 0.007°/步。一般步进电机的运行细分数可通过驱动器上的拨码来改变以得到需要的精度和效果。

4.2.3 工作原理

为了便于说明，以最简单的三相反应式步进电机为例来说明步进电机的工作原理。

图 4-12 是一简单的三相反应式步进电机的三相单三拍运行方式。该电机的定子有 6 个极，每两个相对的极上绕有一相控制绕组，6 极组成三相，分别称作 A 相、B 相和 C 相。转子有 4 个齿，分别称作齿 1、齿 2、齿 3 和齿 4。转子的齿宽等于定子宽度。

当 A 相控制绕组通电，而 B 相和 C 相都不通电时，由于磁通具有走磁阻最小路径的特点，所以转子齿 1 和齿 3 的轴线与定子 A 相极轴线对齐。同理，当断开 A 相接通 B 相时，转子便按逆时针方向转过 30°，使转子齿 2 和齿 4 的轴线与定子 B 相极轴线对齐。断开 B 相，接通 C 相，则转子再转过 30°，使转子齿 1 和齿 3 的轴线与 C 相极轴线对齐。如此按 A-B-C-A…顺序不断接通和断开控制绕组，转子就会一步一步地按逆时针方向连续转动，如图 4-12 所示。其转速取决于各控制绕组通电和断电的频率（即输入的脉冲频率），旋转方向取决于控制绕组轮流通电的顺序。如上述电机通电次序改为 A-C-B-A…则电机转向相反，变为按顺时针方向转动。

这种按 A-B-C-A…方式运行的称为三相单三拍运行。"三相"是指此步进电机具有三相定子绕组，而"单"是指每次只有一相绕组通电，"三拍"指三次换接为一个循环，第四次换接重复第一次的情况。

(a) A相接通   (b) B相接通   (c) C相接通

图 4-12 三相单三拍运行方式

除了三相单三拍运行方式外，此步进电机还可以三相六拍运行，此时运行的供电方式是 A-AB-B-BC-C-CA-A……，每一循环换接 6 次，总共有 6 种通电状态，这 6 种通电状态中，有时只有一相绕组通电（如 A 相），有时有两相绕组同时通电（如 A 相和 B 相）。图 4-13 表示按这种方式对控制绕组供电时转子位置和磁通分布的图形。开始时先单独接通 A 相，这时与单三拍的情况相同，转子齿 1 和齿 3 的轴线与定子 A 极轴线对齐，如图（a）所示。当 A 相和 B 相同时接通时，转子的位置会使 A、B 两对磁极所形成的两路磁通在气隙中所遇到的磁阻同样程度地最小。这时，相邻两个 A、B 磁极与转子齿相作用的磁拉力大小相等且方向相反，使转子处于平衡。按照这样原则，当 A 相通电后转到 A、B 两相同时通电时，转子只能按逆时针方向转过 15°，如图（b）所示。这时，转子齿既不与 A 极轴线重合，又不与 B 极轴线重合，但 A 极与 B 极对转子齿所产生的磁拉力却互相平衡。当断开 A 相使 B 相单独接通时，在磁拉力作用下转子继续按逆时针方向转动，直到转子齿 2 和齿 4 的轴线与定于 B 极轴线对齐为止，如图（c）所示。这时，转子又转过 15°，依此类推。如果下面继续按照 BC-C-CA-A…的顺序使绕组换接，那么步进电机就不断地按逆时针方向旋转，当接通顺序改为 A-AC-C-CB-B-BA-A…时，步进电机就反方向即按顺时针方向旋转。

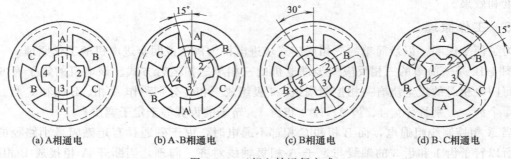

(a) A 相通电   (b) A、B 相通电   (c) B 相通电   (d) B、C 相通电

图 4-13   三相六拍运行方式

在使用中，还可采用三相双三拍的运行方式，也就是按 AB-BC-CA-AB…方式供电。这时，与单三拍运行时一样，每一循环也是换接 3 次，总共有 3 种通电状态，但不同的是每次换接都同时有两相绕组通电。双三拍运行时，每一通电状态的转子位置和磁通路径与三相六拍相应的两相绕组同时接通时相同，如图 4-13（b）、（d）所示，可以看出，这时转子每步转过的角度与单三拍时相同，也是 30°。

由此可见，三相六拍运行时转子每步转过的角度比三相三拍（不论是单三拍还是双三拍）运行时要小一半，因此一台步进电机采用不同的供电方式，步距角（每一步转子转过的角度）可有两种不同数值，如上述这台三相步进电机三拍运行时步距角为 30°，六拍运行时为 15°。

图 4-14   实际的步进电机

以上讨论的是一种最简单的三相反应式步进电机的工作原理，这种步进电机每走一步所转过的角度即步距角是比较大的（15°或 30°），它常常满足不了系统精度的要求，所以现在大多采用如图 4-14 所示的转子齿数很多、定子磁极上带有小齿的反应式结构，其步距角可以做得很小，结合驱动器的细分步技术，可以达到很高的运行精度。

4.2.4   驱动器

步进电机必须有驱动器和控制器才能正常工作。驱动器的作用是对控制脉冲进行环形分配、功率放大，使步进电机绕组按一定顺序通电，控制电机转动。图 4-15 为国产某型三相混合步进电机驱动器。驱动器与上位控制器及步进电机连成的系统如图 4-16 所示，图中驱动器有三组输入输出接口，分别是端子编号①～⑥的驱动器控制信号输入接口、端子编号⑦～⑨的步进电机驱动电流输出接口和端子编号⑩、⑪的电源输入接口。

驱动器控制信号包括脉冲信号输入、方向信号输入和脱机信号输入，各信号输入都内置光耦以提高抗干扰能力，光耦每导通一次被解释为一个有效脉冲。其中脉冲信号输入为有效的驱动脉冲信号输入，输入脉冲的个数对应电机转动的步数，输入脉冲的频率对应电机转动

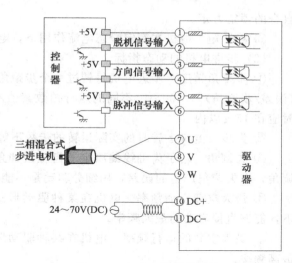

图 4-15 步进电机驱动器   图 4-16 步进电机控制系统

的速度。使用中需要注意光耦的响应频率,高于光耦响应频率的脉冲输入得不到正确响应。方向信号输入为电平输入,控制着电机的转动方向。脱机信号输入使内部光耦处于导通状态时,电机的相电流被切断,电机转子处于自由脱机状态;光耦关断后电机电流恢复正常。当不需用此功能时,可使脱机信号输入端悬空。以上驱动器控制信号的输入为单脉冲输入,大多数驱动器具有双脉冲输入功能,具体可查阅所使用的驱动器的说明书。

驱动器通过步进电机驱动电流输出接口与步进电机相连。图 4-16 中的步进电机为三相电机,所以有 UVW 三组输出,对于其他如两相或五相电机,其输出接口相应不同。

电源输入接口连接驱动器所需的电源。

除了上述接口外,驱动器一般还设有拨码来设定最大输出电流、细分步和半电流控制。拨码的状态表一般印刷在驱动器的表面上,以供方便查阅。步进驱动器采用双极恒流方式,最大输出电流值可通过指定的拨码来设定。为了改变步进电机的运行特性和精度,用户可以根据需要自行决定细分,也是通过拨码来设定的。另外,驱动器工作若连续 1s 没有接收到新的脉冲则可自动进入半电流状态,相电流降低为标准值的 50%,以达到降低功耗的目的,在收到新的脉冲时驱动器自动退出半电流状态,这个功能也是通过拨码来实现能或不能。

4.2.5 步进电机的指标

步进电机指标包括静态指标和动态指标。

(1) 步进电机的静态指标

① 相数 产生不同对极 N、S 磁场的激磁线圈对数,常用 m 表示。

② 拍数 完成一个磁场周期性变化所需脉冲数或导电状态,用 n 表示,或指电机转过一个齿距角所需脉冲数。以四相电机为例,有四相四拍运行方式即 AB-BC-CD-DA-AB;四相八拍运行方式即 A-AB-B-BC-C-CD-D-DA-A。

③ 步距角 对应一个脉冲信号,电机转子转过的角位移,用 θ 表示,$\theta = 360°/$(转子齿数×运行拍数)。以常规二、四相,转子齿为 50 齿的电机为例,四拍运行时步距角为 $\theta = 360°/(50 \times 4) = 1.8°$(俗称整步),八拍运行时步距角为 $\theta = 360°/(50 \times 8) = 0.9°$(俗称半步)。

④ 定位转矩 电机在不通电状态下,由磁场齿形的谐波以及机械误差造成的电机转子

自身的锁定力矩。

⑤ 静转矩　电机在额定静态电流作用下，电机旋转运动时，电机转轴的锁定力矩。

（2）步进电机的动态指标

① 步距角精度　步进电机每转过一个步距角的实际值与理论值的误差。用百分比表示：（误差/步距角）×100%。不同的运行拍数其值不同，四拍运行时应在 5% 之内，八拍运行时应在 15% 以内。

② 失步　电机运转时的实际运转的步数不等于所给脉冲的个数，称之为失步。

③ 失调角　转子齿轴线偏离定子齿轴线的角度，由于加工误差，步进电机必然存在失调角，由失调角产生的误差，用细分驱动是不能解决的。

④ 最大空载启动频率　电机在某种驱动形式、电压及额定电流下，在不加负载的情况下，能够直接启动的最大频率。

⑤ 最大空载的运行频率　电机在某种驱动形式、电压及额定电流下，电机不带负载的最高频率。

⑥ 运行矩频特性　电机在某种测试条件下，测得运行中输出力矩与频率关系的曲线称为运行矩频特性。这是电机诸多动态曲线中最重要的，也是电机选择的根本依据。

⑦ 共振点　步进电机均有固定的共振区域，对步距角为 1.8°/步的二相、四相感应式步进电机，其共振区一般在 180~250pps（脉冲数/秒）之间，对步距角为 0.9°/步的在 400pps 左右。电机驱动电压越高，电机电流越大，负载越轻，电机体积越小，则共振区向上偏移，反之亦然。为使电机输出力矩大、不失步和整个系统的噪声降低，一般工作点均应偏移共振区较多。

4.2.6　步进电机的特点

（1）步进电机的主要特点

ⅰ. 一般步进电机的精度为步矩角的 3%~5%，且不累积。

ⅱ. 步进电机不允许温度过高。步进电机温度过高会使电机的磁性材料退磁，从而使力矩下降或失步。

ⅲ. 步进电机的输出力矩会随转速的升高而下降。当步进电机转动时，各相绕组的电感将形成一个反向电动势。频率越高，反向电动势越大。在它的作用下，电机随频率的增大而相电流减小，从而使力矩下降。

ⅳ. 步进电机低速时可以正常运转，但若高于一定速度就无法启动，并伴有啸叫声。步进电机有一个技术参数：空载启动频率，即步进电机在空载情况下能够正常启动的脉冲频率。如果脉冲频率高于该值，电机不能正常启动，可能发生丢步或堵转。在有负载的情况下，启动频率应更低。如果要使电机达到高速转动，脉冲频率应该有加速过程，即启动频率较低，然后按一定加速度升到所希望的高频，也就是说电机转速从低速升到高速。

（2）步进电机的缺点

ⅰ. 如果控制不当容易产生共振；

ⅱ. 难以运转到较高的转速；

ⅲ. 难以获得较大的转矩；

ⅳ. 超过负载时会破坏同步，高速工作时会发出振动和噪声。

4.2.7　步进电机和驱动器的选型

步进电机和驱动器的选型一般遵循以下步骤和原则。

ⅰ. 确定需多大力矩。静扭矩是选择步进电机的主要参数之一，负载大时，需采用大力矩电机，力矩指标大时，电机外形也大。

ⅱ. 确定电机运转速度。转速要求高时，应选相电流较大、电感较小的电机，以增加功率输入。在选择驱动器时采用较高供电电压。

ⅲ. 选择电机的安装规格，主要与力矩要求有关。

ⅳ. 根据定位精度和振动方面的要求，判断是否需细分，需多少细分。

ⅴ. 根据电机的电流、细分和供电电压选择驱动器。

4.2.8 步进电机的应用场合

步进电机在机械、电子、纺织等行业有较为广泛的的应用，以下是一些比较常用的场合。

ⅰ. 有定位要求的场合，如线切割的工作台拖动、植毛机工作台的毛孔定位、包装机的定长度等基本上涉及定位的场合都有应用。

ⅱ. 要求运行平稳、低噪声、响应快、使用寿命长、高输出扭矩的场合，如 ATM 机、喷绘机、刻字机、喷涂设备、医疗仪器及设备、计算机外设及海量存储设备、精密仪器、工业控制系统、办公自动化、机器人等领域。

图 4-17 示出步进电机的使用方法。图（a）为通过齿轮（也可直连）驱动滚珠丝杆，通过驱动滚珠丝杆将电机转动变换为工件的直线运动，齿轮和滚珠丝杆对电机的驱动能力有放大作用。图（b）为通过齿轮驱动同步带，将电机的转动变换为工件的直线运动。图（c）为通过齿轮驱动转盘。

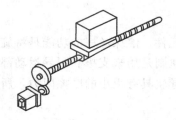 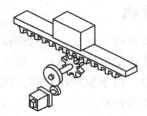 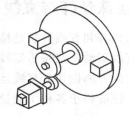

(a) 齿轮-滚珠丝杆　　　(b) 齿轮-带齿传送带　　　(c) 齿轮-转盘

图 4-17　步进电机的使用方法

4.2.9 步进电机与交流伺服电机的性能比较

交流伺服电机是另一类控制电机，其运行原理与步进电机不同，但使用方法相同。如果不考虑体积的限制，使用步进电机的场合都能用交流伺服电机来替代，但是使用成本更高。以下是步进电机与交流伺服电机的性能比较。

① 控制精度不同　步进电机基本步距角为 $1.8°$，当选用具有细分功能的驱动器后，可实现步距角为 $1.8°$、$0.9°$、$0.72°$、$0.36°$、$0.18°$、$0.09°$、$0.072°$、$0.036°$ 等。交流伺服电机的控制精度由电机后端的编码器保证。如对带标准 2500 线编码器的电动而言，驱动器内部采用 4 倍频率技术，则其脉冲当量为 $360°/10000=0.036°$；对于带 17 位编码器的电机而言，驱动器每接收 $2^{17}=131072$ 个脉冲电机转一圈，即其脉冲当量为 $360°/131072=0.00274658°$，是步距角为 $1.8°$ 的步进电机脉冲当量的 $1/655$。

② 低频特性不同　步进电机在低速运转时易出现低频振动现象。交流伺服电机运转非常平稳，即使在低速时也不会出现低频振动现象。

③ 矩频特性不同　步进电机的输出力矩随转速升高而下降，且在较高速时是会急剧下降。交流伺服电机为恒力矩输出，即在额定转速（如 3000r/min）以内，都能输出额定转矩。低速下步进电机有输出力矩优势。

④ 过载能力不同　步进电机一般不具有过载能力，而交流伺服电机有较强的过载能力，一般最大转矩可为额定转矩的 3 倍，可用于克服惯性负载在启动瞬间的惯性力矩。步进电机因为没有这种过载能力，在选型时为了克服这种惯性力矩，往往需要选取较大转矩的电机，便出现了力矩浪费的现象。

⑤ 运行性能不同　步进电机的控制为开环控制，启动频率过高或负载过大易出现丢步或堵转的现象；停止时如转速过高，易出现过冲的现象，所以为了保证其控制精度，应处理好升、降速问题。交流伺服驱动系统为闭环控制，内部构成位置环和速度环，一般不会出现丢步或过冲现象，控制性能更为可靠。

⑥ 速度响应性能不同　步进电机从静止加速到工作速度（一般为每分钟几百转）需要 200～400ms。交流伺服驱动系统的加速性能较好，从静止加速到工作速度（如 3000r/min），一般仅需几毫秒，可用于快速启动的控制场合。

⑦ 效率指标不同　步进电机的效率比较低，一般在 60% 以下。交流伺服电机的效率比较高，一般在 80% 以上。因此步进电机的温升也比交流伺服电机的高。

⑧ 成本不同　能满足同样需求的步进电机的价格一般在同一档次的交流伺服电机的一半以下，且交流伺服电机需要配减速机以放大力矩，这更增加了交流伺服电机的使用成本。

⑨ 体积不同　在有体积限制的使用场合，步进电机较交流伺服电机更有优势。

4.3　滚珠丝杆与直线导轨

滚珠丝杆和直线导轨是精密机械上经常使用的传动元件。滚珠丝杆的功能是将旋转运动转换成直线运动，或将扭矩转换成轴向作用力；直线导轨则是用来支撑和引导运动部件，使其按给定的方向做往复直线运动。由于滚珠丝杠和直线导轨具有很小的摩擦阻力，所以其组合常被广泛应用于各种工业设备和精密仪器。

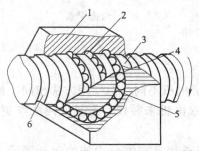

图 4-18　滚珠丝杆的结构和工作原理
1—螺母；2—滚珠；3—丝杆；4—螺母螺旋槽；
5—滚珠回路管道；6—螺旋槽

4.3.1　滚珠丝杆

（1）工作原理与特点

滚珠丝杆由丝杆、螺母和滚珠组成，如图 4-18 所示。在丝杆和螺母上有半圆弧形的螺旋槽，当它们套装在一起时便形成了滚珠的螺旋滚道。螺母上有滚珠回路管道，当丝杆旋转时，滚珠在滚道内既自转又沿滚道循环转动。

滚珠丝杆螺母副特点：①摩擦小、效率高和发热少；ⅱ丝杆螺母之间预紧后，可以完全消除间隙，提高了传动刚度；ⅲ运动平稳，不易产生低速爬行现象；ⅳ磨损小、寿命长、精度保持性好；ⅴ不能自锁，有可逆性，丝杆立式使用时，应增加制动装置。

（2）滚珠丝杆螺母副的循环方式

常用的循环方式有两种：滚珠在循环过程中有时与丝杆脱离接触的称为外循环；始终与

丝杆保持接触的称内循环。

图 4-19 为外循环方式，每一列钢珠转几圈后经插管式回珠器返回。插管式回珠器位于螺母之外，称为外循环。外循环结构制造工艺简单，其滚道接缝处很难做得平滑，影响滚珠滚动的平稳性，甚至发生卡珠现象，噪声也较大。

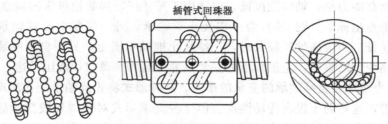

图 4-19 外循环方式

图 4-20 为内循环方式，钢珠从 A 点走向 B 点、C 点、D 点，然后经反向回珠器从螺纹的顶上回到 A 点。螺纹每一圈形成一个钢珠的循环闭路。回珠器处于螺母之内，所以称为内循环。内循环方式结构紧凑、定位可靠、刚性好、返回滚道短、不易发生滚珠堵塞；其缺点是结构复杂，制造较困难，不能用于多头螺纹。

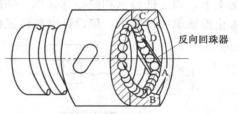

图 4-20 内循环方式

（3）滚珠丝杆螺母副的预紧方法

滚珠丝杆一般都需要预紧，以消除丝杆螺母副间的反向间隙，提高其刚度。预紧的基本原理都是使两个螺母在丝杆螺母副间产生轴向位移，以消除它们之间的间隙和施加预紧力。

图 4-21 为垫片调整预紧法。通过图中改变垫片的厚度，使螺母产生轴向位移。这种结构简单可靠、刚性好，但调整较费时间，且不能在工作中随意调整。

图 4-22 为螺母调整预紧法。图中用两个锁紧螺母能使螺母相对丝杆做轴向移动。这种结构既紧凑，工作又可靠，调整也方便，故应用较广。但调整位移量和预紧力不易精确控制。

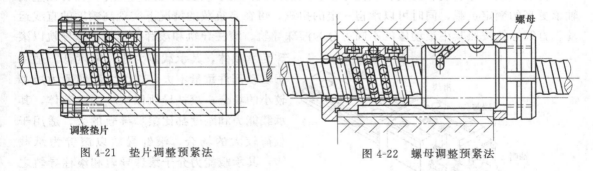

图 4-21 垫片调整预紧法　　　　　图 4-22 螺母调整预紧法

（4）滚珠丝杆螺母副的选用

目前我国滚珠丝杆螺母副的精度标准为四级：普通级 P、标准级 B、精密级 J 和超精密级 C。普通数控机床可选用标准级 B，精密数控机床可选精密级 J 或超精密级 C。

在设计和选用滚珠丝杆螺母副时，首先要确定导程 t（螺距）、名义直径、滚珠直径等主要参数。导程 t 愈大，丝杆承载能力和刚度愈大。为了满足传动刚度和稳定性的要求，通常应大于丝杆长度的 1/35～1/30 滚珠直径对承载能力有直接影响，应尽可能取较大的数值，一般≈0.6t，其最后尺寸按滚珠标准选用。

（5）滚珠丝杆的支承形式

滚珠丝杆有多种支承形式，如图 4-23 所示。图（a）为一端装止推轴承的支承形式。这种安装方式的承载能力小，轴向刚度低，仅适应于短丝杆，如数控机床的调整环节或升降台式数控铣床的垂直坐标中。图（b）为一端装止推轴承，另一端装向心球轴承的支承形式，一般用于较长丝杆。当滚珠丝杆较长时，一端装止推轴承固定，另一自由端装向心球轴承。为了减少丝杆热变形的影响，止推轴承的安装位置应远离热源（如液压马达）及丝杆上的常用段。图（c）为两端装止推轴承的支承的形式。这种形式将止推轴承装在滚珠丝杆的两端，并施加预紧拉力，这有助于提高传动刚度。但这种支承形式对热伸长较为敏感；图（d）为两端装止推轴承及向心袖轴承的支承形式。这种支承形式是为了提高刚度，丝杆两端采用双重支承，如止推轴承和向心球轴承，并施加预紧拉力。这种支承形式可使丝杆的热变形转化为止推轴承的预紧力，但设计时要注意提高止推轴承的承载能力和支架刚度。

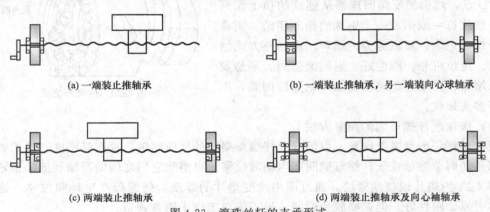

(a) 一端装止推轴承　　　　　　　　　(b) 一端装止推轴承，另一端装向心球轴承

(c) 两端装止推轴承　　　　　　　　　(d) 两端装止推轴承及向心袖轴承

图 4-23　滚珠丝杆的支承形式

4.3.2 直线导轨

直线导轨又称线轨、滑轨、线性导轨、线性滑轨。用于直线往复运动场合，拥有比直线轴承更高的额定负载，同时可以承担一定的扭矩，可在高负载的情况下实现高精度的直线运动。直线导轨按照其中滚动体的不同可分为滚珠导轨、滚柱导轨和滚针导轨。滚珠导轨以滚珠为承载体，其承载能力小，刚度低，适用于运动部件重量不大，切削力和颠覆力矩都较小的场合；滚柱导轨以滚柱为承载体，其承载能力和刚度都比滚珠导轨的大，适用于载荷较大的场合；滚针导轨以滚针为承载体，其承载能力介于滚珠导轨和滚柱导轨之间，但尺寸小，结构紧凑，适用于导轨尺寸受到限制的场合。三种导轨中，以滚珠导轨最为常用，以下以滚珠导轨为例进行介绍。

（1）工作原理与特点

如图 4-24 所示，直线导轨主要由导轨、

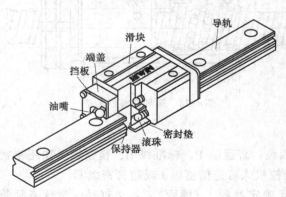

图 4-24　滚珠导轨的结构及工作原理

滑块、滚珠、保持器、端盖、挡板以及密封垫等组成。导轨为支承部件，安装于工作机上；滑块作为移动部件，安装于导轨部件上；滚珠放置在导轨轨道与滑块轨道之间；保持器安装于各滚珠之间，等间距地隔开各滚珠；端盖则位于滑块两端，起到回珠、去屑和润滑的作用；挡板分为上下挡板起到固定滚珠的作用；密封垫包括端面、侧面和内部密封垫，起到防尘的作用。工作时，滑块沿导轨做往复直线运动，位于导轨轨道面与滑块轨道面之间的滚珠在保持器的维持下，在滚道内进行连续的循环运动，从而实现滑块与导轨的相对运动。

直线导轨以导轨和滑块间的滚珠滚动来避免导轨面与滑块面的直接接触，以滚动摩擦代替了滑动摩擦，将摩擦系数降至平常传统滑动的1/50。这不仅可以提高滑块的运动速度、保证滑块的运动精度和定位精度，同时还可延长滚动直线导轨副使用的寿命。

直线导轨的特点：①滚动代替滑动；②适用高速运动且可大幅度降低机器所需驱动力；③定位精度高；④可同时承受上下左右方向的负荷；⑤组装容易且互换性好，润滑构造简单；⑥使用寿命长。

（2）直线导轨的配置与固定

直线滚动导轨副包括导轨和滑块两部分。通常导轨条为两根，装在支承件上，见图4-25。一般每根导轨条上有两个滑块，固定在移动件上。如移动件较长，也可在一根导轨条上装3个或3个以上的滑块。如移动件较宽，也可用3根或3根以上的导轨条。

图4-26为直线导轨的固定示意图。两根导轨条中，一根为基准导轨（图中为右导轨），上有基准面A，它的滑块上有基准面B；另一根为从动导轨（图中为左导轨）。装配时，将基准导轨的基准面A靠在支承件的定位面上，用螺钉1顶靠后

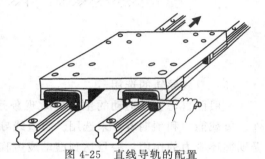

图4-25　直线导轨的配置

固定，滑块则顶靠在移动件的定位面上。从动导轨及与其配合的滑块则无相应的配合面。

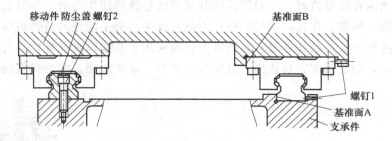

图4-26　直线导轨的固定示意图

（3）直线导轨的精度

直线导轨的精度分为1级、2级、3级、4级、5级、6级。一般数控机床采用1级或2级。不同精度和规格的导轨支承，对安装基面均有相应的形位公差要求，设计时应注意查找样本手册。

（4）直线导轨的预紧

导轨支承的工作间隙，直接影响它的运动精度、承载能力和刚度。间隙分为普通间隙和负间隙（过盈，即预紧）两类，在负间隙中又有轻预紧和中预紧两种情况。

ⅰ．普通间隙通常用于对精度无要求和要求尽量减小滑块移动阻力的场合，如辅助导轨和机械手等；

ⅱ．轻预紧用于精度要求较高但载荷较轻的场合，例如磨床的进给导轨和工业机器人等；

ⅲ．中预紧用于对精度和刚度均要求较高，且具有冲击、振动和要进行重切削的场合，例如加工中心、数控机床、磨床的砂轮架导轨等。

如图 4-27 所示，直线导轨可采用螺钉、垫块和偏心销的方式进行预紧。

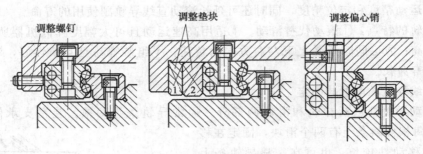

图 4-27　直线导轨的预紧

（5）直线导轨的选用

一般而言，直线运动的主要失效现象是接触疲劳、剥离与磨损，所以必须根据使用条件、负载能力和预期寿命来选用。当直线导轨承受负荷并做运动时，滚珠与滚道表面不断地受到循环应力的作用，一旦达到滚动疲劳临界值，接触面就会产生疲劳磨损，在表面的一些部分会发生鱼鳞状薄片的剥离现象，称为表面剥离。直线导轨滚道表面产生表面剥离时的累计运行距离，为直线导轨的寿命，通常直线导轨的寿命以额定寿命为准。

在设计和选用直线导轨时，一般不具体计算直线导轨的使用寿命，而是直接使用额定寿命作为计算准则。例如，在高吨位的型材拉弯机设计中，为了能使其拉伸钳口模座工作台灵活可靠地接收拉伸运动指令和克服自重的推力，就采用了直线轴承式导轨。与滑动式导轨比较，它轻巧灵活，加工精度容易达到，且安装、调整、维护简便。在选择直线轴承时，仅考

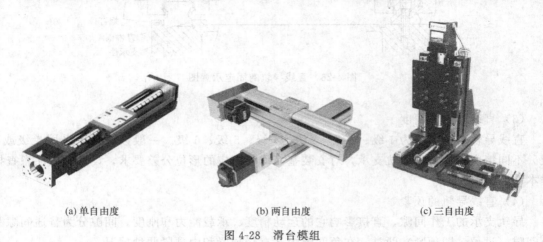

(a) 单自由度　　　　　　　(b) 两自由度　　　　　　　(c) 三自由度

图 4-28　滑台模组

虑一组轴承的额定压力能否承受得起钳口模座和工作台的重量，在额定压力下使用寿命的长短，通常还乘以 1.3 倍的承重系数。

4.3.3 滑台模组

滚珠丝杆和直线导轨一般组合成为滑台模组，配合步进电机或伺服电机使用，由此得到高精度的定位。图 4-28 为常用的滑台模组外形图，图（a）为单自由度滑台模组，图（b）为两自由度滑台模组，图（c）为三自由度滑台模组。可按照需要设计制造或购买。

4.4 气动执行器

4.4.1 概述

气动执行器是和气压传动技术息息相关的。气压传动技术，简称气动技术，是以空气压缩机为动力源，以压缩空气为工作介质，进行能量传递或信号传递的工程技术，是实现过程装备控制的主要手段之一。

气压传动的工作原理是利用空压机把电动机或其他原动机输出的机械能转换为空气的压力能，然后在控制元件的作用下，通过执行元件把压力能转换为直线运动或回转运动形式的机械能，从而完成各种动作，并对外做功。

气动技术的应用历史悠久。在公元前，埃及就开始利用风箱产生压缩空气用于助燃。18世纪的产业革命开始，气动技术逐渐应用于产业中，例如，矿山用的风钻、火车刹车装置等。20 世纪 30 年代初，气动技术成功地应用于各种机械的辅助动作上。进入 20 世纪 60 年代，随着工业机械化和自动化的发展，气动技术被广泛应用在生产自动化的各个领域，形成现代气动技术。现代汽车制造厂的生产线，尤其是焊接生产线中的车身移动、夹紧和定位，焊头的快速接近，减速软着陆等动作，几乎无一例外地采用了气动技术。在彩电、冰箱等家用电器的装配生产线上，在半导体芯片等电子产品的装配生产线上，各种大小不一、形状不同的气缸气爪广泛应地用在零件的精确抓取和搬运中。另外气动技术还大量应用于化肥、化工、粮食、食品和药品等许多行业，实现粉状、粒状和块状物料的自动计量和包装。

气动技术发展至今，在世界范围内已经形成了以美国为中心的美洲、以德国和英国为中心的欧洲和以日本为中心的亚太地区三分天下的格局。其中著名的气动元件生产企业有美国的 PARKER、德国的 FESTO、英国的 NORGREN 和日本的 SMC 等。我国的气动行业起步较晚，1956 年前后才有工厂小规模地生产气动元件，1975 年国家开始组织进行气动产品设计，经过"七五"和"八五"技术改造和近些年的发展，大大缩短了与国外气动技术的差距。国内知名的气动元件生产企业主要有无锡气动技术研究所、济南华能气动元器件公司和浙江新益气动工业有限公司等。总的说来，我国的气动技术离世界先进工业国家还有一定的差距。

与机械方式、电气方式和液压方式等其他自动化和省力化传动方式相比，气动技术主要有以下优点：

ⅰ. 相对液压系统，气动系统的组装、维修以及元件的更换比较简单；

ⅱ. 相对机械和电气，易于实现直线运动；

ⅲ. 执行元件运动速度快；

ⅳ. 价格低；

ⅴ. 气压具有较高的自保持能力，即使压缩机停止运行、阀关闭，气动系统仍可维持一个稳定的压力；

ⅵ．可安全可靠地应用于易燃、易爆场所；

ⅶ．用后空气可排入大气，不必设回气管，不污染环境。

气动技术主要存在以下缺点：

ⅰ．刚度低，由于空气有压缩性导致了气缸的动作易受负载变化和外部干扰的影响；

ⅱ．稳定性差，体现在速度变化大，位置控制和速度控制精度低；

ⅲ．与液压传动相比，输出力小；

ⅳ．气信号传递的速度比光、电控制慢，不宜用于高速传递的回路中；

ⅴ．排气噪声大，需加消声器。

纵观世界气动行业的发展趋势，气动技术的发展方向可归纳为：

ⅰ．高质量，电磁阀的寿命达到 3000 万次以上，气缸的寿命达到 2000～5000km；

ⅱ．无给油化，气动元件采用自润滑方式，无须外部供油；

ⅲ．节能化，降低气动系统的电力消耗和空气消耗量；

ⅳ．小型化与轻量化，降低成本，节省功率，提高系统经济性；减少运动质量，易于实现控制；

ⅴ．控制的高精度化，可实现力控制、位置控制和速度控制；

ⅵ．电气一体化，气动元件与电气元件的结合，使气动等技术应用范围也得到了进一步的扩展，例如电气压力控制阀，内藏位移传感器的测长气缸，电机直接通过丝杆控制活塞运动的电动气缸等；

ⅶ．集成化，将不同的气动元件或机构叠加组合而形成新的带有附加功能的集成元件或机构，以缩短气动装置和自动生产线的设计周期，减少现场装配和调试的时间。

4.4.2　气动系统的组成

气动系统由压缩空气产生和压缩空气消耗两部分组成，如图 4-29 所示。其中各组件的名称和基本功能见表 4-1。

表 4-1　基本气动系统中各组件的名称和基本功能

编号	名称	功　能
压缩空气产生		
①	空气压缩机	把机械能转变为气压能
②	电机	给空气压缩机提供机械能
③	压力开关	达到最高压力时停止电机，在最低压力时重启电机
④	单向阀	阻止压缩空气反方向流动
⑤	储气罐	储存压缩空气
⑥	压力表	显示储气罐内的压力
⑦	自动排水器	自动排掉凝结在储气罐内的水
⑧	安全阀	当储气罐内的压力超过允许限度，将压缩空气排出
⑨	冷冻干燥器	将压缩空气冷却到零上若干度，以减少系统中的水分
⑩	主管道过滤器	它清除管道内灰尘、水分和油等杂质
压缩空气消耗		
❶	分支管路	压缩空气要从主管道顶部输出到分支管路，使凝结水仍留在主管道
❷	自动排水器	将留在分支管路里的水自动排掉
❸	空气处理组件	使压缩空气保持清洁和合适压力
❹	方向控制阀	对气缸两个接口交替地加压和排气，控制运动的方向
❺	执行组件	把压缩空气的压力能转变为机械能，图标是一个直线气缸
❻	速度控制阀	能简便地实现执行组件的无级调速

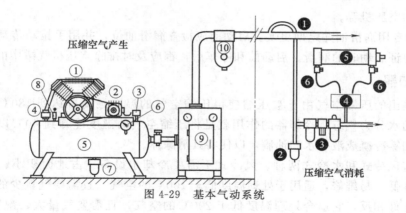

图 4-29 基本气动系统

4.4.3 空气压缩机

空气压缩机简称空压机，是压缩空气的发生装置。空压机将电机或内燃机的机械能转化为压缩空气的压力能，供气动设备使用。

空压机按输出压力大小分类，可分为低压型（0.2～1.0MPa）、中压型（1.0～10MPa）和高压型（>10MPa），一般气动系统使用低压型空压机。空压机按工作原理分类，可分为容积式空压机和速度式空压机。容积式空压机的工作原理是压缩气体的体积，使空气的压力提高，如图 4-30（a）所示。速度式空压机的工作原理是提高气体分子的速度（气体的动能），然后将动能转化为压力能以提高压缩空气的压力，如图 4-30（b）所示。

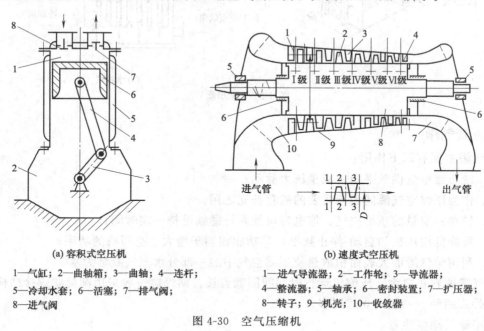

(a) 容积式空压机　　　　　　　　　(b) 速度式空压机

1—气缸；2—曲轴箱；3—曲轴；4—连杆；　　　1—进气导流器；2—工作轮；3—导流器；
5—冷却水套；6—活塞；7—排气阀；　　　　　4—整流器；5—轴承；6—密封装置；7—扩压器；
8—进气阀　　　　　　　　　　　　　　　　8—转子；9—机壳；10—收敛器

图 4-30　空气压缩机

空压机在使用时应注意以下几点。

ⅰ. 要求空压机生产的压缩空气具有一定的压力和足够的流量。

ⅱ. 空压机的安装地点必须清洁、无粉尘、通风好、湿度小、温度低且要留有维护保养空间，所以一般要安装在专用机房内。

ⅲ. 空压机一运转即产生噪声，必须考虑噪声的防治，如设置隔声罩、设置消声器、选择噪声较低的空压机等。

ⅳ. 使用专用润滑油并定期更换。启动前应检查润滑油位，并用手拉动传动带使机轴转动几圈，以保证启动时的润滑。启动前和停车后，都应及时排除空压机气罐中的水分。

4.4.4 冷却器

空压机输出的压缩空气由于被压缩使得压缩空气的温度最高可达到180℃，在此温度下，空气中的水分为气态。冷却器的作用就是将压缩空气的温度冷却到40℃以下，将大部分水蒸气和油雾冷凝成液态水和油滴，以便将其清除掉。

冷却器有风冷式和水冷式两种。风冷式不需要冷却水设备、占地面积小、重量轻且紧凑、运行成本低、易维修，适用于处理温度低于100℃的空气，且需要气量少的场合。水冷式冷却器则正好相反，它适合处理温度低于200℃的空气，且需要气量大、湿度大的场合。图4-31为典型的风冷式和水冷式冷却器。

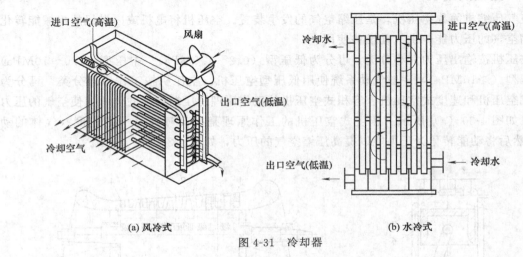

图4-31 冷却器

4.4.5 储气罐

储气罐主要有以下作用：

ⅰ. 使压缩空气供气平稳，减少压力脉动；

ⅱ. 作为压缩空气瞬间消耗需要的储存补充之用；

ⅲ. 储存一定量的压缩空气，停电时可使系统继续维持一定时间；

ⅳ. 可降低空压机的启动-停止频率，其功能相当于增大了空压机的功率；

ⅴ. 利用储气罐的大表面积散热使压缩空气中的一部分水蒸气凝结为水。

储气罐的容积愈大，压缩机运行时间间隔就愈长。储气罐一般采用圆筒状焊接结构，有立式和卧式两种，一般以立式居多。

使用储气罐应注意：

ⅰ. 储气罐属于压力容器，应遵守压力容器的有关规定，必须有产品耐压合格证书；

ⅱ. 储气罐上必须安装有安全阀（当储气罐内的压力超过允许限度，将压缩空气排出）、压力表（显示储气罐内的压力）、压力开关（用储气罐内的压力来控制电动机的运行）、单向阀（仅让压缩空气从压缩机进入储气罐）、低位排水阀（排掉凝结在储气罐内所有的水）。

4.4.6 压缩空气净化装置

气动系统除了要求压缩空气具有一定的压力和足够的流量外，还要求压缩空气有一定的清洁度和干燥度。清洁度是指气源中含油量、含灰尘杂质的质量及颗粒大小都要控制在很低的范围内。干燥度是指压缩空气中含水量的多少，气动装置要求压缩空气的含水量越低越好。因而气动系统必须设置气源净化装置，进行除油、除水和除尘。

对压缩空气进行除油、除水和除尘已有多种元件可供选用。其中空气过滤器可清除压缩空气中的液态油、液态水和固体粉尘；油雾器则能分离掉气状溶胶油粒子。一般压缩空气需要降压使用，所以需要减压阀。

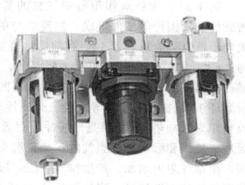

图 4-32 气动三联件外形图

为了得到多种功能，可将空气过滤器、减压阀和油雾器等元件进行组合，构成空气净化组合元件。元件间用带托架的隔板组件拉紧，保证密封性。这种将空气过滤器、减压阀和油雾器的顺序组合称为气动三联件。图 4-32 为气动三联件外形图。图中压缩空气从左至右依次通过空气过滤器、减压阀和油雾器。

4.4.7 气动执行元件

将压缩空气的压力能转化为机械能，驱动机械作直线往复运动、摆动和旋转运动的元件，称为气动执行元件。气动执行机构可分为气缸和气马达两类。可以实现往复直线运动和往复摆动运动的气动执行元件称为气缸；可以实现连续旋转运动的气动执行元件称为气马达。两类气动执行元件中，气缸由于其相对较低的成本、容易安装、结构简单、耐用、各种缸径尺寸及行程可选，因而是应用最广泛的一种执行元件。

4.4.7.1 气缸分类

根据使用条件不同，气缸的结构、形状和功能也不一样，要完全确切地对气缸进行分类较困难，气缸有多种分类方式。

① 按功能分类 有标准型、省空间型（设计紧凑，安装空间小）、高精度型（位置精度高，适用于组装机械手和工件搬送）、止动型（运输线上让工件停止）、无杆型、带导杆型（气缸与导杆一体化设计，结构紧凑，具有耐横向载荷和杆不回转功能）、带阀型、中停型（带有锁紧机构，适于中停和急停）、冲击型和落下防止型等。

② 按尺寸分类 有微型缸（ϕ10mm 以下）、小型缸（ϕ10～25mm）、中型缸（ϕ32～100mm）和大型缸（ϕ100mm 以上）等。

③ 按行程分类 有标准行程和非标行程（需要订购）等。

④ 按安装方式分类 有固定式（基本型、脚座型、法兰型）和摆动式（悬耳型，摆轴型）等。

⑤ 按缓冲方式分类 有无缓冲型、垫缓冲型、气缓冲型、液压缓冲型等。

⑥ 按润滑方式分类 有给油气缸和不给油气缸两种。给油气缸使用的工作介质是含油雾的压缩空气，对气缸内活塞、缸筒等相对运动部件进行润滑。不给油气缸所使用的压缩空气中不含油雾，是靠装配前预先添加在密封圈内的润滑脂使气缸运动部件润滑的。

⑦ 按驱动方式分类 按驱动气缸时压缩空气作用在活塞端面上的方向分有单作用气缸和双作用气缸两种。

4.4.7.2 普通气缸的结构及工作原理

由于气缸的使用目的不同，气缸的结构是多种多样的，其中的单杆双作用普通气缸使用最多，常用于无特殊要求的场合。

图4-33为单杆双作用普通气缸的基本结构。气缸由缸筒、前后缸盖、活塞、活塞杆、密封件和紧固件等零件组成。缸筒7与前后缸盖固定连接。有伸出杆侧的缸盖为前缸盖5，无伸出杆缸盖为后缸盖14。在前后缸盖上都开有进排气通口A和B，有的还设有气缓冲机构。前缸盖上，设有密封圈、防尘圈3，同时还设有导向套4，以提高气缸的导向精度。活塞杆6与活塞9紧固相连。活塞上既有密封圈10、11以防止活塞左右两腔相互漏气，还有耐磨环12以提高气缸的导向性。带磁性开关的气缸、活塞上装有磁环。活塞两侧常装有橡胶垫作为缓冲垫8。如果是气缓冲，则活塞两侧沿轴线方向设有缓冲柱塞，同时缸盖上设有缓冲节流阀和缓冲套。当气缸运动到端头时，缓冲柱塞进入缓冲套，气缸排气需经缓冲节流阀，使排气阻力增加，产生排气背压，形成缓冲气垫起到缓冲作用。图（b）为单杆双作用普通气缸的图形符号。当气缸的A口通入压缩空气，B口与大气接通时，活塞9带动活塞杆6向右移动，反之向左移动。当A口和B口同时通入压缩空气时，活塞停止移动。对于阻力小的场合，A口和B口同时通气时，由于活塞左右两侧受压面积不同，活塞可能缓慢向左移动。

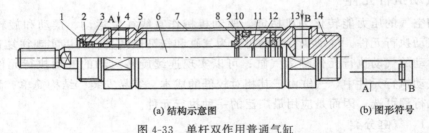

(a) 结构示意图　　(b) 图形符号

图4-33　单杆双作用普通气缸

1,13—弹簧挡圈；2—防尘圈压板；3—防尘圈；4—导向套；5—前缸盖；6—活塞杆；
7—缸筒；8—缓冲垫；9—活塞；10,11—密封圈；12—耐磨环；14—后缸盖

对于某些行程短，对输出力和运动速度要求不高的场合，可使用单杆单作用气缸，如图4-34所示。气缸通过后缸盖上的进气孔进气，驱动活塞，克服弹簧力及摩擦力，活塞杆伸出；当进气孔排气，活塞在弹簧回复力的作用下，克服摩擦力，活塞杆缩回。在带弹簧侧设有呼吸孔O，且呼吸孔上有过滤片。单作用气缸结构简单，耗气量少。由于缸体内安装了弹簧，故活塞杆的输出力会随行程的增大而减小。

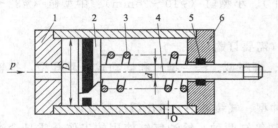

图4-34　单杆单作用气缸

1—后缸盖；2—活塞；3—弹簧；4—活塞杆；
5—密封圈；6—前缸盖

许多气缸的应用场合需要知道气缸杆是否运行到了期望的行程，这时就需要用到带磁性开关气缸，其工作原理如图4-35所示。它是在普通气缸活塞上安装永久磁环，在缸筒外壳上安装有舌簧开关，开关内装有舌簧片、保护电路和动作指示灯等，均用树脂塑封在一个盒子内。当装有永久磁铁的活塞运

动到舌簧片附近，磁力线通过舌簧片使其磁化，两个簧片被吸引接触，则开关接通。当永久磁铁返回离开时，磁场减弱，两簧片弹开，则开关断开。由于开关的接通或断开，指示出了活塞的位置。带磁性开关气缸不需要在气缸行程两端设置额外的行程开关和支架，也不需要在活塞杆端部设置撞块，所以结构紧凑、可靠性高、寿命长，故得到了广泛的应用。

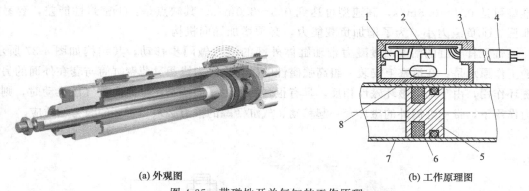

(a) 外观图 (b) 工作原理图

图 4-35 带磁性开关气缸的工作原理

1—动作指示灯；2—保护电路；3—外壳；4—导线；5—活塞；6—磁环；7—缸筒；8—舌簧开关

4.4.7.3 无杆气缸的结构及工作原理

无杆气缸没有普通气缸的刚性活塞杆，它利用活塞直接或间接实现往复运动。由于没有活塞杆，活塞两侧受压面积相等，双向行程具有同样的推力，有利于提高定位精度。无杆气缸的最大优点是节省了安装空间，特别适用于小缸径、长行程的场合。无杆气缸分为机械接触式和磁性耦合式两种。通常将磁性耦合无杆气缸称为磁性气缸。

机械接触式无杆气缸结构如图 4-36 所示。在气缸上沿轴向开有一条槽，活塞与滑块在

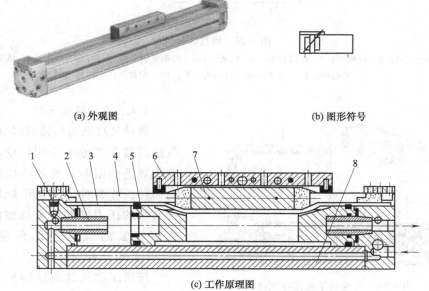

(a) 外观图 (b) 图形符号

(c) 工作原理图

图 4-36 机械接触式无杆气缸

1—节流阀；2—缓冲柱塞；3—密封带；4—防尘不锈钢带；
5—活塞；6—滑块；7—活塞架；8—缸筒

槽上部移动。为了防止泄漏及防尘需要，在开口部采用聚氨酯密封带和防尘不锈钢带固定在两端缸盖上，活塞架穿过槽，把活塞与滑块连成一体，带动固定在滑块上的物体实现往复运动。这种气缸的特点是：①与普通气缸相比，在同样行程下可缩小 1/2 安装位置；②不需设置防转机构；③适用于缸径 10～80mm，在缸径≥40mm 时最大行程可达 7m；④速度高，标准型可达 0.1～0.5m/s，高速型可达到 0.3～3.0m/s。其缺点是：①密封性能差，容易产生泄漏；②负载力小，为了增加负载能力，必须增加导向机构。

磁性无杆气缸的活塞通过磁力带动缸体外部的滑块做同步移动，其结构如图 4-37 所示。它的工作原理是：在活塞上安装一组高强磁性的磁环，磁力线通过薄壁缸筒与套在外面的另一组磁环作用，由于两组磁环磁性相反，具有很强的吸力。当活塞在缸筒内被气压推动时，则在磁力作用下，带动缸筒外的磁环套一起移动。气缸活塞的推力必须与磁环的吸力相适应。

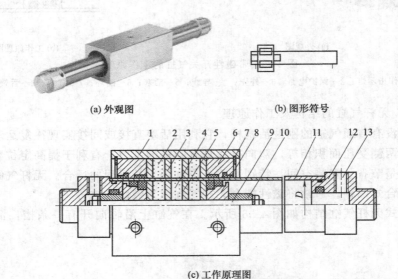

(a) 外观图　　　　(b) 图形符号

(c) 工作原理图

图 4-37　磁性无杆气缸

1—套筒；2—外磁环；3—外磁导板；4—内磁环；5—内磁导板；6—压盖；7—卡环；8—活塞；
9—活塞轴；10—缓冲柱塞；11—气缸筒；12—端盖；13—进排气口

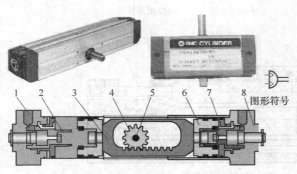

图 4-38　齿轮齿条式摆动气缸

1—缓冲节流阀；2—缓冲柱塞；3—齿条组件；
4—齿轮；5—输出轴；6—活塞；7—缸体；
8—端盖

4.4.7.4　摆动气缸

摆动气缸是输出轴被限制在某个角度内做往[复]气缸目前在工业上应用广泛，多用于安装位置受到限制，或转动角度小于 360°的回转工作部件，其动作原理也是将压缩空气的压力能转变为机械能。常用的摆动气缸的最大摆动角度分为 90°、180°、270° 三种规格。

按照摆动气缸的结构特点可分为齿轮齿条式和叶片式两类。

齿轮齿条式是通过齿轮齿条将活塞的往复运动转变为输出轴的摆动运动，

如图 4-38 所示。活塞仅做往复直线运动，摩擦损失少，齿轮传动的效率较高，此摆动气缸效率可达到 95% 左右。

叶片式摆动气缸可分为单叶片式、双叶片式和多叶片式。叶片越多，摆动角度越小，但扭矩却要增大。单叶片式输出摆动角度小于 360°，双叶片型输出摆动角度小于 180°，三叶片型则在 120° 以内。图 4-39 为叶片式摆动气缸的外形及内部结构示意图。

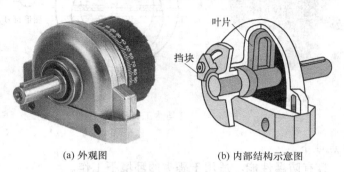

(a) 外观图 (b) 内部结构示意图

图 4-39 叶片式摆动气缸

4.4.7.5 气爪

气爪又称手指气缸，是一种变型气缸。它常用在搬运和传送工件机构中，实现物体的抓取和拾放，是现代气动机械手的关键部件。气爪的开闭一般是通过由气缸活塞产生的往复直线运动带动与气爪相连的曲柄连杆、滚轮或齿轮等机构，驱动各个爪同步做开、闭运动。如图 4-40 所示，气爪有平行气爪、（肘节）摆动手爪、旋转气爪和三爪气爪等。

气爪的特点是：①所有的结构都是双作用的，能实现双向抓取，可自动对中，重复精度高；Ⅱ抓取力矩恒定；Ⅲ在气缸两侧可安装非接触式检测开关；Ⅳ有多种安装和连接方式。

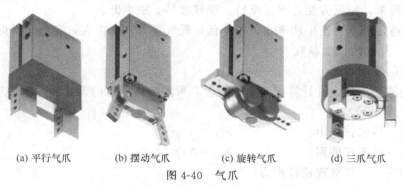

(a) 平行气爪 (b) 摆动气爪 (c) 旋转气爪 (d) 三爪气爪

图 4-40 气爪

4.4.7.6 气马达

气马达又称气动马达，是一种作连续旋转运动的气动执行元件，是一种把压缩空气的压力能转换成回转机械能的能量转换装置。其作用相当于电动机或液压马达，它输出转矩来驱动执行机构做旋转运动。在气压传动中使用广泛的是叶片式、活塞式和齿轮式气马达。下面以叶片式气马达为例说明其工作原理。

如图 4-41 所示，压缩空气由 A 孔输入，小部分压缩空气经定子两端的密封盖的槽进入叶片底部（图中未表示），将叶片推出，使叶片贴紧在定于内壁上，大部分压缩空气进入相应的密封空间而作用在两个叶片上，由于两叶片伸出长度不等，就产生了转矩差，使叶片与转子按逆时针方向旋转，做功后的气体由定子上的孔 C 和 B 排出。若改变压缩空气的输入方向（即压缩空气由 B 孔进入，A 孔和 C 孔排出），则可改变转子的转向。

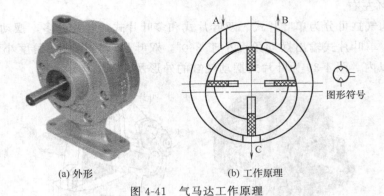

(a) 外形　　　　　　　　(b) 工作原理

图 4-41　气马达工作原理

气动马达的特点如下。

ⅰ. 工作安全。具有防爆性能，适用于恶劣的环境下工作。

ⅱ. 有过载保护能力。过载时马达只是降低转速或停止，当过载解除后继续运转，不产生故障。

ⅲ. 可以无级调速。只要控制进气流量，就能调节马达的功率和转速。

ⅳ. 比同功率的电动机轻 1/10～1/3，输出功率惯性比较小。

ⅴ. 可长期满载工作，而温升较小。

ⅵ. 功率范围及转速范围均较宽，功率小至几百瓦，大至几万瓦，转速可从每分钟几转到上万转。

ⅶ. 具有较高的启动转矩，可以直接带负载启动。启动和停止迅速。

ⅷ. 结构简单，操纵方便，可正反转，维修容易，成本低。

ⅸ. 速度稳定性差；输出功率小，效率低，耗气量大；噪声大，容易产生振动。

4.4.7.7　气缸的技术参数

（1）气缸的输出力

气缸理论输出力的设计计算与液压缸类似，可参见液压缸的设计计算。如双作用单活塞杆气缸推力计算如下

理论推力（活塞杆伸出）　　　　　$F_{t1}=A_1 p$ 　　　　　　　　　　　(4-4)

理论拉力（活塞杆缩回）　　　　　$F_{t2}=A_2 p$ 　　　　　　　　　　　(4-5)

式中　F_{t1}，F_{t2}——气缸理论输出力，N；

　　　A_1，A_2——无杆腔、有杆腔活塞面积，m^2；

　　　　　　p——气缸工作压力，Pa。

实际中，由于活塞等运动部件的惯性力以及密封等部分的摩擦力，活塞杆的实际输出力小于理论推力，称这个推力为气缸的实际输出力。

气缸的效率 η 是气缸的实际推力 F 和理论推力 F_t 的比值，即

$$\eta=F/F_t \qquad\qquad\qquad (4-6)$$

所以　　　　　　　　　　　　　　$$F=\eta\times A_1 p \qquad\qquad\qquad (4-7)$$

气缸的效率取决于密封的种类、气缸内表面和活塞杆加工的状态及润滑状态。此外，气

缸的运动速度、排气腔压力、外载荷状况及管道状态等都会对效率产生一定的影响。

（2）负载率 β

从对气缸运行特性的研究可知，要精确确定气缸的实际输出力是困难的。于是在研究气缸性能和确定气缸的输出力时，常用到负载率的概念。气缸的负载率 β 定义为

$$\beta = \frac{\text{气缸的实际负载 } F}{\text{气缸的理论输出力 } F_t} \times 100\% \qquad (4\text{-}8)$$

气缸的实际负载是由实际工况所决定的，若确定了气缸负载率 β，则由定义就能确定气缸的理论输出力，从而可以计算气缸的缸径。

对于阻性负载，如气缸用作气动夹具，负载不产生惯性力，一般选取负载率 β 为 0.8；对于惯性负载，如气缸用来推送工件，负载将产生惯性力，负载率 β 的取值如下：

当气缸低速运动，$v < 100\text{mm/s}$ 时，$\beta < 0.65$；

当气缸中速运动，$v = 100 \sim 500\text{mm/s}$ 时，$\beta < 0.50$；

当气缸高速运动，$v > 500\text{mm/s}$ 时，$\beta < 0.35$。

（3）气缸耗气量

气缸的耗气量是活塞每分钟移动的容积，称这个容积为压缩空气耗气量，一般情况下，气缸的耗气量是指自由空气耗气量。

（4）气缸的特性

气缸的特性分为静态特性和动态特性。气缸的静态特性是指与气缸的输出力及耗气量密切相关的最低工作压力、最高工作压力、摩擦阻力等参数。气缸的动态特性是指在气缸运动过程中气缸两腔内空气压力、温度、活塞速度、位移等参数随时间的变化情况。它能真实地反映气缸的工作性能。

4.4.7.8 气缸的选型及计算

（1）气缸的选型步骤

气缸的选型应根据工作要求和条件，正确选择气缸的类型。下面以单活塞杆双作用缸为例介绍气缸的选型步骤。

① 气缸缸径 根据气缸负载力的大小来确定气缸的输出力，由此计算出气缸的缸径。

② 气缸的行程 气缸的行程与使用的场合和机构的行程有关，但一般不选用满行程。

③ 气缸的安装形式 气缸的安装形式根据安装位置和使用目的等因素决定。一般情况下，采用固定式气缸；在需要随工作机构连续回转时（如车床、磨床等），应选用回转气缸；在活塞杆除直线运动外，还需做圆弧摆动时，则选用轴销式气缸；有特殊要求时，应选用相应的特种气缸。

④ 气缸的缓冲装置 根据活塞的速度决定是否采用缓冲装置。

⑤ 磁性开关 当气动系统采用电气控制方式时，可选用带磁性开关的气缸。

⑥ 其他要求 如气缸工作在有灰尘等恶劣环境下，需在活塞杆伸出端安装防尘罩。要求无污染时，需选用无给油或无油润滑气缸。

（2）气缸直径计算

气缸直径的设计计算需根据其负载大小、运行速度和系统工作压力来决定。首先，根据气缸安装及驱动负载的实际工况，分析计算出气缸轴向实际负载 F，再由气缸平均运行速度来选定气缸的负载率 β，初步选定气缸工作压力（一般为 $0.4 \sim 0.6\text{MPa}$），再由 F/β，计算

出气缸理论输出力 F_t，最后计算出缸径及杆径，并按标准圆整得到实际所需的缸径和杆径。

4.4.8 气动控制元件

在气压传动系统中，气动控制元件是用来控制和调节压缩空气的压力、流量、流动方向和发送信号的重要元件，利用它们可以组成各种气动控制回路，以保证气动执行元件或机构按设计的程序正常工作。

气压控制元件按功能和用途可分为：改变和控制气流流动方向的方向控制阀、控制和调节压缩空气流量的流量控制阀和控制、调节压缩空气压力的压力控制阀三大类。此外，还有通过改变气流方向和通断来实现各种逻辑功能的气动逻辑元件。近年来，随着气动元件的小型化以及 PLC 控制在气动系统中的大量应用，气动逻辑元件的应用范围正在逐渐减小。

4.4.8.1 压力控制阀

气动系统中，空压机先将空气压缩，储存在储气罐内，然后经管路输送给各个气动装置使用。而储气罐的空气压力往往比设备需要的压力高些，同时其压力波动值也较大。因此需要用减压阀（调压阀）将其压力减到每台装置所需的压力，并使减压后的压力稳定在所需压力值上。

另外，为了安全起见，当气动回路或储气罐的压力超过允许压力值时，需要实现自动向外排气，这种压力控制阀叫安全阀（溢流阀）。

（1）减压阀（调压阀）

减压阀可分为直动式和先导式，以直动式为例说明。图 4-42 为 QTY 型直动式减压阀。其工作原理为：阀处于工作状态时，压缩空气从左端输入，经阀口 11 节流减压后再从阀出

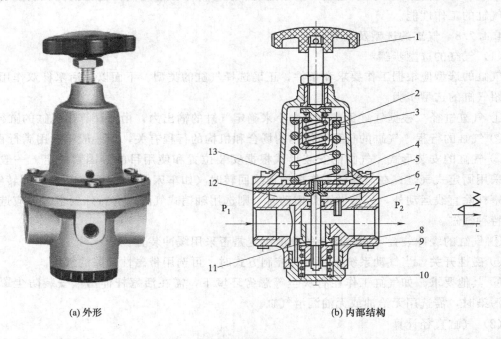

(a) 外形   (b) 内部结构

图 4-42　QTY 型直动式减压阀

1—手柄；2,3—调压弹簧；4—溢流孔；5—膜片；6—阀杆；7—阻尼孔；8—阀口座；
9—阀芯；10—复位弹簧；11—阀口；12—膜片室；13—排气口

口流出。当旋转手柄 1，压缩调压弹簧 2、3 推动膜片 5 下凹，通过阀杆 6 带动阀芯 9 下移，打开进气阀口 11，压缩空气通过阀口 11 的节流作用，使输出压力低于输入压力，以实现减压作用。与此同时，有一部分气流经阻尼孔 7 进入膜片室 12，在膜片下部产生一向上的推力。当推力与弹簧的作用相互平衡后，阀口开度稳定在某一值上，减压阀的出口压力便保持一定。阀口 11 开度越小，节流作用越强，压力下降也越多。若输入压力瞬时升高，经阀口 11 以后的输出压力随之升高，使膜片室内的压力也升高，破坏了原有的平衡，使膜片上移，有部分气流经溢流孔 4 和排气口 13 排出。在膜片上移的同时，阀芯 9 在复位弹簧 10 的作用下也随之上移，减小进气阀口 11 开度使节流作用加大，输出压力下降，直至达到膜片两端作用力重新平衡为止，输出压力基本上又回到原数值上。相反，输入压力下降时，进气节流阀口开度增大，节流作用减小，输出压力上升，使输出压力基本回到原数值上。

（2）安全阀（溢流阀）

安全阀的作用是当气动系统的压力上升到调定值时，与大气相通以保持系统的压力为调定值。图 4-43 是安全阀工作原理图。当系统中气体压力在调定范围内时，作用在活塞 3 上的压力小于弹簧 2 的力，活塞处于关闭状态如图（a）所示。当系统压力升高，作用在活塞 3 上的压力大于弹簧的预定压力时，活塞 3 向上移动，阀门开启排气，如图（b）所示。直到系统压力降到调定范围以下，活塞又重新关闭。开启压力的大小与弹簧的预压量有关。

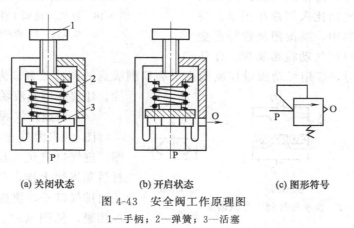

(a) 关闭状态　　　(b) 开启状态　　　(c) 图形符号

图 4-43　安全阀工作原理图

1—手柄；2—弹簧；3—活塞

4.4.8.2　流量控制阀

在气压传动系统中，有时需要控制气缸的运动速度，有时需要控制换向阀的切换时间和气动信号的传递速度，这些都需要调节压缩空气的流量来实现。流量控制阀就是通过改变阀的通流截面积来实现流量控制的元件。流量控制阀包括节流阀、单向节流阀、排气节流阀和快速排气阀等。

（1）节流阀

图 4-44 所示为圆柱斜切型节流阀的结构图。压缩空气由 P 口进入，经过节流后，由 A 口流出。旋转阀芯螺杆，就可改变节流口的开度，这样就调节了压缩空气的

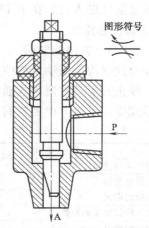

图 4-44　节流阀工作原理图

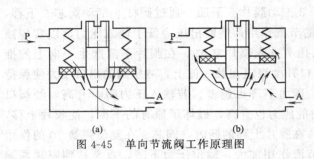

图 4-45　单向节流阀工作原理图

流量。由于这种节流阀的结构简单、体积小，故应用范围较广。

（2）单向节流阀

单向节流阀是由单向阀和节流阀并联而成的组合式流量控制阀，如图 4-45 所示。当气流沿着一个方向，例如 P→A 流动时，经过节流阀节流，见图（a）；反方向流动，由 A→P 时，单向阀打开，不节流，见图（b）。单向节流阀常用于气缸的调速和延时回路。

（3）排气节流阀

排气节流阀是装在执行元件的排气口处，调节进入大气中气体流量的一种控制阀。它不仅能调节执行元件的运动速度，还常带有消声器件，所以也能起降低排气噪声的作用。

图 4-46 为排气节流阀工作原理图。其工作原理和节流阀类似，靠调节节流口 1 处的通流面积来调节排气流量，由消声套 2 来减小排气噪声。

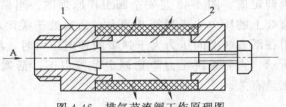

图 4-46　排气节流阀工作原理图
1—节流口；2—消声套

用流量控制的方法控制气缸内活塞的运动速度，采用气动比采用液压困难。特别是在极低速控制中，要按照预定行程变化来控制速度，只用气动很难实现。在外部负载变化很大时，仅用气动流量控制阀也不会得到满意的调速效果。为提高其运动平稳性，建议采用气液联动。

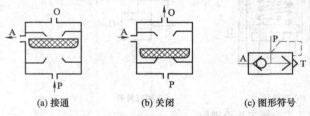

(a) 接通　　　(b) 关闭　　　(c) 图形符号

图 4-47　快速排气阀工作原理图

（4）快速排气阀

图 4-47 为快速排气阀工作原理图。进气口 P 进入压缩空气，并将密封活塞迅速上推，开启阀口 A，同时关闭排气口 O，使进气口 P 和工作口 A 相通，见图（a）。图（b）是 P 口没有压缩空气进入时，在 A 口和 P 口压差作用下，密封活塞迅速下降，关闭 P 口，使 A 口通过 O 口快速排气。

4.4.8.3　方向控制阀

方向控制阀是气动系统中通过改变压缩空气的流动方向和气流的通断，来控制执行元件启动、停止及运动方向的气动元件。根据其功能、控制方式、结构方式、阀内气流的方向及密封形式等，可将方向控制阀分为几类。见表 4-2。

表 4-2　方向控制阀的分类

分类方式	形　式
按阀内气体的流动方向	单向阀、换向阀
按阀芯的结构形式	截止阀、滑阀
按阀的密封形式	硬质密封、软质密封
按阀的工作位置及通路数	二位三通、二位五通、三位五通等
按阀的控制操纵方式	气压控制、电磁控制、机械控制、手动控制

以下为几种典型的方向控制阀。

（1）气压控制换向阀

气压控制换向阀是以压缩空气为动力来切换气阀，使气路换向或通断的阀类。气压控制换向阀的用途很广，多用于组成全气阀控制的气压传动系统或易燃、易爆以及高净化等场合。

① 单气控加压式换向阀　图4-48为单气控加压式换向阀的工作原理图。图（a）是无气控信号K时的状态（即常态），此时，阀芯1在弹簧2的作用下处于上端位置，使阀A与O相通，气缸向A口排气。图（b）是在有气控信号K时阀的状态（即动力阀状态）。由于气压力的作用，阀芯1压缩弹簧2下移，使阀口A与O断开，P与A接通，A口送气到气缸。

图4-48（c）为单气控加压式换向阀的结构图。这种换向阀结构简单、紧凑、密封可靠、换向行程短，但换向力大，图（d）为其图形符号。若将气控接头换成电磁头（即电磁先导阀），可变气控阀为先导式电磁换向阀。

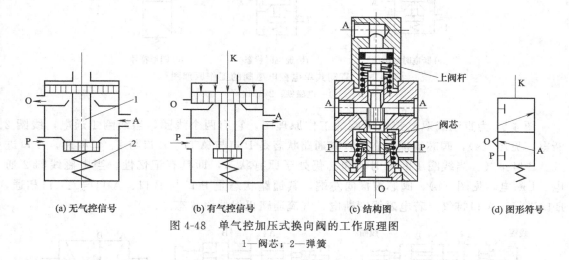

(a) 无气控信号　　(b) 有气控信号　　(c) 结构图　　(d) 图形符号

图4-48　单气控加压式换向阀的工作原理图

1—阀芯；2—弹簧

② 双气控滑阀式换向阀　图4-49为双气控滑阀式换向阀的工作原理图。图（a）为有气控信号K_2时阀的状态，此时阀停在左边，其通路状态是P与A、B与O_2相通。图（b）为有气控信号K_1时阀的状态（此时信号K_2已不存在），阀芯换位，其通路状态变为P与B、A与O_1相通。双气控滑阀具有记忆功能，即气控信号消失后，阀仍能保持在有信号时的工作状态。

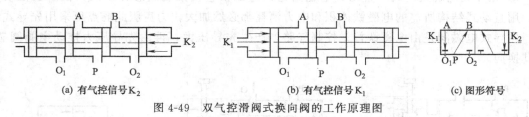

(a) 有气控信号K_2　　　(b) 有气控信号K_1　　　(c) 图形符号

图4-49　双气控滑阀式换向阀的工作原理图

（2）电磁控制换向阀

电磁控制换向阀是利用电磁力的作用来实现阀的切换以控制气流的流动方向。常用的电磁换向阀有直动式和先导式两种。

① 直动式电磁换向阀　是利用电磁力直接推动阀芯换向。根据操纵线圈的数目有单线

圈和双线圈两种,可分为单电控和双电控两种。

图 4-50 为直动式单电控电磁阀的工作原理图,它只有一个电磁铁。图(a)为常态情况,即激励线圈不通电,此时阀在复位弹簧的作用下处于上端位置。其通路状态为 A 与 T 相通,A 口排气(对于气缸而言)。当通电时,电磁铁 1 推动阀芯向下移动,气路换向,其通路为 P 与 A 相通,A 口进气,见图(b)。

直动式电磁阀的特点是结构简单、紧凑、换向频率高,但当用于交流电磁铁时,如果阀杆卡死就有烧坏线圈的可能。阀杆的换向行程受电磁铁吸合行程的控制,因此只适用于小型阀。

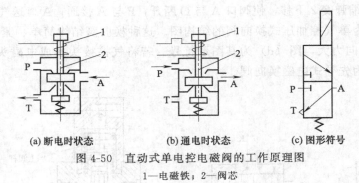

(a)断电时状态　(b)通电时状态　(c)图形符号

图 4-50　直动式单电控电磁阀的工作原理图

1—电磁铁;2—阀芯

图 4-51 为直动式双电控电磁阀的工作原理图。它有两个线圈,当线圈 1 通电,线圈 2 断电,见图(a),阀芯被推向右端,其通路状态是 P 口与 A 口、B 口与 T_2 口相通,A 口进气、B 口排气。当线圈 1 断电时,阀芯仍处于原有状态,即具有记忆性。当电磁线圈 2 通电、1 断电,见图(b),阀芯被推向左端,其通路状态是 P 口与 B 口、A 口与 T_1 口相通,B 口进气、A 口排气。若电磁线圈断电,气流通路仍保持原状态。

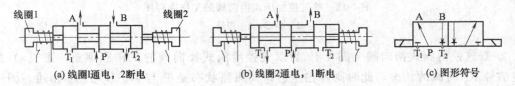

(a)线圈1通电,2断电　(b)线圈2通电,1断电　(c)图形符号

图 4-51　直动式双电控电磁阀的工作原理图

② 先导式电磁换向阀　直动式电磁阀是由电磁铁直接推动阀芯移动的,当阀通径较大时,用直动式结构所需的电磁铁体积和电力消耗都必然加大,为克服此弱点可采用先导式结构。先导式电磁阀是由电磁铁首先控制气路,产生先导压力,再由先导压力推动主阀阀芯,使其换向。

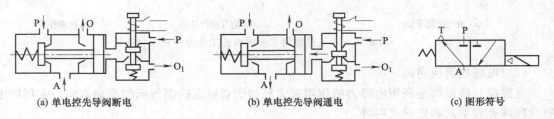

(a)单电控先导阀断电　(b)单电控先导阀通电　(c)图形符号

图 4-52　先导式单电控换向阀的工作原理图

图 4-52（a）和（b）为先导式单电控换向阀的工作原理图。当电磁先导阀的线圈断电时，见图（a），主阀阀芯向右移动，此时 P 口关闭，工作口 A 与 O 口相通排气；当线圈通电时，见图（b），主阀阀芯向左移动，此时 O 口关闭，P 口与工作口 A 口相通进气。

图 4-53 为先导式双电控换向阀的工作原理图。当电磁先导阀 1 的线圈通电，而先导阀 2 断电时，见图（a），由于中间主阀的左边腔进气，右边腔排气，使主阀阀芯向右移动，此时 P 与 A、B 与 O_2 相通，气缸从 A 口进气，B 口排气。当电磁先导阀 2 通电，而先导阀 1 断电时，见图（b），中间主阀的右边腔进气，左边腔排气，使主阀阀芯向左移动，此时 P 与 B、A 与 O_1 相通，气缸从 B 口进气，A 口排气。先导式双电控电磁阀具有记忆功能，即通电换向，断电保持原状态。为保证主阀正常工作，两个电磁阀不能同时通电，电路中要考虑互锁。先导式电磁换向阀便于实现电、气联合控制，所以应用广泛。

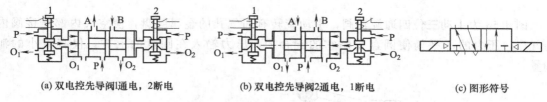

(a) 双电控先导阀1通电，2断电　　(b) 双电控先导阀2通电，1断电　　(c) 图形符号

图 4-53　先导式双电控换向阀的工作原理图

③ 机械控制换向阀　机械控制换向阀又称行程阀，多用于行程程序控制，作为信号阀使用。常依靠凸轮、挡块或其他机械外力推动阀芯，使阀换向。常用机械操作形式如图4-54所示。行程阀不能用作挡块或停止器使用。

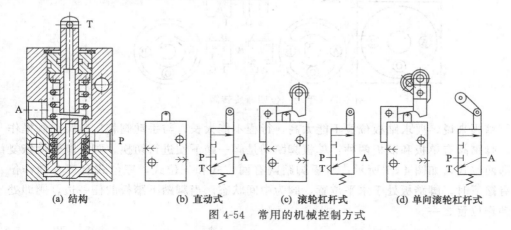

(a) 结构　　　(b) 直动式　　　(c) 滚轮杠杆式　　　(d) 单向滚轮杠杆式

图 4-54　常用的机械控制方式

④ 人力控制换向阀　人力控制换向阀有手动及脚踏两种操纵方式。

人力控制换向阀（简称人控阀）在手动、半自动和自动控制系统中得到了广泛的应用。在手动系统中，一般用人控阀直接操纵气动执行机构；在半自动和自动系统中多用作信号阀。实际上，人控阀除了头部操纵结构要求操纵灵活外，其阀芯结构基本上和机控阀相同。人控阀应安装在便于操作的地方，以防止长期操作引起疲劳。操作力不宜过大。为防止误操作，通常需要增加安全装置，脚踏阀上应有防护罩。

手动阀的操纵头部结构主要有按钮式、蘑菇头式、旋钮式、拨动式、锁式等，如图4-55所示。按钮式、蘑菇头式有单稳态与双稳态之分，通常是单稳态的，无记忆功能，通常用弹簧复位。旋钮式、拨动式、锁式都为双稳态结构，具有定位性能，即操作力除去后仍能保持阀的工作状态不变。手动阀的主阀结构一般与自动控制阀相似。其操作力不能太大，故常采用长手柄以减小操作力，或者阀芯采用气压平衡结构，减小气压作用面积。手动阀操作较缓慢，为了避免各气路相通现象，阀杆和阀芯做成分离的两部分，阀杆中间的排气口在切换过程中先与阀芯平面接触关闭，然后再打开输出口。

图 4-55　手动阀头部结构

　　图 4-56 为手动三位四通旋转阀，手动旋转有通气孔的金属圆盘，使空气内部连接阀内的气口。压力的不平衡使圆盘紧贴它的配合面，压力输入在圆盘的上方，仅有极小的泄漏量。

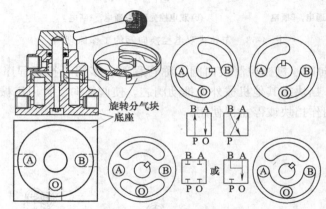

图 4-56　手动三位四通旋转阀

　　对于脚踏阀来说，要求踏板位置不能太高，行程不能太长，与手动阀相比，脚踏阀操作力可大些。脚踏阀有单板和双板两种：单板脚踏阀是脚一踏下便进行切换，脚一离开便恢复到原位，即两位式，如图 4-57 所示；双板脚踏阀有两位式和三位式，三位式有三个动作位置，脚没有踏下时，脚踏板处于水平位置，阀为中间状态。当脚踏下踏板的任一边，阀即处于另两个动作位置之一。

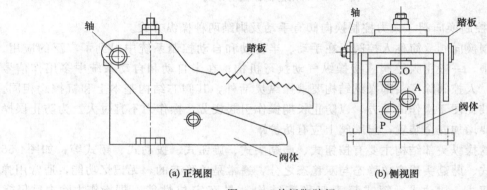

图 4-57　单板脚踏阀

⑤ 梭阀 梭阀相当于两个单向阀组合的阀，其作用相当于"或"门逻辑功能。工作原理如图 4-58 所示，它有两个进气口 P_1 和 P_2，一个出口 A，其中 P_1 和 P_2 都可与 A 相通，但 P_1 和 P_2 不相通。无论 P_1 或 P_2 有信号，A 口都有输出。当 P_1 和 P_2 都有信号输入时，A 口将和较大的压力信号接通；若两边压力相等，A 口一般和先加入的信号输入口接通，有时也决定于阀芯的原始状态。

梭阀与单向阀不同，没有复位弹簧，全靠气压密封，所以密封表面的质量要求较高。把阀芯推向一边并保证密封的气压尽量要低，防止阀芯停止在中间位置造成浪费气体或发生误动作，一般梭阀的最低工作压力要求在 0.05MPa 左右。

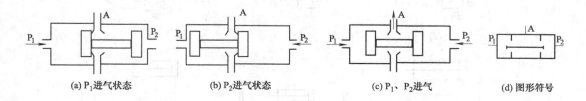

(a) P_1 进气状态 (b) P_2 进气状态 (c) P_1、P_2 进气 (d) 图形符号

图 4-58 梭阀工作原理图和结构图

⑥ 方向控制阀的选择选用合理 各种控制阀是设计气动控制系统的重要环节，正确合理地选用能保证气动系统准确、可靠、成本低、耗气量小。选择控制阀应注意如下几点。

ⅰ. 阀的技术条件与使用场合是否一致。如气源压力的大小、电源条件（交直流、电压等）、介质温度、环境温度、湿度、粉尘状况、振动情况等。

ⅱ. 根据任务要求来选择阀的功能。

ⅲ. 根据执行元件需要的流量，选择阀的通径及连接管径的尺寸。

ⅳ. 根据使用条件来选择阀的结构形式。如要求泄漏量小，应选用软质密封的阀；如气源过滤条件差，应选用截止阀；如容易发生爆炸的场合，应选用气控阀；如需要远距离控制的情况，可选用电磁阀。

4.4.9 气动的基本回路

气动的基本回路有方向控制回路、速度控制回路、压力控制回路等。

（1）方向控制回路

① 单作用气缸换向回路 如图 4-59所示的为单作用气缸换向回路，图（a）是用二位三通电磁阀控制的单作用气缸上、下回路，该回路中，当电磁铁得电时，气缸向上伸出，失电时气缸在弹簧作用下返回。图（b）为三位四通电磁阀控制的单作用气缸上、下和停止的回路，该阀在两电磁铁均失电时能自动对中，使气缸停于任何位置，但定位精度不高，且定位时间不长。

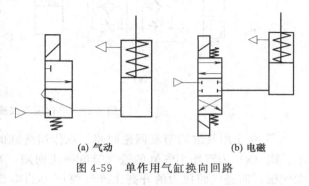

(a) 气动   (b) 电磁

图 4-59 单作用气缸换向回路

② 双作用气缸换向回路 图 4-60 为双作用气缸的换向回路。图（a）是比较简单的换向回路，图（f）有中停位置，但中停定位精度不高，图（d）、图（e）、图（f）的两端控制

电磁铁线圈或按钮不能同时操作，否则将出现误动作，其回路相当于双稳的逻辑功能。在图（b）的回路中，当 A 有压缩空气时气缸推出，反之，气缸退回。

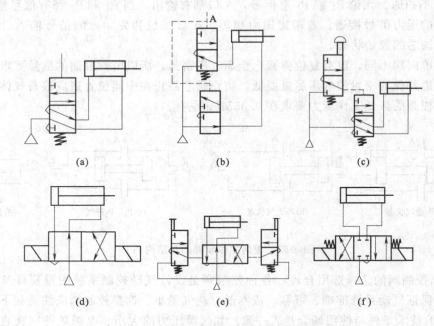

图 4-60　双作用气缸的换向回路

（2）速度控制回路

① 单作用气缸速度控制回路　图 4-61 所示的回路为单作用气缸速度控制回路。在图（a）所示的回路中，气缸杆升降均通过节流阀调速，两个相反安装的单向节流阀，可分别控制活塞杆的伸出及缩回速度。在图（b）所示的回路中，气缸杆上升时可调速，下降时则通过快排气阀排气，使气缸快速返回。

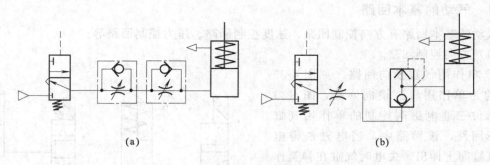

图 4-61　单作用气缸速度控制回路

② 双作用气缸的节流调速回路　双作用气缸的节流调速回路有多种多样，如图 4-62 所示。图（a）为双作用气缸的进气节流调速回路，在进气节流时，气缸排气腔压力很快降至大气压，而进气腔压力的升高比排气腔压力的降低缓慢，该回路运动平稳性较差。图（b）为双作用气缸的排气节流调速回路，在排气节流时，排气腔内建立与负载相适应的背压，在负载保持不变或微小变动的条件下，运动比较平稳。图（c）为双作用气缸采用排气节流阀构成的调速回路。图（d）为采用单向节流阀和快速排气阀构成的调速回路。

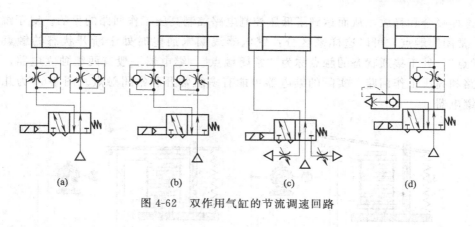

图 4-62 双作用气缸的节流调速回路

4.5 继电器与接触器

在过程装备控制中，经常需要用一个功率小的量去控制大功率量，这时就要用到继电器或接触器。

4.5.1 继电器概述

继电器（relay）是一种电控制器件。当其输入量（激励量）的变化达到规定要求时，会在电气输出电路中使被控量发生预定的阶跃变化，因而具有输入回路和输出回路之间的互动关系。通常继电器被应用于自动化控制电路中，作为一种用小电流去控制大电流运作的"自动开关"。

作为控制元件，概括起来，继电器有如下几种作用。

① 扩大控制范围　例如，多触点继电器控制信号达到某一定值时，可以按触点组的不同形式，同时换接、开断、接通多路电路。

② 放大　例如，灵敏型继电器、中间继电器等，用一个很微小的控制量，可以控制很大功率的电路。

③ 综合信号　例如，当多个控制信号按规定的形式输入多绕组继电器时，经过比较综合，达到预定的控制效果。

④ 自动、遥控和监测　例如，自动装置上的继电器与其他电器一起，可以组成程序控制线路，从而实现自动化运行。

继电器的分类方法很多，按继电器的工作原理或结构特征可分为电磁继电器、固态继电器、时间继电器、舌簧继电器和光继电器等；按继电器的外形尺寸可分为微型继电器、超小型微型继电器和小型微型继电器等；按继电器的负载可分为微功率继电器、弱功率继电器、中功率继电器和大功率继电器等。

继电器常用来控制 5A 以下的电流通断。以下将介绍几种常用的继电器。

4.5.2 电磁继电器

如图 4-63 所示，电磁继电器一般由线圈 1、衔铁 2、弹簧 3 和触点 4、5、6 等组成。当线圈 1 不通电时，衔铁 2 在弹簧 3 的作用下使动触点 6 与常闭触点 4 吸合；当线圈 1 两端加上一定的电压，线圈 1 中就会流过一定的电流，从而产生电磁力，吸引衔铁 2 克服弹簧 3 的拉力，使衔铁 2 上的动触点 6 与常开触点 5 吸合；当线圈 1 断电后，电磁力消失，衔铁 2 又在弹簧 3 的作用下返回原来的位置，使动触点 6 与常开触点 5 释放，并与原来的常闭触点 4

吸合。这样吸合和释放，从而达到了低压控制电路控制高压工作回路的目的。对于继电器的"常开、常闭"触点，可以这样来区分：继电器线圈未通电时处于断开状态的触点，称为"常开触点"，处于接通状态的触点称为"常闭触点"。继电器一般有两组独立电路，为低压控制电路和高压工作回路。实际的继电器可能有多组常开和常闭触点。图4-64为几种常用的电磁继电器。

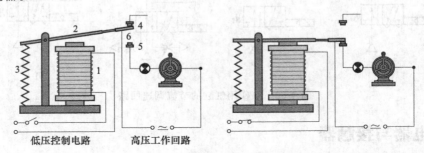

图 4-63　电磁继电器工作原理图
1—线圈；2—衔铁；3—弹簧；4—常闭触点；5—常开触点；6—动触点

图 4-64　常用的电磁继电器

电磁继电器具有简单可靠、价格低廉、简单易用和干扰小的特点。但是由于存在机械运动，所以噪声比较大，且寿命有限。

4.5.3　固态继电器

固态继电器（solid state relay，缩写 SSR），是由微电子电路、分立电子器件、电力电子功率器件组成的无触点开关。用隔离器件实现了控制端与负载端的隔离。固态继电器的输入端用微小的控制信号，达到直接驱动大电流负载。

如图 4-65 所示，固态继电器是具有隔离功能的无触点电子开关，在开关过程中无机械接触部件，因此固态继电器除具有与电磁继电器一样的功能外，还具有逻辑电路兼容，耐振耐机械冲击，安装位置无限制，具有良好的防潮、防霉、防腐蚀性能，在防爆方面的性能也非常好，具有输入功率小、灵敏度高、控制功率小、电磁兼容性好、噪声低和工作频率高等特点。

固态继电器的缺点为：

ⅰ. 导通后的管压降大，可达1～2V，所以导通后的功耗和发热量也大；

ⅱ. 器件关断后仍可有数微安至数毫安的漏电流，不能实现理想的电隔离；

ⅲ. 大功率固态继电器的体积远远大于同容量的电磁继电器，成本也较高；

ⅳ. 对过载有较大的敏感性，必须用快速熔断器或RC阻尼电路对其进行过载保护。

固态继电器按负载电源类型可分为交流型和直流型，按开关型式可分为常开型和常闭型，按隔离形式可分为混合型、变压器隔离型和光电隔离型，以光电隔离型为最多。图4-66为几种常用的固态继电器。

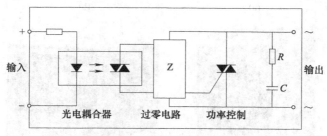

图 4-65　固态继电器原理图

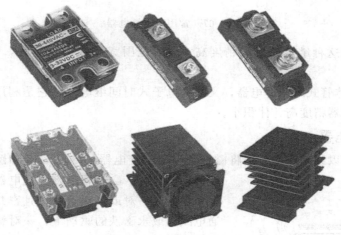

图 4-66　常用的固态继电器

4.5.4　时间继电器

时间继电器（time relay）是指当加入或去掉输入的动作信号后，其输出电路需经过规定的准确时间才产生跳跃式变化（或触头动作）的一种继电器。它的种类很多，有空气阻尼型、电动型和电子型等，见图4-67。

图（a）为空气阻尼式时间继电器，又称为气囊式时间继电器，它是根据空气压缩产生的阻力来进行延时的。其结构简单，价格便宜，延时范围大（为0.4～180s），但延时精确度低。

图（b）为电磁式时间继电器，其延时时间短，为0.3～1.6s，但它的结构比较简单，通常用在断电延时场合和直流电路中。

图（c）为电动式时间继电器，其原理与钟表类似，它是由内部电动机带动减速齿轮转

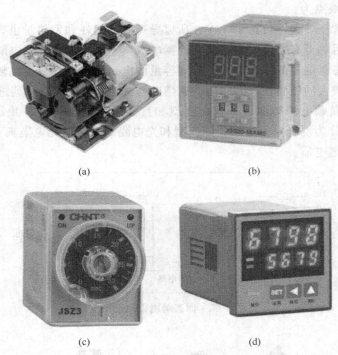

(a)   (b)

(c)   (d)

图 4-67　常用时间继电器

动而获得延时的。这种继电器延时精度高，延时范围宽，为 0.4～72h，但结构比较复杂，价格较贵。

图（d）为晶体管式时间继电器，又称为电子式时间继电器，它是利用延时电路来进行延时的。这种继电器精度高，体积小。

4.5.5　磁簧继电器

磁簧继电器是以线圈产生磁场将磁簧管作动的继电器，见图 4-68 和图 4-69。它是一种

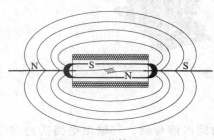

线圈传感装置。磁簧管是磁簧继电器的核心，它由磁性材料制成一对或多对簧片，且密封于玻璃管内。在通电线圈或永磁铁的驱动下，一对簧片间的间隙处会形成磁通，从而将磁性材料制作成的簧片磁化，使两片簧片间产生磁性吸力而吸合，达到控制外电路的目的。磁簧继电器具有结构简单、体积小、重量轻、成本低、灵敏速动和性能可靠等特点。

图 4-68　磁簧继电器

图 4-69　常见的磁簧继电器

磁簧继电器常用于电话机、无绳电话和交换机等电信通信产品、警报系统和烟雾探测器等安全防盗系统、电脑及周边产品、精密测试仪器以及自动测试仪器等场合。

4.5.6 光继电器

光继电器为 AC/DC 并用的半导体继电器，指发光器件和受光器件一体化的器件。输入侧和输出侧电气性绝缘，但信号可以通过光信号传输。其特点为寿命为半永久性、微小电流驱动信号、高阻抗绝缘耐压、超小型、光传输、无接点等。光继电器主要应用于量测设备、通信设备、安保设备、医疗设备等。

4.5.7 接触器

接触器分为交流接触器（电压 AC）和直流接触器（电压 DC），其中以交流接触器的应用为多，主要应用于电力、配电与用电等大电流场合。其电流范围在 5～1000A 之间。

交流接触器主要由四部分组成：①. 电磁系统，包括吸引线圈、动铁芯和静铁芯；ⅱ. 触头系统，包括三组主触头和一至两组常开、常闭辅助触头，它和动铁芯是连在一起互相联动的；ⅲ. 灭弧装置，一般容量较大的交流接触器都设有灭弧装置，以便迅速切断电弧，免于烧坏主触头；ⅳ. 绝缘外壳及附件，包括各种弹簧、传动机构、短路环、接线柱等。

交流接触器如图 4-70 所示，其结构如图（a）所示，当线圈通电时，静铁芯产生电磁吸力，将动铁芯吸合，由于触头系统是与动铁芯联动的，因此动铁芯带动三条动触片同时运行，触点闭合，从而接通电源；当线圈断电时，吸力消失，动铁芯联动部分依靠弹簧的反作用力而分离，使主触头断开，切断电源。

一般交流接触器用于三相交流电场合，所以至少有 8 个输入输出触点，其中 3 组共 6 点为联动的输入输出触点，另外 2 点是控制触点。有的交流接触器还分别有一组常开和常闭的辅助触点。其电气符号见图（b）。

图 4-71 为常见的交流接触器。

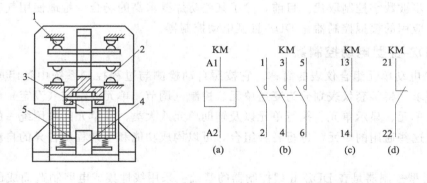

(a) 交流接触器结构原理   (b) 电气符号

图 4-70 交流接触器

1—常闭触点；2—常开触点；3—动铁芯；4—静铁芯；5—线圈

直流接触器，一般用于控制直流电器设备，线圈中通以直流电，直流接触器的动作原理和结构基本上与交流接触器是相同的。

图 4-71 常见的交流接触器

4.5.8 继电器与接触器的区别

继电器与接触器的主要区别如下。

ⅰ 接触器用来接通或断开功率较大（5A 以上）的负载，用在功率主电路中，主触头可能带有连锁接点，一般具有灭弧装置。

ⅱ 继电器一般用在小功率（5A 以下）的电器控制电路中，用来放大微型或小型继电器的触点容量，以驱动较大的负载。比如，可以用继电器的触点去接通或断开接触器的线圈。一般继电器都有较多的开闭触点。另外继电器通过适当的接法还可以实现某些特殊功能，如逻辑运算等。继电器一般不具有灭弧装置

ⅲ 继电器和接触器的相同之处为：都是通过控制线圈的有电或无电来驱动触头的开闭，以断开或接通电路，属于有接点电器。线圈的控制电路与触点所在的电气回路是电气隔离的。

4.6 控制器

4.6.1 概述

控制器是自动控制系统中重要的组成部分。控制器接受变送器输出的标准信号，经过特定的控制算法，如 PID 运算后，输出标准信号，推动执行器动作产生操纵量，使被控参数保持在给定值附近波动或按预先给定的规律变化。

控制器按照信号形式可分为模拟控制器和数字控制器两种。两种控制器按控制规律，可分为位式、比例（P）、比例微分（PD）、比例积分（PI）和比例积分微分（PID）控制器等。模拟控制器按照所用的能源，可分为气动、液动和电动控制器三类。现代工业中，模拟控制器正逐步被数字控制取代。目前，除了某些防爆要求高的场合少量地使用气动模拟控制器外，仍在应用的模拟控制器是 DDZ-Ⅲ 型电动控制器。

4.6.2 DDZ-Ⅲ型电动控制器

DDZ 是电动单元组合仪表的简称。它按照自动检测与过程控制系统中各组成部分的功能与使用要求，将整套仪表划分为变送单元、控制（调节）单元、给定（设定）单元、计算单元、转换单元、显示单元、执行单元以及辅助单元八大类，各单元间采用统一的标准信号联系。利用这些通用的单元，进行各种组合，可以构成功能和复杂程度各异的自动检测和控制系统。

DDZ-Ⅲ 型控制器是在 DDZ-Ⅱ 型控制器的基础上采用线性集成电路制造而成的，因而比 DDZ-Ⅱ 型控制器具有更好的性能。它有两个基型产品，即全刻度指示控制器与偏差指示控制器，这两种控制器的线路结构基本相同，仅指示电路部分有差异。

4.6.2.1 工作原理

DDZ-Ⅲ 型全刻度指示控制器结构方框图如图 4-72 所示。可看作是由控制单元和指示单元两部分组成。控制单元包括输入电路、比例微分（PD）电路、比例积分（PI）电路、输出电路、软手操和硬手操电路。指示单元包括测量指示电路和给定指示电路，它们分别与测

量指示表和给定指示表一起对测量信号和给定信号进行连续指示，两者之差即为偏差信号。

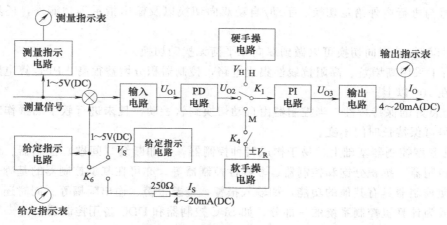

图 4-72　DDZ-Ⅲ型全刻度指示控制器结构方框图

控制器有四种工作模式，分别为"自动"、"硬手动"、"软手动"和"保持"。这四种工作模式由控制面板上的切换开关 K_1 来决定。

（1）自动状态（A）

当 K_1 置于"自动"时，测量信号和给定信号（给定信号由开关 K_6 选择）送入输入电路，将两者之差成比例地转换为电压 U_{O1}，U_{O1} 由比例微分电路和比例积分电路进行 PID 运算后，其输出信号 U_{O3} 再经输出电路转换为 4～20mA 输出信号，去控制执行器。由图 4-72 可知，PID 运算电路由 PD 和 PI 电路串联而成，整机特性等同于一个 PID 运算电路。

（2）硬手动状态（H）

当 K_1 置于"硬手动"时，由硬手操电路给 PI 电路提供硬手操电压 V_H，控制器的输出流值与硬手操电压相对应。

（3）软手动状态（M）

当 K_1 置于"软手动"时，若未接通软手操电路（K_4 未合上），这时 PI 电路输入端浮空，PI 电路成为保持电路，不管偏差信号如何变化，控制器输出信号长时间保持不变。而当 K_4 合上时，则由软手操电路给 PI 电路提供软手操电压（$\pm V_R$），使控制器的输出电流值在原值基础上缓慢地线性增减。

控制器的自动/软手动是双向无平衡无扰动切换的。由硬手动切换到软手动或由硬手动到自动的切换也是无平衡无扰动的。只有当由自动或软手动切换到硬手动时才必须进行预平衡操作方可实现无扰动切换。

为了便于维护和检修，控制器的输入端和输出端附有输入检测插孔和手动输出插孔。当控制器出现故障或需要维修时，可以无扰动切换到便携式手动操作器，进行手动操作。控制器还设有正、反作用选择开关，以满足自动控制系统的要求。

4.6.2.2　性能指标与特点

全刻度指示控制器主要性能指标有：输入信号 1～5V，内给定信号 1～5V，外给定信号 4～20mA，输入及给定指示范围 1～5mA，双针，$\pm 0.5\%$，比例是 2～500，积分时间 0.01～2.5min 或 0.1～25min 两档，微分时间 0.04～10min，输出信号 4～20mA，保持特性 1%/h，负载阻抗 250～750Ω，指示精度 $\pm 1\%$，控制精度 $\pm 0.5\%$。

　　DDZ-Ⅲ型控制器除具有一般控制器的偏差指示与 PID 运算功能、正反作用切换、产生内给定信号与进行内外给定切换、手动/自动双向切换以及输出指示等功能外，还具有以下特点。

　　ⅰ. 手动/自动双向切换可以做到双向无平衡无扰动切换。

　　ⅱ. 由于采用高增益、高阻抗线性集成电路，控制器积分增益很高，PI 运算电路部分的积分增益在 10^4 以上。

　　ⅲ. 有良好的保持特性。当控制器由自动切换到软手动，且未进行软手动操作时，控制器输出信号可保持长时间不变。

　　ⅳ. 在基型控制器基础上，易于构成特种控制器，例如断续（间歇）控制器、自选控制器、前馈控制器、抗积分饱和控制器、非线性控制器等。亦可在基型控制器的基础上附加某些单元而使控制器具有其他的功能，如输入报警、偏差报警、输出限幅等。同时还可与计算机联用，成为计算机控制系统的一部分，如 SPC 控制器和 DDC 备用控制器。

　　随着微电子技术、计算机技术以及网络技术等在过程控制技术的应用，过程控制领域在过去的几十年间得到了较大的发展。目前工业过程控制装置基本上都是采用微处理器为核心，计算机控制系统所占比例越来越大。通常的做法是利用计算机程序代替传统意义上的控制器，采用传统意义上的控制器的控制系统已趋于消亡，管控一体化或综合自动化成为发展趋势，模拟控制器已没有太大的发展空间。

4.6.3　数字控制器

　　控制装置与仪表，经历了半个世纪的模拟时代后，随着微电子技术、集成电路技术和计算机技术等的发展，全面进入了数字时代。利用数字计算机代替控制单元与计算单元，实现了真正的生产过程综合自动化。目前，基于计算机的数字控制仪表已成为生产过程自动控制系统设计时的首选，数字控制仪表取代模拟仪表是大势所趋。

　　20 世纪 70 年代初，首批微处理器上市销售，各仪表厂家纷纷采用。1975 年，霍尼韦尔（Honeywell）公司推出 TDC-2000 数字控制器，成为计算机控制技术在自动控制领域的应用成熟的标志。数字控制器是在模拟控制仪表的基础上采用数字技术和微电子技术发展起来的新型控制器。其结构与微型计算机十分相似，只是在功能上以自动控制为主。由于引入微处理器，与模拟控制器相比，数字控制器具有更多的优势。

　　① 智能化　由于采用微处理器作为仪表的核心，使仪表运算、判断的可控制功能都极强，功能丰富。

　　② 适应性强　控制器的功能主要由软件完成，编制不同的软件，可以得到各种不同的功能，实现不同的控制策略。用户程序编制语言易学易用。

　　③ 具备通信能力　可以与上位计算机交换信息，从而实现大规模的集中监控系统。

　　④ 可靠性高　在硬件与软件中采用了可靠性技术，具有自诊断功能，大大提高了其可靠性。

　　根据应用场合、规模和控制功能的不同，可将数字控制器分为单回路或多回路控制器（DDC）、可编程逻辑控制器（PLC）和工业控制计算机（IPC，也称工控机）三类最基层的控制装置。这三类控制器的组合又可以组成集散控制（DCS）和现场总线控制（FCS）等系统级的复杂控制系统，以实现诸如单回路控制、多回路控制、顺序控制和各种高级控制功能。

　　关于数字控制器的更多讨论，将在后面的章节进行。

思考与练习

4-1 调节阀由哪几部分组成，各起何作用？

4-2 调节阀常用的执行机构分为几类？试说明各类的特点和应用场合。

4-3 作为调节机构的阀体分为几类？试说明各类的特点和应用场合。

4-4 如何控制步进电机的输出角位移和角速度？与普通电机相比，步进电机有哪些优缺点？

4-5 步进电机有哪些技术指标？它们的具体含义是什么？

4-6 步进电机有哪些应用场合？

4-7 试述滚珠丝杆与直线导轨的工作原理、特点和安装时要注意的问题。

4-8 与机械方式、电气方式和液压方式相比气动执行器有哪些优缺点？

4-9 简述气动系统的组成及各部分的作用。

4-10 简述气缸的分类及各类气缸的结构及工作原理。

4-11 简述气缸的选型及计算方法。

4-12 简述气动控制元件的分类及作用。

4-13 简述继电器的分类及各类继电器的工作原理。

4-14 简述接触器的工作原理及与继电器的差别。

4-15 试述 DDZ-Ⅲ型电动控制器的工作原理、性能指标和特点。

第 5 章　计算机控制系统

对工业生产过程进行计算机控制，是提高产品质量、降低成本和减少环境污染的必由之路。目前，计算机控制系统已成为过程装备控制的重要组成部分，它替代人的思维，成为了工业设备及工艺过程控制、产品质量控制的指挥和监督中心。同时，工业控制要求的提高和生产管理的完善也反过来促进计算机控制系统的发展。时至今日计算机控制系统按结构层次可划分为：直接数字控制（DDC）系统、监督控制（SCC）系统、集散型控制系统（DCS）和现场总线控制系统（FCS）等几种，其中 DCS 是融 DDC 系统、SCC 系统及整个工厂的生产管理为一体的高级控制系统，该系统克服了其他控制系统中存在的"危险集中"问题，具有较高的可靠性和实用性。然而，为了进一步适应现场的需要，DCS 也不断更新换代。近年来，集计算机、通信、控制三种技术为一体的新的一代控制体系结构，即现场总线控制系统，成为了国内外计算机控制系统一个重要的发展方向。本章将对计算机控制系统的组成、特点、输入输出通道、控制算法和可靠性方面进行分析和介绍。

5.1　计算机控制系统概述

计算机控制是自动控制理论与计算机技术相结合的产物。在自动控制理论支持下的自动控制技术在许多工业领域获得了广泛的应用，但是由于实际生产工艺日益复杂，控制品质的要求日益提高，简单的控制理论和技术经常无法解决复杂的控制问题。计算机的出现和应用促进了控制理论的发展，先进的控制理论与计算机技术相结合又推动了计算机控制技术前进。自美国 Intel 公司在 1971 年生产出世界上第一台微处理器 Intel4004 以来，微处理器的性能和集成度几乎每两年就提高一倍，而价格却大幅度下降。在随后的 40 多年时间里，计算机经历了 4 位、8 位机、16 位机和 32 位机等阶段，目前 64 位机已经问世，其运行速度越来越快，可靠性大大提高，体积越来越小，功能越来越齐全，成本却越来越低，这使微型计算机的应用越来越广泛。微型计算机不但在仪器仪表及过程装备控制领域得到广泛的应用，而且其应用扩展到了企业的生产管理以提高企业的自动化程度。

图 1-5 示出了连续控制系统的框图。图中各个环节的输入输出信号均为连续信号，给定值与反馈值经过比较器比较后产生偏差信号，模拟控制器对偏差信号进行计算，产生控制信号来驱动执行机构，从而使被控变量的值趋向给定值。如果将连续控制系统中的比较器和控制器的功能用计算机来实现，就组成典型的计算机控制系统，其框图如图 5-1 所示。在计算机控制系统中，作为控制器的计算机的输入和输出信号都是数字信号，而被控对象的被控变量一般都是模拟量，执行器的输入信号也大多是模拟量，因此，需要有将模拟信号转换为数字信号的 A/D 转换器（模数转换器），以及将数字信号转换为模拟信号的 D/A 转换器（数模转换器）。

在计算机控制系统中，不但有连续信号，也包含有数字信号。数字信号是指在时间上离散、幅值上量化的信号，因此计算机控制系统也称为数字控制系统。

计算机控制系统可以充分发挥计算机的计算、逻辑判断及信息存储等能力。只要用微处理器的各种指令，就可编写出对应的控制算法的程序，通过微处理器执行程序就能实现对被

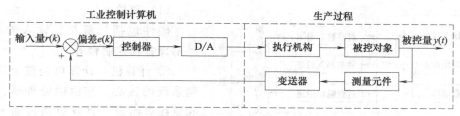

图 5-1　典型计算机控制系统

控变量的控制。因此计算机控制系统的核心是控制程序。计算机控制系统执行控制程序的过程如下。

① 实时数据采集　按一定的采样间隔对被控变量进行检测和采集，得到数字信号。

② 实时计算　对采集到的被控变量（数字信号），按预先设计好的控制算法进行计算，得到当前控制量。

③ 实时控制　根据计算得到的控制量（数字信号），通过 D/A 转换器将控制信号作用于执行机构。

④ 实时管理　根据采集到的被控变量和设备状态，对系统进行监督与管理。

由此可知，计算机控制系统是一个实时控制系统。计算机实时控制系统要求在一定的时间内完成输入信号采集、计算和控制输出。上述测量、计算、控制和管理等四个步骤不断重复，使整个系统按一定的控制指令进行工作，并且对被控变量或设备状态进行监控，对异常状态及时监督并做出迅速的处理。

常规仪表组成的连续控制系统已获得了广泛的应用，并且可靠和易维护。但随着生产的发展，对控制系统的要求越来越高。常规连续控制系统，由于难于实现多变量控制和自适应控制等复杂控制，其应用越来越受到限制。与连续控制系统相比，计算机控制系统除了能完成连续控制系统的功能外，还具有以下更多的优点。

ⅰ. 在连续控制系统中，一台控制器仅控制一个控制回路，增加一个回路需要增加一台控制器。在计算机控制系统中，一台计算机可同时控制多个被控变量或被控对象，即可控制多个控制回路。每个控制回路的控制方式由软件来形成。

ⅱ. 由于计算机运算速度快、精度高、具有极丰富的逻辑判断功能和大容量的存储能力，因此计算机控制系统能实现复杂的控制规律，从而可达到较高的控制质量。

ⅲ. 计算机控制系统的控制规律是由软件实现的，所以容易通过软件的编制或修改，实现不同的控制功能。

与连续控制系统相比，计算机控制系统也有一些不足，例如抗干扰能力较低，特别是当系统中插入高频数字部件，使得信号复杂，这给设计和实际运行带来了一定的难度。但是随着各项技术的进步，这些缺点逐步得到解决，使得计算机控制系统的优越性表现得越来越突出。现代的控制系统中，不管是简单的，还是复杂的，几乎都是采用计算机进行控制。

5.2　计算机控制系统的组成和类型

5.2.1　计算机控制系统的组成

计算机控制系统由计算机系统和被控对象组成，如图 5-2 所示。计算机系统由硬件和软件组成。硬件部分包括计算机主机、外部设备、外围设备、工业自动化仪表和操作控制台等。软件是指计算机系统的程序。

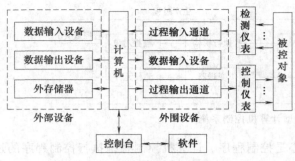

图 5-2　计算机控制系统的组成

（1）硬件

硬件包括计算机、输入输出通道、外部设备和控制台等。

① 计算机　计算机是整个计算机控制系统的核心，它由微处理器、存储器和总线等组成。计算机通过输入接口可以对被控对象的被控变量进行检测及处理，在此基础上执行事先安排好的控制程序，做出决策，最后通过输出通道向系统的各个部分发出各种命令，完成预定的控制工作。

② 输入输出通道　输入输出通道是指计算机和被控对象之间的信息传送和转换通道。输入通道将被控对象的被控变量转换成计算机可以识别的数字代码，包括模拟量输入通道和开关量输入通道。输出通道则把计算机输出的控制命令和数据，转换成可对被控对象进行控制的信号，包括模拟量输出通道、开关量输出通道。

③ 外部设备　实现外界与计算机之间进行信息交换的设备统称为外部设备（简称外设）。外部设备包括人-机通信设备、输入/输出设备和外存储器等。输入设备有键盘和各种输入机等，主要用来输入程序和数据。输出设备有打印机、记录仪、纸带穿孔机、显示器，主要用来向操作人员提供信息和数据，以便操作人员能及时了解控制过程。外存储器（简称外存）有磁带存储装置、磁盘存储装置，外存兼有输入输出功能，用来存储系统程序和数据。

④ 控制台　控制台是计算机控制系统与操作人员进行信息交换的装置，主要有各种显示器、键盘与各种功能键、开关与按钮和指示灯等。操作人员通过控制台可以了解系统的运行状态、修改控制系统的某些参数，甚至可以直接操纵控制系统。

（2）软件

软件是指能完成各种功能的计算机程序，它是计算机系统的核心。整个控制系统的动作，都是在软件的指挥下工作的。软件由系统软件和应用软件组成。

系统软件是指控制和协调计算机及外部设备，支持应用软件开发和运行的系统，是无需用户干预的各种程序的集合。主要功能是调度、监控和维护计算机系统，负责管理计算机系统中各种独立的硬件使得它们可以协调工作。系统软件通常包括操作系统、语言加工系统和诊断系统，其具有一定的通用性，随硬件一起由计算机生产厂家提供。

应用软件是用户根据要解决的实际问题而编写的各种程序。在计算机控制系统中则是指完成系统内各种任务的程序，如控制程序、数据采集及处理程序、巡回检测及报警程序等。

5.2.2　计算机控制系统的类型

根据应用特点、控制目的和系统构成的不同，计算机控制系统分为以下几种类型。

（1）数据采集处理系统

数据采集处理系统结构如图 5-3 所示。严格地说数据采集处理系统不属于计算机控制，因为计算机并不直接参与控制。这种系统主要有两种功能，分别是生产过程的集中监督和操作指导。

① 生产过程的集中监督　计算机对被控变量的不同变量参数进行巡回检测和采集，并

将数据在监视器上显示，或通过打印机打印出来，或通过内外存储器存储，以实现对整个生产过程的集中监督。

② 操作指导　计算机对采集到的数据进行分析处理，给出对生产过程的控制建议，由操作者依建议以实现对过程的控制。

（2）直接数字控制系统（DDC）

直接数字控制 DDC（direct digital control）系统是计算机用于工业控制最普遍的方式，其结构如图 5-4 所示。

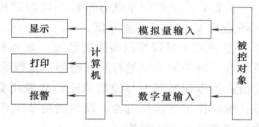

图 5-3　数据采集处理系统结构

计算机分时地对被控对象的一个或多个参数进行巡回检测，计算参数的偏差后，根据各个回路规定的控制规律进行运算，然后发出控制信号直接作用于各个回路的执行机构，使各个被控对象的被控参数维持在各自的给定值范围内。

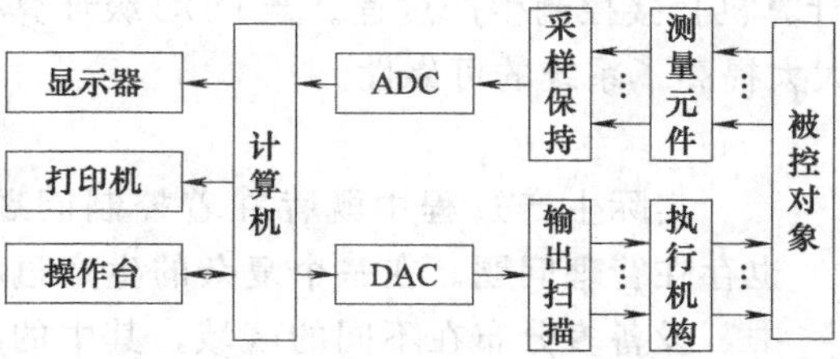

DDC 系统中，计算机直接参与了闭环控制过程，完全取代了模拟控制器，实现多回路的 PID（比例、积分、微分）控制。如要实现较复杂的控制，如前馈控制、自适应控制、非线性控制和最优控制等，只要改变 DDC 计算机中的程序就可实现。

图 5-4　直接数字控制系统

DDC 系统也有缺点，即由一台计算机完成所有的控制工作，使得控制过分集中，要求计算机有极高的可靠性。

（3）监督计算机控制系统（SCC）

DDC 系统是用计算机代替模拟控制器直接进行控制的，而在 SCC（supervisory computer control）系统中，SCC 计算机不直接参与控制，而是按描述被控对象的数学模型，计算出最佳给定值，送给模拟控制器或者 DDC 计算机，最后由模拟调节器或者 DDC 计算机控制生产过程，从而使生产过程处于最佳工作状态。监督计算机控制系统 SCC 结构如图 5-5 所示。

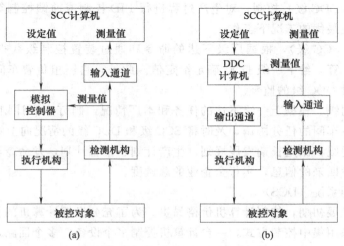

图 5-5　监督计算机控制系统

监督计算机控制系统有两种不同的结构形式，一种是 SCC＋模拟控制器控制系统，另一种是 SCC＋DDC 控制系统。

① SCC＋模拟控制器控制系统　该系统原理图如图 5-5（a）所示。在此系统中，由计算机系统对各物理量进行巡回检测，按数学模型计算出最佳给定值并送给模拟控制器，此给定值在模拟控制器中与检测值进行比较得到偏差，偏差值经过模拟控制器运算，产生控制量，然后作用到执行机构，以达到调节生产过程的目的。SCC 计算机出现故障时，可由模拟控制器独立完成操作。

② SCC＋DDC 控制系统　该系统原理如图 5-5（b）所示。这实际上是一个两级控制系统，一级为监督级 SCC，另一级为控制级 DDC。SCC 的作用是完成车间或工段级的最优化分析和计算，并给出最佳给定值，送给 DDC 级计算机直接控制生产过程。当 DDC 级计算机出现故障时，可由 SCC 级计算机代替，这样就大大提高了系统的可靠性。

（4）分级计算机控制系统

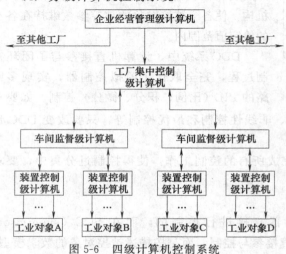

图 5-6　四级计算机控制系统

实际生产过程中既存在着控制问题，也存在管理问题。在一个复杂的生产过程中，设备多分布在不同的区域，其中的各个工序、各个设备同时并行地工作，基本相互独立。过去由于计算机价格高，为了充分使用计算机，往往采取集中控制方式。这种控制方式任务过于集中，一旦计算机出现故障，将会影响全局。随着微型计算机价格的下降和功能的提高，使得让若干台微型计算机分别承担部分任务成为可能，这种由分级（或分布式）计算机控制系统代替集中控制系统成为趋势。分级计算机控制系统的特点是将控制任务分散，用多台计算机分别执行不同的任务，既能进行控制又能实现管理。图 5-6 示出一个四级计算机控制系统，各级计算机的任务如下。

装置控制级（DDC 级）控制，对生产过程进行 PID 控制或前馈控制等直接控制，使所控制的生产过程在最优的工况下工作。

车间监督级（SCC 级），根据厂级下达的命令和通过装置控制级获得的生产过程的数据，进行最优化计算，给下一级 DDC 确定给定值。此外，它还担负着车间内各个工段的协调控制及担负着对 DDC 级的监督。

工厂集中控制级，根据上一级下达的任务和本厂情况，制订生产计划，安排本厂工作，进行人员调配及各车间的任务协调，及时将 SCC 级和 DDC 级的情况向上级反映。

企业经营管理级，制定长期发展规划、生产计划、销售计划，发命令至各工厂，并接受各工厂、各部门发回来的信息，实行全企业的总调度。

（5）集散控制系统（DCS）

计算机控制发展初期，控制计算机价格昂贵。为了充分发挥计算机的作用，对复杂的生产对象的控制多采用集中控制方式，一台计算机控制多个设备，多个回路，所以对计算机的可靠性要求非常高，一旦计算机出故障，生产过程将受到极大影响。若采用冗余技术，则需增加备用计算机，投资大。20 世纪 70 年代中期，随着功能完善而价格低廉的微处理器、微型计算机的出现，提出了分散控制和集中管理的控制思想和网络化的控制结构，用分散于不同地点的若干台微型计算机分担原先由一台中、小型计算机完成的控制与管理任务，并用数据通信技术把这些计算机互连，这就构成了网络式计算机控制系统。这种系统具有网络分布结构，所以称为分散式（或分布式）控制系统（distributed control system，DCS），但在自动化行业更多称其为集散控制系统。集散控制系统的典型结构如图 5-7 所示。集散控制反映了分散式控制系统的重要特点，即操作管理功能的集中和控制功能的分散。

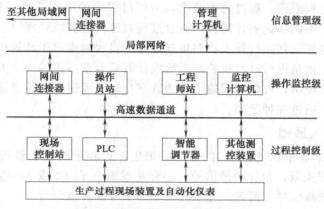

图 5-7 集散控制系统的典型结构

（6）现场总线控制系统（FCS）

集散控制系统 DCS 的应用提高了工业企业的综合自动化水平。然而，由于 DCS 采用了操作站－控制站－现场仪表的结构模式，系统造价较高。另外，DCS 中的各个自动化仪表分别由不同的公司生产，其标准一般不同，所以不能互连，导致设备互换性和互操作性较差。为了进一步满足现场的需要，现场总线控制系统（fieldbus control system，FCS）应运而生，成为工业生产过程自动化领域中一个新的热点。

现场总线技术于 20 世纪 90 年代初提出，是一种现场设备互连的数字通信网络技术，可用于工业控制底层。其中的现场总线是连接现场智能仪表与自动化系统的通信网络，具有数字化、双向传输和多分支等特点。现场总线是开放的通信网络，可组成全分布的控制系统。用现场总线把控制系统的各种部件，如传感器、控制器、执行机构等连接起来，就构成如图 5-8 所示的现场总线控制系统（FCS）。

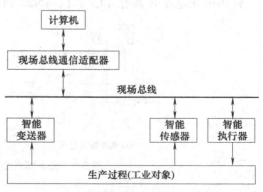

图 5-8 现场总线控制系统的结构

现场总线控制系统 FCS 有两个显著特点：一是系统内各设备的信号传输实现了全数字化，这就提高了信号传输的速度和精度，还增加了信号传输的距离，使系统的可靠性得到提高；二是把控制功能分散到各现场设备和仪表中，使现场设备和仪表成为具有综合功能的智能设备和仪表，实现了控制功能的彻底分散。FCS 的结构模式是工作站-现场智能仪表，比 DCS 的三层结构模式少一层，提高了系统可靠性，降低了系统投资成本。在统一的国际标准下，现场总线控制系统可实现真正的开放式互连系统结构。

5.3 计算机控制系统的输入输出通道

在生产过程中，大量存在的是连续变化的物理量，如温度、压力、流量等，即模拟量，而数字计算机所能处理的只是数字量。为解决这个问题，需要在计算机与生产过程间设置一套起桥梁作用的硬件电路进行信号的变换、隔离、采集等工作，这是工业计算机所特有的外围接口电路，亦即过程通道。通过过程通道，生产过程中的所有参数（模拟量、开关信号、脉冲与频率信号等）都能够送到计算机；通过过程通道，计算机处理以后的结果（计算给定值、阀门开度等）能够送到执行器去控制生产过程。过程通道对于计算机控制系统来讲是非常重要的一个部分，也是进行计算机控制系统设计时要着重考虑的一个方面。

按照信号流向与类型，可将过程通道分为数字量输入通道、模拟量输入通道、数字量输出通道和模拟量输出通道四种类型。

5.3.1 数字量输入通道

数字量输入通道（digital input）的作用是把生产过程中的数字量传送给计算机，简称DI。数字量又称为开关量，包含两种信号：一种是逻辑电平（0 或 1）信号，另一种是生产过程中的电接点通或断信号，两者又分别称为电平信号和触点信号。

为防止现场干扰信号进入计算机，在数字量 IO（输入输出）通道中，常使用光电耦合器进行信号隔离，光电隔离型数字量输入原理电路图如图 5-9 所示。图（a）为电平输入方式的光电隔离型数字量输入原理电路图，当输入电压 V_i 为高电平时，光电耦合器内部封装的发光二极管亮，光敏三极管导通，输出点与输出电源接通，输出高电平；反之，开关断开，发光二极管灭，光敏三极管截止，输出低电平。图（b）为触点输入方式的光电隔离型数字量输入原理电路图。当代表继电器或开关触点的 K 闭合时，发光二极管亮，光敏三极管导通，输出高电平；反之，开关断开，发光二极管灭，光敏三极管截止，输出低电平。

常用的光电耦合器有 TLP521、4N25 和 4N26 等。

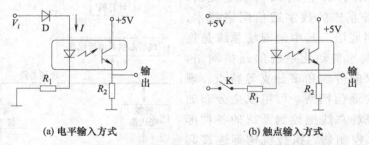

(a) 电平输入方式   (b) 触点输入方式

图 5-9 光电隔离型数字量输入原理电路图

5.3.2 模拟量输入通道

模拟量输入通道的作用是把被控对象的模拟量信号（如温度、压力、流量、料位和成分等）转换成计算机可以接收的数字量信号。模拟输入通道的核心是模/数转换器，简称 A/D 转换器或 ADC（analog to digital converter），通常也把模拟量输入通道称为 AI。

通常 A/D 转换过程会在计算机的操纵下，按顺序完成采样/保持、量化及编码 3 个步骤，最后将结果送入计算机。整个模拟量输入通道原理图如图 5-10 所示。图中 A、B、C 和

D 各点的信号见图 5-11。

（1）采样/保持

采样/保持器（S/H）对图 5-10 和图 5-11 中 A 点的连续模拟输入信号，按一定的时间间隔 T（采样周期）进行采样，并保持时间 τ，从而变成时间离散、幅值等于采样时刻输入信号值的方波序列信号，如图 5-10 和图 5-11 中的

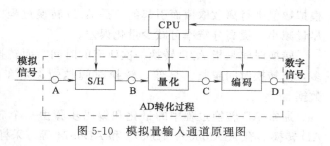

图 5-10 模拟量输入通道原理图

B 点所示。由于 A/D 转换需要时间，为了减少在转换过程中信号变化带来的影响，采样后的信号在时间间隔 τ 中将保持幅值不变，直到完成转换。显然，采样是将连续时间信号变为离散时间信号，也即将时间轴上连续存在的信号变成了时有、时无的断续信号，这是 A/D 转换中最本质的特点。当 A/D 转换所要的时间远小于信号的变化时间时，可以不需要保持。这时的采样步骤可用一个理想的采样开关表示。所谓理想的采样开关是指该开关每隔 1 个采样周期闭合一次，并且闭合后又立刻打开，没有延时也没有惯性。

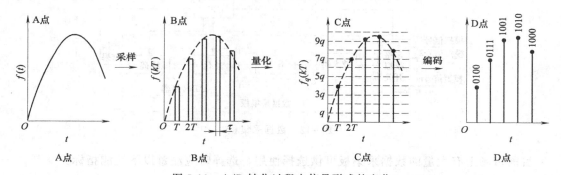

图 5-11 A/D 转化过程中信号形式的变化

（2）量化

将采样信号的幅值按量化单位取整，这个过程称为整量化。若连续模拟信号为 $f(t)$，经理想采样后得到的采样信号用 $f^*(t)$ 表示，它在采样时刻的幅值为 $f(kT)$，$f(kT)$ 是模拟量，为了将它变换成有限位数的二进制数码，必须要对 $f(kT)$ 进行整量化处理，即用 $f_q(kT)=Lq$ 表示，其中 L 为整数，q 为量化单位，这样可以任意取值的模拟量 $f(kT)$ 只能用 $f_q(kT)$ 近似表示。显然量化单位 q 越小，它们之间的差异也越小，量化越精确。量化过程如图 5-11 C 点所示。

量化单位 q 与 A/D 转换器的最大输入幅值（量程）和位数有关。假定最大输入幅值为 V，位数为 n，则量化单位 $q=V/(2^n-1)$。显然在某一固定的最大输入幅值时，位数 n 越大，量化单位 q 越小，量化误差也越小。许多文献也称量化单位 q 为分辨率，用 LSB 表示。

（3）编码

编码是将整量化的信号变换为二进制数码形式，也即用数字量表示，如图 5-11 中的 D 点所示。编码只是信号表示形式的改变。

除了分辨率 LSB 外，衡量 A/D 转换的性能指标还有转换误差与转换时间。转换误差是指代表实际模拟输入值的数字量值与实际模拟输入值之差。A/D 转换的误差来源于零位误差、量化误差和非线性误差等，其中量化误差是主要误差。量化误差是由于采用有限数字对

模拟数值进行离散取值而引起的,是 A/D 转换过程中不可避免的,不可能完全消除,只能尽量减小,提高分辨率可减少量化误差。

转换时间是指 A/D 转换一次所需的时间,而转换速率是转换时间的倒数。一般位数越多,则转换时间越长。显然,转换时间越短,则在一定时间内,计算机可以接收更多的数据。

通常 AD 转换过程中的量化和编码步骤由一个芯片完成,称之为 AD 转换器。常用的 AD 转换器有 ADC0809、AD574 和 AD6574 等。采样保持为独立的电路模块。对于小信号,还需用放大器来放大信号。为了能对多个模拟信号进行 AD 转换,可以设置多路模拟开关,使其可对多个模拟信号进行分时处理。为了使上述器件和模块能够协调工作,还需配置接口和控制电路。将多路模拟开关、放大器、采样保持、AD 转换器以及接口和控制电路集成,就成为数据采集板,如图 5-12 所示。其工作过程是:在 CPU 控制下,由接口控制电路控制多路模拟开关将过程参数选中,经过放大器、采样保持器送到 AD 转换器,并由控制电路启动 AD 转换过程,转换完毕后将结果经接口送入计算机。

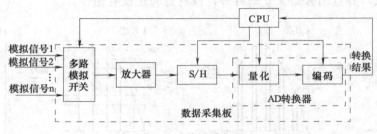

图 5-12   数据采集板

目前市场上有大量的数据采集板可供选择使用,选择时应注意以下性能指标。

① 输入通道数   通常有 4 路、8 路、16 路等。

② 输入信号   常用的输入信号为电压输入(如 -10~10V、0~10V 或 1~5V 等)和电流输入 [如 4~20mA(DC)]。也可以是其他信号,如热电偶输出的毫伏信号、热电阻输出的电阻信号等。

③ 转换位数   有 8 位、10 位、12 位、14 位(二进制数)等。

④ 转换精度   指模拟量输入通道的实际输入值与理论值之间的偏差,常用百分数表示,如 0.01% 或 0.1% 等。

⑤ 线性度   理想的模拟量输入通道特性应该是线性的。在满刻度范围内,偏离理想转换特性的最大误差称线性误差,常用百分数表示。

⑥ 采集时间或采集速度   采集一个有限数据所花的时间就是采集时间。采集速度是指每秒钟能采集的输入数据数目。

在选择数据采集板时,不能盲目追求精度与速度,必须综合考虑,在满足需要的前提下,尽量选择性价比高的产品。

5.3.3   数字量输出通道

数字量输出通道,简称 DO(digital output),其任务是将微处理器输出的 0 和 1 信号转换成电平信号,输出后操纵外围执行机构。与数字输入通道一样,为防止干扰进入,也设置隔离电路。常见的隔离电路有光电隔离、脉冲变压器隔离及干簧继电器隔离等几种。

数字量输出通道如图 5-13 所示。根据实际情况，计算机可以通过 I/O 接口电路直接对执行机构进行控制，也可以通过半导体开关、继电器或固态继电器等去进行控制，还可以输出一系列脉冲来驱动步进电机或伺服电机工作。

一般数字输出通道输出的仅是没有驱动能力的信号，该信号还需通过功率放大电路放大，才能驱动执行机构。

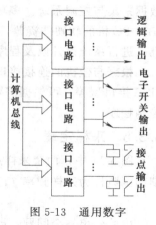

图 5-13　通用数字量输出通道

5.3.4　模拟量输出通道

模拟量输出通道的任务是把计算机输出的数字量信号转换成模拟电压或电流信号，去驱动相应的（模拟）执行机构，达到控制的目的。模拟量输出通道由接口电路、数/模转换器（DA）、输出电路等构成的，如图 5-14 所示。其中接口电路一般包括数据缓冲与寄存器、地址缓冲与译码等，而输出电路是为执行器提供不同形式的输出信号，其核心是数/模转换器，简称 D/A 或 DAC（digital to analog converter）。常用的 D/A 转换器有 TLC2543 和 ADC0804 等。通常把模拟量输出通道简称为 AO。

图 5-14（a）中，每个通道都有一个 D/A，本身具有保持功能，可以不需要额外的保持器。其特点是需要的 D/A 多，但可靠性高，速度快。图 5-14（b）中，所有通道共用一个 D/A，它在计算机控制下分时工作，故需要为每一输出通道设置保持电路。其特点是可节省 D/A 转换器，但速度慢，不适合快速系统，且可靠性差一些。

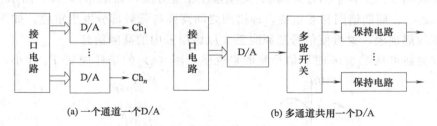

(a) 一个通道一个D/A　　　　　(b) 多通道共用一个D/A

图 5-14　模拟量输出通道

与输入通道类似，模拟量输出通道的主要性能指标如下。

① 输出通道数　通常有 4 路、8 路、16 路等。

② 输出信号　常用的输出信号为电压（如 0～10V、1～5V 等）和电流［如 4～20mA（DC）］。

③ 转换位数　8 位、12 位、12 位（二进制数）等。

此外，模拟量输出通道还有转换精度、线性度和输出响应时间等指标，其含义与输入通道类似。在选择模拟量输出通道时，也应在满足需要的前提下，尽量选择性价比高的产品。

5.3.5　多功能 IO 模板

计算机技术发展使微型计算机（微机）标准化并广泛应用于工业控制，其中有代表性的是 IBM-PC 机及其兼容机。为了使其用于数据采集与控制的需要，国内外许多厂商生产了各种各样的多功能 IO 模板，或称多功能 IO 卡。这类板卡集成了数字量输入、模拟量输入、数字量输出和模拟量输出等功能，且参照 IBM-PC 机的总线技术标准来设计和生产。用户只要把多功能 IO 卡插入 IBM-PC 机主板上相应的 I/O 扩展槽中，就可以迅速方便地构成一个数据采集与控制系统。多功能 IO 卡的出现不但可以节省硬件的研制时间和投资，充分利用 IBM-PC 机的软硬件资源，还可以使用户集中精力对数据采集与处理中的理论和方法进行研究、进行系统设计以及程序的编制等。

根据与微机的连接接口不同，多功能 IO 卡有多种类型，如 ISA 插槽型、PCI 插槽型和 USB 接口型等。可根据需要选用合适的多功能 IO 卡，并根据随卡说明书，编写数据采集与控制程序。

5.3.6 采样定理

图 5-11 中，两个采样点间的时间间隔称为采样周期或采样间隔，常用 T_s 表示。采样周期的倒数称为采样频率 f_s，有

$$f_s = 1/T_s \tag{5-1}$$

由此引出一个问题，即当对时域模拟信号进行采样时，应以多大的采样周期 T_s（或采样频率 f_s）采样，才可由采样信号无失真地恢复出原始信号，不丢失原始信号的信息。采样定理可回答这个问题。先考察采样中的混频现象。

(1) 频混现象

频混现象又称频谱混叠效应，它是由于采样信号频谱发生变化，而出现高、低频成分发生混淆的一种现象，如图 5-15 所示。信号 $x(t)$ 的傅里叶变换为 $X(\omega)$，其频带范围为 $-\omega_m \sim \omega_m$。采样信号 $x(t)$ 的傅里叶变换是一个周期谱图，其周期为 ω_s，并且

$$\omega_s = 2\pi/T_s \tag{5-2}$$

当采样周期 T_s 较小时，$\omega_s > 2\omega_m$，周期谱图相互分离，如图 5-15（b）所示；当 T_s 较大时，$\omega_s < 2\omega_m$，周期谱图相互重叠，即谱图之间高频与低频部分发生重叠，如图 5-15（c）所示，此即频混现象，这将使信号复原时丢失原始信号中的高频信息。

频混现象还可从图 5-16 时域信号波形来说明。图（a）的采样周期 T_s 较小，采样频率

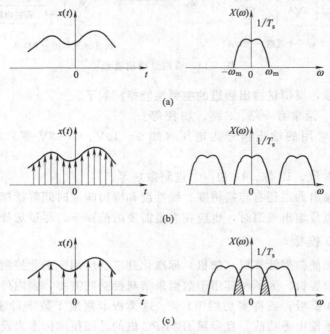

图 5-15　频域上的频混现象说明

f_s 较高，所以采样数据可正确复原原信号。当采样周期 T_s 加大，采样频率 f_s 减小时，如图 (b) 的情况，采样数据中的原信息就丢失了，复原的是一个虚假的低频信号。

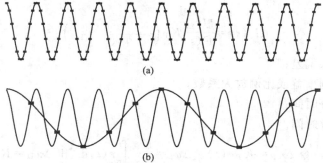

图 5-16　时域上的频混现象说明

总之，当信号的采样频率低于被采样信号的最高频率时，采样所得的信号中混入了虚假的低频分量，这种现象叫做频率混叠。

（2）采样定理

上述情况表明，如果 $\omega_s > 2\omega_m$，就不发生频混现象，因此应对采样周期 T_s 或采样频率 f_s 加以限制，即采样频率 f_s 必须大于或等于信号 $x(t)$ 中的最高频率 f_m 的两倍，即 $f_s > 2f_m$。

为了保证采样后的信号能真实地保留原始模拟信号的信息，采样信号的频率必须至少为原信号中最高频率成分的 2 倍。这是采样的基本法则，称为香农采样定理。

需要注意的是，在对信号进行采样时，满足了采样定理，只能保证不发生频率混叠，保证对信号的频谱作逆傅里叶变换时，可以完全变换为原时域采样信号 $x_s(t)$，而不能保证此时的采样信号能真实地反映原信号 $x(t)$。工程实际中采样频率通常大于原信号中最高频率成分的 3～5 倍。

5.4　数字 PID 控制算法

在工业过程控制中，比例积分微分（PID）控制是应用最广泛的控制规律。PID 控制是按照偏差的比例（P）、积分（I）和微分（D）进行控制，具有原理简明、参数的意义明确、良好的控制效果、鲁棒性强和适用面广等优点。在计算机控制系统广泛应用之前，由电子元件、气动元件和液压元件等组成的 PID 模拟控制器在各类控制系统中占有非常重要地位，这些模拟控制器运用 PID 控制规律对许多工业过程进行控制时，都能取得相当满意的控制效果。随着计算机在控制系统中应用，以 PID 控制规律为基础的 PID 控制算法逐步推广，将原来由模拟硬件实现的功能用软件来实现。资料表明，目前以 PID 控制算法为核心的计算机（数字）控制回路占到了 85% 以上。计算机控制系统中的 PID 控制算法不是简单地实现模拟 PID 控制器的功能，而是与计算机的强大逻辑判断功能结合，增加了许多附加功能，使得控制更加灵活，更能满足工业过程的各种要求。与模拟 PID 控制相比，数字 PID 控制的优点是：具有很强的灵活性，可以根据试验和经验在线调整参数，可以得到更好的控制性能。

5.4.1　模拟 PID 控制器的控制规律

数字 PID 控制算法是以模拟 PID 控制器的控制规律为基础的。PID 控制规律是指比例（proportional）、积分（integral）和微分（differential）控制的组合，其输入输出关系为

$$u(t) = K_P \left[e(t) + \frac{1}{T_I} \int_0^t e(t) \mathrm{d}t + T_D \frac{\mathrm{d}e(t)}{\mathrm{d}t} \right] \tag{5-3}$$

传递函数为

$$G_c(s) = \frac{U(s)}{E(s)} K_P \left(1 + \frac{1}{T_I s} + T_D s \right) \tag{5-4}$$

式中 $e(t)$——输入偏差；

K_P——比例增益或比例放大系数；

T_I——积分时间；

T_D——微分时间。

在式（5-3）中，令 $\Delta u_P = K_P e(t)$、$\Delta u_I = \frac{K_P}{T_I} \int_0^t e(t) \mathrm{d}t$ 和 $\Delta u_D = K_P T_D \frac{\mathrm{d}e(t)}{\mathrm{d}t}$，其分别称比例控制分量、积分控制分量和微分控制分量。通过各控制分量的组合，可构成比例（P）控制器、比例积分（PI）控制器、比例微分（PD）控制器和比例积分微分（PID）等控制器。各控制分量的具体作用如下。

ⅰ．比例（P）控制对偏差 $e(t)$ 是即时反应的，偏差 $e(t)$ 一旦出现，比例（P）控制立即产生控制作用，使输出量朝着减小偏差 $e(t)$ 的方向变化，控制作用的强弱取决于比例系数 K_P。比例（P）控制虽然简单快速，但是纯比例（P）控制总是存在余差。加大比例系数 K_P 可以减小余差，但是 K_P 过大时，会使系统的动态质量变坏，引起输出量振荡，甚至导致闭环系统不稳定。

ⅱ．积分（I）控制可消除比例（P）控制中的余差。积分（I）控制具有偏差累积功能，只要偏差 $e(t)$ 不为零，就会通过累积作用影响控制量 u，从而减小偏差 $e(t)$，直到偏差 $e(t)$ 为零。积分时间 T_I 越大，则积分作用弱，反之越强。增大 T_I，将减慢消除余差的过程，但可减小超调，提高稳定性。引入积分控制的代价是降低系统的快速性。

ⅲ．微分（D）控制可在偏差出现或变化的瞬间，按偏差变化的趋向进行控制，使偏差消灭在萌芽状态。微分（D）控制的加入将有助于减小超调，克服振荡，使系统趋于稳定。

5.4.2　基本数字 PID 控制

计算机控制系统是一种分时采样控制系统。控制器每隔一个采样周期进行一次采样，并根据采样值计算控制量，并将结果输出到执行机构。因此，要实现式（5-3）的 PID 控制规律，就要在时间上进行离散化处理。假设计算机采样周期为 T，在采样时刻 $t = kT$ 时，用矩形法进行数值积分，用一阶向后差分进行数值微分，有

$$\begin{cases} e(t) \approx e(kT) = e(k) \\ \int_0^t e(t) \mathrm{d}t \approx T \sum_{i=0}^k e(iT) = T \sum_{i=0}^k e(i) \\ \frac{\mathrm{d}e(t)}{\mathrm{d}t} \approx \frac{e(kT) - e(kT-T)}{T} = \frac{e(k) - e(k-1)}{T} \end{cases} \tag{5-5}$$

式中，$e(kT)$ 和 $e(kT-T)$ 分别为 $t = kT$ 和 $t = (k-1)T$ 时偏差的采样值。因采样周期 T 是确定的，故将 kT 简记为 k。采样周期 T 必须足够短，才能保证控制有足够的精度。将式（5-5）代入式（5-3）得离散化 PID 算法

$$u(k) = K_P \left\{ e(k) + \frac{T}{T_I} \sum_{i=0}^k e(i) + T_D \frac{e(k) - e(k-1)}{T} \right\} \tag{5-6}$$

或

$$u(k) = K_P e(k) + K_I \sum_{i=0}^{k} e(i) + K_D [e(k) - e(k-1)] \tag{5-7}$$

式中　　　$u(k)$——第 k 个采样周期的控制量；

$e(k)$，$e(k-1)$——第 k 个和第 $k-1$ 个采样周期的偏差采样值；

K_I——积分系数，$K_I = K_P T/T_I$；

K_D——微分系数，$K_D = K_P T_D/T$。

式（5-7）是式（5-3）的数值近似计算式，如果采样周期 T 取得足够小，则两者的计算结果十分接近，离散化控制过程与连续控制过程也十分接近，这种情况常称为准连续过程。式（5-7）称为位置式数字 PID 控制算法，在该算法中控制器的输出值与执行器产生的操纵量一一对应。

式（5-7）中令 $k = k-1$，得

$$u(k-1) = K_P e(k-1) + K_I \sum_{i=0}^{k-1} e(i) + K_D [e(k-1) - e(k-2)] \tag{5-8}$$

式（5-7）减去式（5-8），得

$$\Delta u(k) = K_P [e(k) - e(k-1)] + K_I e(k) + K_D [e(k-1) - 2e(k-2) + e(k-2)] \tag{5-9}$$

式（5-9）称为增量式数字 PID 控制算法，其输出 Δu (k) 为在第 ($k-1$) 次采样控制输出基础上的增量。

实际应用中，增量式 PID 控制算法应用较多。首先，位置式 PID 控制算法中的积分项包含了过去误差的累积值 $\sum e(i)$，容易产生累积误差。当累积值很大时，使输出控制量难以减小，调节缓慢，发生积分饱和，对控制调节不利。而且由于计算机字长的限制，当该项值超过字长时，又引起积分丢失现象，而增量式 PID 则没有这种缺点。其次，当系统进行手动和自动切换时，增量式 PID 控制中的执行元件保存了过去的位置，因此冲击小。即使发生故障时，也由于执行元件的寄存作用，仍可保存原位，对被控过程的影响小。

以上两种 PID 控制算法都称为理想 PID 控制算法，实际应用中，要结合执行器的形式、被控对象特性以及客观条件来选择。

5.4.3　改进的数字 PID 算法

理想 PID 控制算法，在有些应用中难以得到满意的控制效果，其原因是多方面的。任何一种执行机构都存在一个静态线性工作区，该区域内，只要时间足够长，执行机构都可以线性地跟踪控制信号，而当控制信号过大，超过这个线性区，就进入饱和区或截止区，其特性将变成非线性特性。执行机构还存在着限制其响应速度的阻尼和惯性，其结果是执行机构存在一个动态线性工作区，控制信号的变化率过大也会使执行机构进入非线性区。理想位置式 PID 控制算法中积分项控制作用过大将出现积分饱和，增量式算法中当设定值发生跃变时，比例和微分控制项将会出现比例或微分饱和，这都会使执行机构进入动态非线性区，使动态控制品质变坏。为了克服以上现象，避免系统的过大超调，使系统具有较好的动态品质，必须使理想 PID 控制算法输出的控制信号受到约束，即需要对理想 PID 控制算法进行改进，主要是对积分项和微分项进行改进。

（1）位置式 PID 控制算法中积分饱和作用及其抑制

无论采用何种计算方法，其控制输出从数学上讲可在（$-\infty$，$+\infty$）范围内取值，但物理执行元件的力学和物理性能是有约束的，即输入 $u(k)$ 的取值是在有限范围内，表示为

$u_{\min} \leqslant u(k) \leqslant u_{\max}$，同时其变化率也受限制，表示为 $|\dot{u}(t)| \leqslant \dot{u}_{\max}$。

控制系统在启动或者改变设定值时，会存在较大的偏差。这种偏差，不会在短时间内消除，经过积分项累积后，可能会使控制量 $u(k)$ 很大，甚至超过执行机构的极限 $u_{\max}$，这将影响控制效果。此类现象在启动或者突然改变设定值时特别明显，故称"起动效应"。下面以设定值突然改变为例说明这个问题。

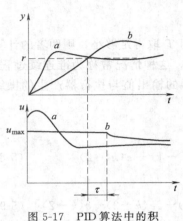

图 5-17   PID 算法中的积
分饱和现象

若设定值从 0 变到 r，这时偏差较大，根据位置式 PID 控制算法式（5-7）算出的控制量 u 超出了执行器的上限 $u_{\max}$，那么执行器实际产生的控制量只能取上限值 $u_{\max}$，见图 5-17 中的曲线 b，而不是理想计算值的曲线 a。此时系统输出量 y 虽然在不断上升，但由于控制量受到执行器的限制，其增长要比控制量不受限制时慢，所以偏差 e 比不受限情况下保持正值的时间更长，从而积分的累加值更大。当输出量 y 超出给定值 r 后，开始出现负偏差。但由于前一阶段积分的累加值很大，所以要经过相当长的一段时间 τ 之后，控制量 u 才能小于 $u_{\max}$ 而脱离饱和区，这样就使系统输出 y 出现了较大的超调，严重的情况下可能出现反复振荡。显然，在位置式 PID 控制算法中，控制量 u 超过执行器的上限 $u_{\max}$ 是由积分累加引起的，故称为"积分饱和"。饱和现象对于变化缓慢的被控对象，例如温度和液位控制系统等的影响较为严重。

为了克服积分饱和问题，应对式（5-7）进行修正，以下介绍一种常用的积分分离法。

减小积分饱和的关键在于不能使积分项累积过大。因此当偏差大于某个规定的门限值时，消除积分作用，PID 控制器相当于 PD 控制器，既可以加快系统的响应又可以消除积分饱和现象，不致使系统产生过大的超调和振荡。只有当误差 e 在门限 β 之内时，加入积分控制，相当于恢复 PID 控制，这样可以消除余差，提高控制精度。积分分离的控制规律为

$$u(k) = K_P e(k) + \alpha K_I \sum_{i=0}^{k} e(i) + K_D [e(k) - e(k-1)] \tag{5-10}$$

式中，$\alpha = \begin{cases} 1, & \text{当} |e(k)| \leqslant \beta \\ 0, & \text{当} |e(k)| > \beta \end{cases}$，$\beta$ 为设置的门限。

该算法不增加运算量，程序仅进行简单的逻辑判断，计算机实现方便。门限 β 可根据设计指标确定或通过试验调整确定。图 5-18 示出了带与不带积分分离的 PID 控制的过渡过程曲线。

（2）增量式 PID 控制算法中的饱和作用及其抑制

在增量式 PID 控制算法中，由于执行元件本身具有控制量保持特点，而且在算法中不出现累加和式，所以不会发生位置式算法那样的累积效应，这样就直接避免了导致大幅度超调的积分饱和效应。这是增量式算法相对于位置式算法的优点。但是，在增量算法中，却有可能出现比例及微分饱和现象。

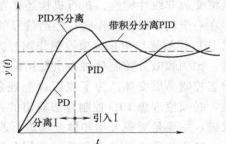

图 5-18   带与不带积分分离的 PID
控制的过渡过程曲线

当给定值发生很大跃变时，在增量式 PID 控制算法中的比例部分和微分部分计算出的控制增量可能比较大（由于积分项的系数一般小得多，所以积分部分的增量相对比较小）。如果该计算值超过了执行元件所允许的最大限度 u_{max}，那么实际的控制作用将偏离计算理想控制作用，其中计算值的多余信息没有被执行就遗失了，从而影响控制效果。图 5-19 给出了这种情况下系统的动态特性曲线，其中图（a）为无限制输出的理想执行机构控制结果；图（b）和图（c）为控制量及其变化受限制的比例和微分饱和结果。显然，比例和微分饱和对系统影响与积分饱和是不同的，从控制结果上看比例和微分饱和不引起超调，而是减慢系统的动态过程。

抑制比例和微分饱和的办法之一是用积分补偿法。其基本思想是将那些因饱和而未能执行的增量信息累积保存起来，一旦有可能再补充执行。这样，信息就没有遗失，动态过程也得到了加速。值得一提的是，使用积累补偿法虽然可以抑制比例和微分饱和，但由于引入的累加器具有积分作用，使得增量算法中也可能出现积分饱和现象。为了抑制这种可能，在每次计算积分时，应判断其符号是否继续增大累加器的积累，如果增大，则将积分项略去，避免积分饱和现象。

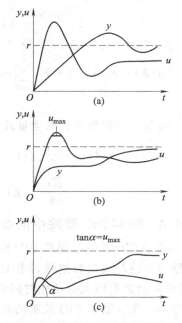

（3）带死区的 PID 控制算法

在计算机控制系统中，为了避免控制动作过于频繁，避免引起振荡或者造成执行器的过快磨损，可采用带死区的 PID 控制，控制系统框图如图 5-20 所示。死区的输入输出特性为

$$e'(k) = \begin{cases} 0 & |e(k)| \leqslant e_0 \\ e(k) & |e(k)| > e_0 \end{cases} \qquad (5-11)$$

图 5-19 增量式 PID 控制算法中的比例与微分的饱和现象

式中，死区 e_0 是一个可调参数，其值根据系统性能的要求由实验确定。若 e_0 过小，使得控制动作频繁，达不到预期的目的；若 e_0 过大，则使系统产生较大的滞后，会影响系统的稳定性。带死区的 PID 控制实际是非线性控制，实践表明：在计算机控制系统中，根据需要适当地引入非线性控制有利于改善系统的性能。

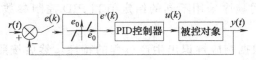

图 5-20 带死区的 PID 控制框图

（4）干扰的抑制

PID 控制算法的输入量是偏差 e。在进入正常控制后，由于输出 y 已接近输入设定值 r，偏差 e 的值不会太大，所以相对而言，干扰对控制有较大的影响。对于干扰，除了采用抗干扰措施和进行硬件和软件滤波之外，还可以通过对 PID 控制算法的改进来进一步抑制。

数字 PID 控制算法是对模拟 PID 控制规律的近似，用和式代替了积分项，用差分代替了微分项。在各项中，差分项对数据误差和干扰特别敏感，即一旦出现干扰，有差分项的计算结果有可能出现不期望的大的控制量变化，因此在数字 PID 控制算法中，干扰主要是通过微分项引起。但微分成分在 PID 算法中很重要，因此不能简单地将微分项部分去掉。通常是用四点中心差分法，对微分项进行改进，降低其对干扰的敏感程度。

在四点中心差分法中，一方面将 T_D/T 取得略小于理想情况；另一方面，在计算差分时，不直接引用现时偏差 $e(k)$，而是用过去四个时刻的偏差平均值作基准，即

$$\overline{e}(k)=[e(k)+e(k-1)+e(k-2)+e(k-3)]/4 \qquad (5\text{-}12)$$

通过加权平均近似微分项

$$\frac{T_D}{T}\Delta\overline{e}(k)=\frac{T_D}{4}\left[\frac{e(k)-\overline{e}(k)}{1.5T}+\frac{e(k-1)-\overline{e}(k)}{0.5T}+\frac{e(k-2)-\overline{e}(k)}{0.5T}+\frac{e(k-3)-\overline{e}(k)}{1.5T}\right]$$

$$(5\text{-}13)$$

整理后得

$$\frac{T_D}{T}\Delta\overline{e}(k)=\frac{T_D}{6T}[e(k)+3e(k-1)-3e(k-2)-e(k-3)] \qquad (5\text{-}14)$$

式 (5-14) 代入式 (5-7) 中的微分项，就得到修正后的位置式 PID 控制算法

$$u(k)=K_Pe(k)+K_I\sum_{i=0}^{k}e(i)+\frac{K_D}{6}[e(k)+3e(k-1)-3e(k-2)-e(k-3)]$$

$$(5\text{-}15)$$

同理，可得修正后的增量式 PID 控制算法

$$\Delta u(k)=\frac{K_P}{6}[e(k)+3e(k-1)-3e(k-2)-e(k-3)]+K_Ie(k)+ \qquad (5\text{-}16)$$

$$\frac{K_D}{6}[e(k)+2e(k-1)-6e(k-2)+2e(k-3)+e(k-4)]$$

5.4.4 数字 PID 算法中的参数整定和采样周期的选择

数字 PID 控制与模拟 PID 控制一样，都需要进行参数 K_P、T_I 和 T_D 的整定，使得控制器的特性与被控对象特性相适应，但数字控制还需要确定系统采样周期 T。生产过程（对象）通常有较大的惯性时间常数，在大多数情况下，采样周期 T 与对象时间常数相比要小得多，所以数字 PID 控制的参数整定可以仿照前面章节有关模拟 PID 控制参数整定的各种方法来整定。由于计算机控制系统具有强大的计算和逻辑判断能力，所以可赋予数字 PID 控制更加强大的参数整定功能。

ⅰ. 工业过程中的干扰多种多样，仅一组固定的 PID 参数，难于满足各种干扰和负荷下的控制质量要求，为此可设定多组 PID 控制参数。当工况发生变化时，及时改变 PID 控制参数与之适应，使控制质量保持最佳。

ⅱ. 程序控制中可按照一定的工况顺序或时间顺序采用不同的给定值和 PID 控制参数，避免模拟控制中繁琐的人工切换。

ⅲ. 输出特定的控制信号给被控生产过程，根据响应辨识出生产过程的特性，然后按照某种规律进行参数整定，这就是参数自整定技术。

采样周期 T 在计算机控制中是一个重要的参量，根据香农（Shannon）采样定理，假定生产过程信号的最高频率为 f_{max}，则采样周期 $T\leqslant1/(2f_{max})$。由于实际生产过程信号的变化比较复杂，其最高频率 f_{max} 是很难确定的。采样定理仅从理论上给出了采样周期 T 的上限，实际采样周期 T 的选择要受到多方面因素的制约。实践证明，在计算机控制系统中采样周期 T 要比理论值小好几倍才能满足要求。从控制性能的角度来考虑，采样频率尽可能高，也即采样周期 T 应当尽可能小，采样周期 T 小，使得计算机运算速度和时间开销增加，输入输出通道的 A/D 和 D/A 速度要相应提高。但是采样周期 T 小到一定的程度，对

系统性能的改善已不显著，这往往是受到对象和执行机构响应特性的限制。所以采样周期的选择要从控制任务、控制品质、执行机构、被控对象的特性、计算机及输入输出通道成本等多方面因素综合考虑。在实际应用中，通常借助经验，通过实验确定最合适的采样周期。表5-1 给出了常见过程被控量选择采样周期的经验数据。

表 5-1 常见过程被控量选择采样周期的经验数据

被控变量	采样周期 T/s	说明
流量	1～5	优先选 1～2s
压力	3～10	优先选 6～8s
液位	3～8	优先选 7s
温度	15～20	
成分	15～20	优先选 18s

5.5 计算机控制系统的基本设计原则与方法

计算机控制系统的设计，是理论和实际相结合的综合应用过程。其中不仅需要控制理论、计算机软硬件、电子技术、传感器及执行机构等方面的知识，还应具有生产工艺知识、综合系统的调试能力等。尽管计算机控制系统随应用环境、控制方式和控制对象等不同而不同，但它的设计原则是一致的，设计的主要内容和步骤大体相同。本节主要对计算机控制系统设计中的共性问题进行讨论。

5.5.1 设计原则

计算机控制系统可控制不同的被控对象，虽然其设计的具体要求不同，但设计的基本要求是基本相同的，这就是设计的原则。设计原则一般包含以下几个方面。

（1）满足被控对象或工艺过程的性能要求

这是一条最重要也是最基本的设计原则。被控对象或工艺过程的性能要求，可以是定性的要求，也可以是定量的要求；可以任务书形式规定，也可以要求设计人员通过操作或交流等渠道了解而得到。对特别重要的计算机控制系统的设计，还可能要组织专门的研究来进行详细的规定。

进行计算机控制系统设计之前，需对被控对象或工艺过程进行深入的调查分析，了解控制要求，确定系统要达到的功能、动态性能和控制精度等，以及现场环境和完成设计的时间等，根据这些任务完成设计任务要求书，作为整个设计的依据。

（2）可靠性高

可靠性高是计算机控制系统设计的最重要的要求，是系统设计时必须考虑的最主要的性能指标，因为系统的高可靠性可以保障生产顺利进行。在计算机控制系统设计时，应选用高可靠性的计算机，以保证在恶劣环境下仍能正常工作；控制方案和软件设计要可靠，并设计各种安全保护措施等。

为了进一步提高可靠性，还可以采用后备手段，如配置常规控制装置或手动控制装置，关键设备或装置采用冗余配置且有自动切换手段，以提高系统工作过程的可靠性。

（3）具有良好的操作性能

系统的操作性能包括两个方面的内容：一是使用方便，二是维修方便。这在系统的硬件和软件设计时需要通盘考虑。硬件配置方面，系统的控制开关、按钮、显示部分不要太多和太复杂，且它们的大小和位置的安排布置都应使操作者在实际观察和操作时更便捷。软件方面，则要尽量降低对操作人员专业知识的要求，就是使系统操作过程"傻瓜化"。

系统一旦发生故障，应易于排除，且使维护的工作量尽量少。硬件配置方面，零部件应便于维修和更换；软件方面，应具有故障检测与自诊断程序，以便于在发生故障时，能自动查找和指示故障的位置，缩短故障查找和排除时间。

（4）具有良好的通用性和扩展性

计算机控制系统，一般可以控制多个设备和不同的工艺过程，但各个设备和工艺过程的要求是不同的，而且控制设备还有更新，控制对象还有增减。系统设计时应考虑其能适应各种不同设备和各种不同工艺过程，使系统不必大改动就能很快适应新的情况。这就要求系统的通用性要好，能灵活地进行扩充。

针对这种情况，在进行系统设计时，应考虑系统对各种不同设备和工艺过程的适应能力，使系统在不进行大幅度变化的情况下，就能适应新的情况，这就是对系统的通用性和扩展能力的要求，通俗地说，就是使系统的组织结构"积木化"。

要使控制系统满足通用性和扩展性的要求，在进行设计时，必须使硬件和软件标准化、模块化。在插件板、接口及总线部分尽量采用标准总线结构，实现标准化设计。在需要扩充时，只要增加插件板就能实现相应的扩展。系统设计时的各项性能指标应留有一定的裕量，这是实现扩充的一个前提条件，如 CPU 的工作速度、电源功率、内存容量、输入/输出通道等，均应留有一定的裕量。

（5）具有高性价比

计算机应用技术发展迅速，各种新技术和产品不断出现，这就要求在满足精度、速度和其他性能要求的前提下，缩短设计周期和尽可能采用价格低的元器件，以降低整个控制系统的费用，提高系统的性价比。

5.5.2　设计方法

计算机控制系统的设计虽然随被控对象、控制方式和系统规模的变化而有所差异，但系统设计的基本内容和主要步骤大致相同。系统工程项目的研制可分为四个阶段：系统总体方案设计、硬件的工程设计与实现、软件的工程设计与实现和系统的调试与运行。下面对这四个阶段做必要的说明。

5.5.2.1　系统总体方案设计

一个性能优良的计算机控制系统，需要在设计阶段注重对实际问题的调查。通过对被控对象和工艺过程的深入了解和分析，才能确定系统的控制任务，提出可行的系统总体设计方案。

（1）硬件总体方案设计

硬件总体方案设计的方法通常是结构化的方框图法。用这种方法做出的系统结构设计，只需明确各方块之间的信号输入输出关系和功能要求，而不需知道方块内具体结构。

硬件总体方案设计主要包含以下几个方面的内容。

① 系统的结构和类型确定　实际可供选择的控制系统类型有：操作指导控制系统、直接数字控制系统、监督计算机控制系统、分级控制系统等。而对某控制回路，根据系统要求来确定采用开环还是闭环控制。

② 系统的构成方式确定　可选的系统构成方式有工控机、可编程控制器或智能控制器

等。其中工控机具有系列化、模块化、标准化和开放结构，有利于系统设计者在系统设计时可根据要求来任意选择，像搭积木般地组建系统，提高研制和开发速度，所以应优先选择工控机。此外也可以采用可编程控制器或智能控制器来构成计算机控制系统的前端机（或下位机）。

③ 现场设备选择　现场设备的选择主要包括传感器、变送器和执行机构的选择。这些装置是影响系统控制精度的重要因素之一。总体设计方案中还应考虑人-机交互方式、系统的机柜或机箱的结构设计和抗干扰等方面的问题。

（2）软件总体方案设计

软件总体方案设计通常也是采用结构化的方框图法。先画出较高一级的方框图，然后再将大的方框分解成小的方框，直到能表达清楚为止。软件设计方案还应考虑系统的数学模型、控制策略、控制算法等。此外选择合适的控制组态软件，也是软件总体设计的重要内容。

（3）系统总体方案

将硬件总体方案和软件总体方案合在一起，就构成系统总体方案。总体方案经过论证可行后，要形成方案文档。

系统总体方案文档的内容包括：①系统的主要功能、技术指标、原理性方框图及文字说明；Ⅱ控制策略和控制算法；Ⅲ系统的硬件结构及配置、主要的软件功能、结构及框图；Ⅳ方案的比较和选择；Ⅴ保证性能指标要求的技术措施；Ⅵ抗干扰和可靠性设计；Ⅶ机柜和机箱的结构设计；Ⅷ经费和进度计划的安排。

对总体设计方案要进行合理性、经济性、可靠性和可行性论证。结束后，便可形成系统设计依据的系统总体方案图和设计任务书，以指导具体的系统设计过程。

5.5.2.2　硬件的工程设计与实现

由于总线式工业控制机的高度模块化和插板结构，因此可以采用组合方式来大大简化计算机控制系统的设计。采用总线式工业控制机，只需要简单地更换几块模板就可以很方便地变成另外一种功能的控制系统。在计算机控制系统中，一些控制功能既能用硬件实现，亦能用软件实现，故系统设计时，硬件、软件的功能要综合考虑。

（1）选择系统的总线和主机机型

① 选择系统的总线　系统采用总线结构，它具有很多优点：首先可简化硬件结构，用户可根据需要直接选用符合总线标准的功能模板，而不必考虑模板插件之间的匹配问题，使系统硬件设计大大简化；其次系统可扩展性好，仅需将按总线标准研制的新的功能模板插在总线槽中即可；最后系统更新性好，一旦出现新的微处理器、存储器芯片和接口电路，只要将这些新的芯片按总线标准研制成各类插件，也就是可取代原来的模板而升级更新系统。系统的总线分内总线和外总线。

ⅰ．内总线选择：常用的工控机内总线有 PC 总线和 STD 总线两种，一般常选用 PC 总线进行系统的设计。

ⅱ．外总线选择：外总线是计算机与计算机之间、计算机与智能仪器或智能外部设备之间的通信总线。它包括并行通信总线（IEEE-488）和串行通信总线（RS-232C），以及用来进行远距离通信、多站点互联的通信总线 RS-422 和 RS-485 等。具体选择哪一种，要根据通信的速率、距离、系统拓扑结构、通信协议等要求来综合分析确定。

② 选择主机机型　在总线式工控机中，有许多机型，因采用的 CPU 不同而不同。以PC 总线工业控制机为例，其 CPU 有 8086、80486、Pentium（586、P2、P3）等多种型号，

内存、硬盘、主频、显示卡也有多种规格，可根据要求合理地进行选择。

（2）选择输入输出通道模板

一个典型的计算机控制系统，除了工控机主机外，还必须有各种输入输出模板，其中包括数字量 I/O（即 DI/DO）、模拟量 I/O（即 AI/AO）等模板。

① 数字量（开关量）输入输出（DI/DO）模板　PC 总线的并行 I/O 接口模板多种多样，通常可分为 TTL 电平的 DI/DO 和带光电隔离的 DI/DO。一般和工控机具有公共地的模板的接口可以采用 TTL 电平，而其他的与工控机之间则采用光电隔离。对于大容量的 DI/DO 系统，往往选用大容量的 TTL 电平 DI/DO 板，而将光电隔离及驱动功能安排在工控机总线之外的非总线模板上，如继电器板等。

② 模拟量输入输出（AI/AO）模板　AI/AO 模板包括 A/D 板、D/A 板及信号调理电路等。AI 模板输入可能是 $0\sim5V$、$1\sim10V$、$0\sim10mA$、$4\sim20mA$ 以及热电偶、热电阻和各种变送器的信号。AO 模板输出可能是 $0\sim5V$、$1\sim10V$、$0\sim10mA$、$4\sim20mA$ 等信号。选择 AI/AO 模板时必须注意分辨率、转换速度、量程范围等技术指标。系统中的输入输出模板，可按需要进行组合，不管是哪种类型的系统，其模板的选择与组合均由生产过程的输入参数和输出控制通道的种类和数量来确定。

（3）选择变送器和执行机构

① 变送器的选择　变送器是能将被测变量转换为可远传的统一标准信号的一种仪表，且输出信号与被测变量有一定的函数关系。在控制系统中其输出信号被送至工业控制机进行处理，进行实时数据采集。

DDZ-Ⅲ型变送器输出的是 $4\sim20mA$ 信号，供电电源为 24V（DC），采用二线制。DDZ-Ⅲ型比 DDZ-Ⅱ型变送器性能好，使用方便。DDZ-S 型是在总结 DDZ 型变送器的基础上开发出的新一代变送器。现场总线仪表也将被推广应用。

常用的变送器有温度变送器、压力变送器、液位变送器、差压变送器、流量变送器、各种电量变送器等。可根据被测参数的种类、量程、被测对象的介质类型和环境来选择变送器的具体型号。

② 执行机构的选择　执行机构是控制系统中必不可少的组成部分，它接收计算机发出的控制信号，并把它转换成执行机构的动作，使被控对象或工艺过程按预先规定的要求正常运行。

模拟量执行机构分为气动、电动、液压三种类型。气动执行机构的特点是结构简单、价格低、防火防爆；电动执行机构的特点是体积小、种类多、使用方便；液压执行机构的特点是推力大、精度高。常用的模拟量执行机构为气动和电动两种。

开关量执行机构主要有电磁阀、气缸和继电器等，它可实现顺序控制。

除此之外，步进电机和伺服电机是通过开关量实现模拟量控制的执行机构，在选择时也可以考虑。

5.5.2.3　软件的工程设计与实现

用工控机来组建计算机控制系统能减少系统软件设计的工作量。一般的工控机都配有实时操作系统或实时监控程序，配上各种控制、运算和组态等软件后，可使设计者在最短的周期里，开发出目标软件。

一般工控机制造商能把控制所需的各种功能以模块形式提供给用户，其中包括控制算法模块、运算模块、定时计数模块等。设计者可根据控制要求，选择所需的模块就能生成系统控制软件，减少工作量。

自行开发控制软件时，应先画出程序总体流程图和各功能模块流程图，再选择程序设计语言，然后编制程序。程序设计要处理以下具体内容。

（1）数据类型和数据结构规划

在系统总体方案设计中，系统的各个模块之间有着各种因果关系，互相之间要进行各种信息传递。为此，需将每一个执行模块所要用到的参数和要输出的结果列出来，并为每一参数规划数据类型和数据结构。

数据类型可分为逻辑型和数值型。通常逻辑型数据为软件执行中的标志位。数值型数据可分为定点数和浮点数：定点数有直观、编程简单、运算速度快的优点，其缺点是表示的数值动态范围小，容易溢出；浮点数则相反，数值动态范围大、相对精度稳定、不易溢出，但编程复杂，运算速度低。如果某参数是一系列数据的集合，如采样信号序列，则除了确定数据类型，还需确定数据存放格式，这需要很好地规划。

（2）资源分配

系统资源包括 ROM、RAM、定时器/计数器、中断源、I/O 地址等。ROM 资源用来存放程序和表格。I/O 地址、定时器/计数器、中断源在任务分析时已经确定，所以资源分配的主要任务是 RAM 资源分配。RAM 资源规划好后，应列出 RAM 资源的分配清单，作为编程依据。

（3）实时控制软件设计

① 数据采集及数据处理程序　数据采集程序主要包括多路信号的采样、输入变换、存储等。模拟输入信号为 $0\sim10\mathrm{mA}$（DC）、$4\sim20\mathrm{mA}$（DC）或 mV（DC）和电阻等。输入信号的点数可根据需要选取，每个信号的量程和单位必须清楚。数据处理程序主要包括数字滤波程序、线性化处理和非线性补偿、标度变换程序和超限报警程序等。

② 控制算法程序　控制算法程序主要实现控制规律的计算，产生控制量。控制算法中最重要的是数字 PID 控制算法，当然还有其他高级控制算法等可供选用。

③ 控制量输出程序　控制量输出程序实现控制量的处理、控制量的变换及输出，驱动模拟量或开关量执行机构。模拟量由 DA 转换模板输出，驱动模拟量执行机构，如各种调节阀。开关量由开关量模板输出，驱动各种开关。

④ 实时时钟　实时时钟是计算机控制系统所有与时间有关的过程的运行基础。时钟有两种，即绝对时钟和相对时钟。绝对时钟与当地的时间同步，有年、月、日、时、分、秒等功能。相对时钟与当地时间无关，一般只要时、分、秒即可，在某些场合要精确到 0.1 秒甚至毫秒。

⑤ 数据管理程序　数据管理程序主要用于生产管理，包括画面显示、变化趋势分析和报警记录等。

⑥ 数据通信程序　数据通信程序完成计算机与计算机之间、计算机与智能设备之间的信息传递和交换。这个功能主要在分散式控制系统、分级计算机控制系统、工业网络等系统中体现。

5.5.2.4　系统的调试与运行

系统的调试和运行分为离线仿真与调试阶段和在线调试与运行阶段。前者一般在实验室或非工业现场进行，而后者是在生产过程工业现场进行。前者是后者的基础。

（1）离线仿真和调试

① 硬件调试　在调试标准功能 A/D 和 D/A 模板之前，准备好信号源、数字电压表、电流表等。对这两种模板，首先检查信号的零点和满量程，然后再分档检查。利用开关量输入和输出程序来检查开关量输入和输出模板。调试时，在输入端加开关量信号，检查读入状态的正确性；在输出端检查输出状态的正确性。硬件调试还包括现场仪表和执行机构的调试，这些仪表必须在安装之前按说明书要求校验完毕。如果分级计算机控制系统和分散式控制系统，还要调试通信功能，验证数据传输的正确性。

② 软件调试　软件调试的目的是消除编程上的错误；调试顺序是子程序、功能模块和主程序。一般与过程输入输出信道无关的程序，都可用开发机的调试程序进行调试。系统控制模块的调试分为开环和闭环两种情况进行。开环调试是检查它的阶跃响应特性，闭环调试是检查它的反馈控制功能。最后进行软件的整体调试。

③ 系统仿真　在硬件和软件分别联调后，还要进行全系统的硬件和软件统调，这也就是通常所说的"系统仿真"。系统仿真有全物理仿真、半物理仿真和数字仿真三种类型。系统仿真尽量采用全物理或半物理仿真。如试验条件或工作状态越接近真实，其效果就越好。对于纯数据采集系统，一般可做到全物理仿真；而对于控制系统只能做离线半物理仿真，其中的被控对象可用实验模型代替。在系统仿真的基础上，进行长时间的运行考验，并可根据实际运行环境的要求，进行特殊运行条件的考验。

（2）在线调试和运行

为了确保在线调试和运行的顺利进行，现场要进行下列检查：

ⅰ. 检测元件，即变送器、显示仪表、调节阀等必须通过校验，保证精确度要求；

ⅱ. 各种接线和导管必须经过检查，保证连接正确；

ⅲ. 对在流量中采用隔离液的系统，要在清洗好引压导管以后，方可灌入隔离液；

ⅳ. 检查调节阀能否正确工作，确认旁路阀及上下游截断阀处于关闭或打开状态；

ⅴ. 检查系统的干扰情况和接地情况，如果不符合要求，应采取措施；

ⅵ. 检查安全防护措施。

经过检查并确认已安装正确后即可进行系统的投运和参数的整定。投运时，应先切入手动，等系统接近于设定值时再切入自动，并进行参数的整定。

5.6　提高计算机控制系统可靠性的措施

计算机控制系统一般放置在生产现场附近，所以要承受生产现场的各种干扰源的干扰，如电网波动、大型设备启停和各种电磁辐射等。这些干扰源会危害系统的正常工作，甚至会瘫痪整个系统。因此，计算机控制系统需要解决抗干扰的问题，提高其可靠性。

有两种途径可解决计算机控制系统的抗干扰问题，其一是从外部入手，找到干扰源，寻找相应的办法来抑制或消除干扰，或尽可能避免干扰串入系统；其二是从内部入手，提高计算机控制系统自身的抗干扰能力。

5.6.1　计算机控制系统的干扰源分析

计算机控制系统工作时，进入系统的干扰主要有三种途径：电源干扰、通道干扰和空间干扰。

（1）电源干扰

电网中大功率设备，特别是大型电机等大感应负载的启停、电网切换或各种故障导致的跳闸，都会使供电电网产生瞬变电压，产生脉冲型噪声。瞬变电压的波形大多为无规律的振荡频率高达 20MHz 的正负脉冲，其表现形式为在电网上出现几百伏甚至上千伏的尖峰脉冲。脉冲通过供电电源来干扰计算机。

（2）通道干扰

信号在传输过程中，会遇到电磁感应和电容耦合。当计算机控制系统的接地不良时，就会在信号传输通道中产生干扰。通道干扰主要由杂散电容和长线传播等引起的信号感应、多点接地造成的电位差等原因造成的。另外各种寄生振荡引入的干扰、热噪声和尖峰噪声等也会造成通道干扰。

（3）空间干扰

外部干扰主要是来自空间的干扰，如太阳等天体辐射的电磁波、各种电台发出的电磁波、控制现场周围其他电气设备发出的电磁干扰等。另外气象条件、空中雷电、甚至地球磁场的变化也会引起干扰。

上述三种干扰中，电源干扰影响最大，其次为系统内部干扰，而来自空间的辐射干扰相对最弱。

5.6.2 计算机控制系统的抗干扰措施

5.6.2.1 电源系统的抗干扰措施

计算机一般使用 220V/50Hz 的交流市电。市电电网的电压脉冲干扰将直接影响计算机控制系统的稳定性和可靠性，所以在计算机与市电之间必须采取抗干扰措施。

① 使用低通滤波器和交流稳压装置 由电源的频谱分析可知，毫秒、毫微秒级的脉冲干扰的频率成分大都为高次谐波，所以可用低通滤波器，留下 50Hz 的基波，将高次谐波成分滤除。电压波动可用稳压器抑制。

② 采用抗干扰能力强的开关电源 开关电源体积小、功率大、效率高、抗干扰能力强，具有稳压功能，可代替各种稳压器电源。开关电源的开关频率范围为 10~20kHz，采用脉冲调宽直流稳压方式。

③ 采用分布式独立供电 计算机控制系统通常由主机、显示和各种 I/O 板卡等功能插件板组成。可采用分布式独立供电，在每块插件板上用 78 系列和 79 系列三端直流稳压模块进行稳压。这种分布式独立供电方式将稳压器造成的故障可能性分散，不会因稳压器的故障使整个系统崩溃。分布式供电还加大了稳压器散热面积，使系统更加稳定可靠。

5.6.2.2 过程通道的抗干扰措施

过程通道与计算机之间存在公共地线，所以干扰往往沿着过程通道进入计算机，所以要设法削弱来自公共地线的干扰，以提高抗干扰能力。过程通道的干扰可分为串模干扰和共模干扰。

（1）串模干扰及其抑制

叠加在被测信号上的干扰信号称为串模干扰，如图 5-21 所示。通常，被测信号是缓慢变化的信号，而串模干扰信号则一般是 50Hz 的工频信号以及高次谐波。串模干扰信号通过电磁耦合和漏电等传输形式，由传输通道叠加到被测信号上，如图 5-22 所示，其中 V_S 为信号源，V_G 为串模电压。可采取下列措施尽量减少其影响。

① 采用输入滤波器 图 5-23 为常用的二级阻容滤波器，专门的设计使其可将 50Hz 的干扰信号衰减到输入值的 1/600，且时间常数小于 200ms。但当被测信号的频率较高时，需要改变滤波器的参数。

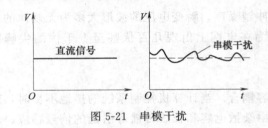

图 5-21　串模干扰

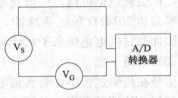

图 5-22　串模干扰示意图

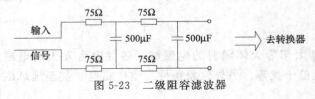

图 5-23　二级阻容滤波器

② 进行电磁屏蔽和良好的接地　由图 5-22 可知，被测信号源和串模干扰处于同一回路中，如果两者都是缓慢变化的信号，用图 5-23 所示的滤波的办法就很难消除干扰，只能从根源上切断产生干扰的干扰源。例如选择带屏蔽层的双绞线或同轴电缆来连接一次仪表（如压力变送器、热电偶）和转换设备，并采用良好的接地措施。

（2）共模干扰及其抑制

如图 5-24 所示为共模干扰。共模干扰产生的主要原因是存在多个"地"，且不同"地"之间存在电位差，即共模电压。另外模拟信号系统对地存在的漏阻抗，也是共模电压产生的原因。共模干扰通过过程通道进入主机，其表现形式如图 5-25 所示，其中 V_S 为信号源，V_G 为共模电压。

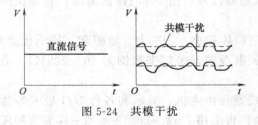

图 5-24　共模干扰

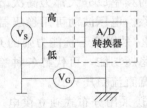

图 5-25　共模干扰示意图

抑制共模干扰的措施如下。

① 用差分放大器作为信号前置放大　由于共模干扰电压只有转变成串模干扰才能对系统产生影响，因此要抑制它，就要尽量做到线路平衡。采用差分放大器可以有效抑制共模干扰，如图 5-26 所示。图中 z_1 和 z_2 为信号源内阻和引线电阻，z_{i1} 和 z_{i2} 为输入电路的输入阻抗。共模干扰电压 V_G 在放大器输入端 A、B 产生的串模干扰为

$$V_E = V_G \left(\frac{z_{i1}}{z_1 + z_{i1}} - \frac{z_{i2}}{z_2 + z_{i2}} \right) \tag{5-17}$$

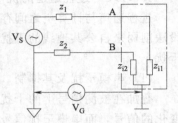

图 5-26　差分示意图

线路中，若 z_1 和 z_2 越小，z_{i1} 和 z_{i2} 越大，而且 z_{i1} 与 z_{i2} 越接近，则共模干扰就越小。

② 采用隔离技术　当信号地与放大器地隔开时，共模干扰电压 V_G 不能形成回路，就不能转成串模干扰。

常用的隔离方法是使用变压耦合或光电耦合。一种简单而且廉价的隔离方法是选用光电

耦合器实现模拟信号的隔离,如图 5-27所示。图中 U_1 为运算放大器,U2：A 和 U2：B 为性能相同的两只光耦,其初级和次级间的电流放大倍数为 β,电源 Vdd 和 Vcc 为两组相互隔离的电源,电容 C_1 和 C_2 的作用是抑制电路的振荡。当输入为 U_i 时,流过电阻 R_2 的电流为

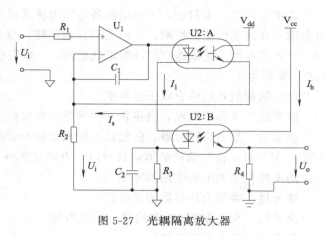

$$I_s = U_i/R_2 \qquad (5\text{-}18)$$

I_s 为光耦 U2：A 的次级电流,其初级电流 I_1 为

图 5-27 光耦隔离放大器

$$I_1 = I_s/\beta = U_i/(\beta R_2) \qquad (5\text{-}19)$$

I_1 也为光耦 U2：B 的初级电流,其次级电流 I_b 为

$$I_b = I_1\beta = U_i/R_2 \qquad (5\text{-}20)$$

隔离电路的输出 U_o 为

$$U_o = I_b R_4 = U_i R_4/R_2 \qquad (5\text{-}21)$$

改变 R_2 和 R_4 的阻值,就能改变隔离放大器的放大倍数。图 5-27 中可对频率较高的信号起隔离放大作用。

如果将光耦与压频(V/F)变换器、频压(F/V)变换器组合起来,则形成另一种模拟信号隔离器,其构成原理如图 5-28 所示。输入电压 U_i 先经压频变换器转变为与 U_i 成比例关系的频率信号,频率信号经过隔离光耦后,再由频压变换器转变为与频率成比例关系的电压信号。这种电路的缺点在于只能传输频率较低的模拟信号。

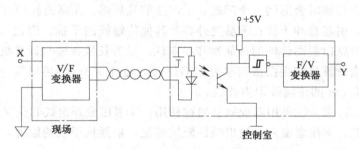

图 5-28 压频-光耦-频压信号隔离器

5.6.2.3 克服空间感应的抗干扰措施

空间干扰主要来源于电磁波,一般采用适当的屏蔽及正确的接地方法即可解决。根据屏蔽目的的不同,屏蔽及接地的方法也不一样。电场屏蔽解决分布电容问题,所以一般接大地。电磁场屏蔽主要避免雷达、短波电台等高频电磁场辐射干扰,屏蔽层可以用低阻金属材料做成,而且连接大地。磁屏蔽用以防止磁铁、电机、变压器、线圈等磁感应,磁屏蔽层用高导磁材料做成,以接大地为好。

5.6.2.4 关于接地

计算机控制系统中,接地是抑制干扰的主要方法。在设计及施工中如能把接地与屏蔽正确地结合,将能解决大部分的干扰问题。

接地有两个基本目的，一是清除各电路电流流经公共地线阻抗时产生的噪声电压；二是避免磁场及地位差的影响，不使其形成地回路，避免形成地回路造成的噪声耦合。

计算机控制系统的地线标准要求比较高，一般应在机房周围埋设网状地线，其阻值小于10Ω，最好为 4～5Ω。

计算机控制系统中有以下多种地。

数字地　又称逻辑地，是逻辑开关网络的零电位。

模拟地　是 AD 转换器、前置放大器或比较器的零电位。当 AD 转换器采集小信号（如0～50mV）时，模拟地就必须认真对待，否则会影响采集精度。

功率地　是大电流电路的零电位。

信号地　通常为传感器的零电位。

交流地　交流 50Hz 电源地线，是噪声地。

直流地　指直流电源地。

屏蔽地　又称机壳地，是为防止静电感应和磁感应而设置的地。

上述几种地如何设置和连接是计算机控制系统设计、安装和调试中的大问题，应用时可考虑以下处理原则：

ⅰ.高频电路就近多点接地的多点接地原则和低频电路一点接地的一点接地原则；

ⅱ.交流地与信号地分开；

ⅲ.数字地与模拟地分开走线，只在一点汇在一起；

ⅳ.功率地的地线应粗，且与小信号地线分开，而与直流地相连；

ⅴ.信号地以 5Ω 导体一点入地。

5.6.2.5　关于信号长线传输

一个复杂的工业计算机控制系统中，控制主机到现场相距较远，可达几十米到数百米。信号在传输长线上传输时会遇到三个问题：①产生信号延迟；ⅱ高速脉冲波在传输过程中会产生畸变和衰减，引起脉冲干扰；ⅲ易受外界及其他传输线的干扰。因此，在长线传输过程中必须采取必要措施以提高传输的可靠性和稳定性。是否长线传输与计算机的主振荡频率有关。研究表明，当计算机的主振荡频率为 1MHz 时，超过 0.5m 的传输线为长线；若频率为4MHz 时，超过 0.3m 的传输线即为长线。

长线传输时应注意：①采用双绞线且对称使用；ⅱ采用分开走线和交叉走线的方法排除长线传输中的窜扰；ⅲ注意输入与输出端的阻抗匹配，增强抗干扰的能力。

5.6.2.6　看门狗（watchdog）

看门狗（watchdog）一般是一个定时器电路，且定时器与 CPU 形成闭合回路，如图5-29所示。用做看门狗的定时器的输出连到 CPU 的复位端或中断输入端。若用户程序正常运行，则由用户程序操纵的 CPU 每隔一个时间间隔 T_W（T_W＜定时器最大定时值 T_{max}）会设置定时器，避免定时器到达最大定时值 T_{max}。若用户程序跑飞，CPU 就不能设置定时器。当定时器的定时超过最大定时值 T_{max} 后，就产生溢出输出，作用于 CPU，使其重新初始化或产生中断使系统进入故障处理程序，进行必要的处理，恢复正常的运行程序。

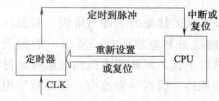

图 5-29　看门狗的构成

看门狗的应用场合如下。

（1）对系统"跑飞程序"自动恢复

计算机控制系统的用户程序一般设计成定时循环结构，循环周期通常就是采样周期。每个循环周期的程序执行完后，将本周期的重要数据连同计算机各主要寄存器状态保存在与主存储器不同的后备存储器中。后备存储器在正常工作期间处于封锁状态，只有要写入保护数据或取出上一次存入的保护数据时，才能解锁。干扰一旦使程序"跑飞"，则由看门狗产生中断。中断处理程序可以将后备存储器中上一次正常保存的重要数据和计算机状态取出，恢复主存储器现场并使用户程序重新运行。如此，看门狗可用来检测由于干扰引起的系统出错并恢复运行，提高控制系统的可靠性。

（2）对硬件的故障进行检测

当计算机控制系统出现硬件故障时，看门狗可能连续产生溢出输出，使 CPU 频繁进入中断处理程序。但是硬件故障常常是不可修复的，一旦出现，即使看门狗进行恢复，也不能修复这类故障。为此可在用户程序中规定，凡在一定时间间隔内连续出错次数超过设定值，便判定为硬件故障，从而产生故障报警信号，由人工进行处理。

采用看门狗可以大大提高计算机控制系统的可靠性，但遇到以下情况看门狗也会失效：①看门狗或 CPU 电路损坏；ⅱ某些受保护的关键数据碰巧碰上了干扰而被改写。

5.6.2.7 对干扰进行滤波

对不同的干扰源，针对性地采取不同的措施，可以极大地削弱进入系统里的各种干扰的强度，但这样并不能保证将所有的干扰完全消除。为了进一步削弱这些干扰信号对系统的影响，在计算机系统里还可采用各种数字滤波技术。如果干扰噪声与有用信号的频谱范围不同，通常可以采用具有不同带宽的带通滤波器来分离。

5.6.3 提高计算机控制系统可靠性的措施

重要场合的计算机控制系统一旦出现故障，就会造成重大事故，导致重大损失，所以对其可靠性提出了特别高的要求。计算机控制系统由硬件和软件组成，硬件又由各种具有特定功能的部件组成。由于硬件部件的物理特性退化会使其功能失效，部件的故障又进一步引起整个系统的故障。软件方面，由于软件是由人来编制和调试的，人犯错误是不可避免，其结果是软件缺陷难于完全避免。当软件缺陷被激活时，就会出现软件故障甚至软件失效。目前计算机技术的发展，使很多由硬件完成的功能可以用软件实现，因此，现实情况是硬件故障逐渐减少，软件故障逐渐增多。另外，控制系统愈加复杂也使得软件故障增加。

综上所述，计算机控制系统从整体到部件，从硬件到软件都有可能发生故障，为此应采取措施以减少故障。为了获得高可靠性，通常可从两方面入手：一方面是采用高可靠性的元件，首先得到一个可靠性高的单机硬件系统；另一方面是采用容错技术，获得一个可靠性高的整机系统。

（1）提高单机硬件系统可靠性的方法

可采取如下措施以提高单机硬件系统的可靠性：

ⅰ．对元件进行严格筛选，使用可靠的单个元件，并对元件进行老化和严格检验；

ⅱ．充分重视元件安装的机械强度，避免机械振动引起导线或焊接的断裂；

ⅲ．对某些强度较弱的元件进行机械加固；

ⅳ．对组件之间的连接进行涂漆或浇注，以进一步提高机械紧固性；

ⅴ．尽量少用插座，若要用就尽量采用大插座；

ⅵ．设计足够的通风装置，控制系统温升。

（2）容错技术

容错技术的含义是在容忍和承认错误的前提下，考虑如何消除、抑制和减少错误产生的后果的技术。冗余技术的实质是利用资源来换取高的可靠性。冗余技术一般包括硬件冗余、软件容错、指令冗余和信息冗余等。

① 硬件冗余　硬件冗余有两种基本方式：硬件堆积冗余和待命储备冗余。

硬件堆积冗余是通过相同元部件的并联重复，从而提高系统的可靠性，属静态冗余。图5-30为n个硬件模块堆积成的表决系统示意图。系统由n个功能相同的模块和一个表决器组成，n个模块同时运行，表决器接受n个模块的输出作为其输入，并将多数表决的结果作为系统的输出。

待命储备冗余又称为动态冗余。图5-31为包含n个备件的动态冗余方案。系统由$n+1$个功能相同的模块组成，其中一个运行，其余作为备件。若正在运行的模块发生故障，它便被切除而由备用模块取代。

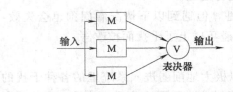

图 5-30　n 模块堆积冗余表决系统

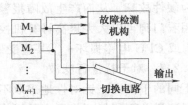

图 5-31　n 个备件的动态冗余系统

② 软件容错　软件失效的原因是由于软件错误。所以要防止软件失效，首先应当严格按照软件工程的要求进行软件开发，尽量减少和避免软件错误；其次是弄清软件失效的机理，并采取相应的软件容错措施。

软件容错沿袭了硬件容错的思路。目前软件容错有两种基本方法：恢复块方法和N版本程序设计方法。前者通过建立还原点并使用可接受测试和后向恢复来实现容错，对应于硬件动态冗余；后者使用多个不同的软件版本利用决策机制和前向恢复实现容错，对应于硬件静态冗余。关于软件容错的具体操作，可查阅相关文献。

③ 指令冗余　指令冗余是利用消耗时间资源来实现系统容错。当CPU受到干扰后，往往将操作数当做指令码来执行，从而引起混乱。当程序弹飞到某一单字节时，会自动纳入正轨，而当弹飞到双字节或三字节时，则将继续出错。因此，应该多用单字节指令，并在某些关键地方人为地插入一些单字节NOP指令，这就是指令冗余。指令冗余必然要付出时间代价，降低系统效率。大多数情况下，CPU的执行速度能足够应付多执行几条指令，故这种方法被广泛采用。指令冗余技术仅可减少程序弹飞的次数，使其很快回归程序正常轨道，但并不能保证系统在失控期间能正常运行，也不能保证程序回归正常轨道后数据正确。

④ 信息冗余　计算机控制系统中的信息产生错误的场合有：数据传递、对存储器数据读写和数据运算等。信息冗余就是利用增加信息的多余度来提高可靠性，其做法是在数据信息中附加检错码或纠错码，以检查数据是否发生错误，并在有错误时纠偏。常用的检错码有奇偶校验码、循环码、定比传输码等。常用的纠错码有海明码、循环码等。

思考与练习

5-1　计算机控制系统与模拟控制系统有何不同？

5-2　简述计算机控制系统的组成和类型。

5-3　计算机控制系统的通常分几类，各类的作用是什么？

5-4　什么是采样定理？简述采样周期选取的一般原则。

5-5　用向后差分法求下列模拟控制器的等效数字控制器。设采样周期 $T=0.5\text{s}$。

$$(1)\ G(s)=5\left(1+\frac{1}{2s}+s\right) \qquad (2)\ G(s)=\frac{40s+1}{3s}$$

5-6　为什么说增量式数字 PID 控制算法比位置式 PID 算法效果更好？二者的区别是什么？

5-7　标准 PID 控制算法存在什么问题？可针对哪些问题进行改进？

5-8　已知某连续控制器的传递函数为

$$G(s)=\frac{0.17s+1}{0.085s}$$

现用数字 PID 算法实现，试写出相应的增量型 PID 算法输出表达式。设采样周期 $T=1\text{s}$。

5-9　简述计算机控制系统的基本设计原则与方法。

5-10　计算机控制系统的干扰源主要有哪些？如何提高计算机控制系统的可靠性？

5-11　某热处理炉的温度变化范围为 $0\sim1100℃$，经温度变送器变换为 $1\sim5\text{V}$ 的电压输入 AD574，AD574 的输入范围是 $0\sim10\text{V}$。某时刻，AD574 的转换结果为 56AH，问此时炉内的温度是多少？

第6章 可编程控制器（PLC）

6.1 可编程控制器概述

6.1.1 可编程控制器的产生

20世纪60年代，美国汽车业蓬勃发展，汽车生产流水线的自动控制系统基本由继电器控制装置构成，其后果是汽车的每次改型都必须重新设计和安装继电器控制装置，十分费时费料。随着竞争加剧，汽车型号更新的周期缩短，继电器控制装置的弊病越来越显现。为了改变这一状态，美国通用汽车公司公开招标，希望用新的控制装置来替代继电器控制装置。美国通用给出了十多项性能指标要求，其核心内容为模块化结构、编程方便、现场可修改程序和维修方便等。1969年，美国数字设备公司（DEC公司）研制出了第一台可编程控制器（PLC）PDP-14，在美国通用汽车公司的生产线上试用成功，并取得了满意的效果，可编程控制器自此诞生。

可编程控制器（PLC）自问世以来，由于其独特的优点，发展十分迅速。1971年，日本开始研发和生产可编程控制器，1973年，欧洲开始研发和生产可编程控制器。目前世界各国的著名电气公司几乎都在生产可编程控制器。可编程控制器已作为一个独立的工业设备，成为了当代电气控制装置的主导。

早期的可编程控制器由分立元件和中小规模集成电路组成，采用了简化电路的计算机技术，对工业现场环境适应性较好，指令系统简单，一般只具有逻辑运算的功能，故而早期也称做可编程逻辑控制器（PLC）。随着微电子技术和集成电路的发展，特别是微处理器和微计算机的迅速发展，在20世纪70年代中期，美、日、德等国的一些厂家在可编程控制器中开始更多地引入微机技术，微处理器及其他大规模集成电路芯片成为其核心部件，使可编程控制器的功能大大超出了逻辑控制的范围，因此，今天这种装置称做可编程控制器，简称PC。但是为了避免与个人计算机（personal computer）的简称混淆，所以仍将可编程控制器简称PLC。

现代的可编程控制器都采用了微处理器（CPU）、只读存储器（ROM）、随机处理器（RAM）或是单片机作为其核心。近年来，可编程控制器的发展更为迅速，更新换代周期大约为3年左右，其结构不断改进，功能日益增强，性能价格比越来越高。

我国应用与研制可编程控制器（PLC）起步较晚，1973年开始少量应用，直到20世纪80年代，随着成套设备或专用设备的引进，引进了不少PLC。例如宝钢一期整个生产线使用了数百台可编程控制器，宝钢二期使用了更多的可编程控制器。东风汽车公司装备系统从1986年起，全面采用可编程控制器对老设备进行更新改造，取得了显著的经济效益。广州第二电梯厂从1995年起，把可编程控制器成功地应用于技术要求复杂的高层电梯控制上，并投入了批量生产。从近几年召开的学术会议及有关文献介绍可见，我国的可编程控制器技术的应用日益广泛，更加成熟。

随着国外PLC产品大量进入我国市场，我国有许多公司和研究所在消化吸收国外PLC技术的基础上，开始了仿制或研制PLC产品。到目前为止，我国的PLC研发与生产有了一定的发展，小型 PLC 已批量生产，中型 PLC 已有产品，大型 PLC 已开始研制。

国际电工委员会（IEC）在 1987 年 2 月颁布的 PLC 的标准草案（第三稿）对 PLC 作了如下定义：可编程序控制器是一种数字运算操作的电子装置，专为在工业环境下应用而设计。它采用可编程序的存储器，用来在其内部存储执行逻辑运算、顺序控制、定时、计数和算术运算等操作的指令，并通过数字式或模拟式的输入和输出控制各种类型的机械或生产过程。可编程序控制器及其有关的外围设备都应按易于与工业控制系统连成一个整体，易于扩充其功能为原则设计。

6.1.2 可编程控制器的特点

（1）使用灵活、通用性强

PLC 的硬件是标准化的，加之 PLC 的产品已系列化，功能模块品种多，可以灵活组成各种不同大小和不同功能的控制系统。在 PLC 构成的控制系统中，只需在 PLC 的端子上接入相应的输入输出信号线。当需要变更控制系统的功能时，可以用编程器在线或离线地修改程序，同一个 PLC 装置用于不同的控制对象，只是输入输出组件和应用软件的不同。

（2）可靠性高、抗干扰能力强

传统的继电器-接触器控制系统抗干扰能力强，但使用了大量的中间继电器等，由于器件的连线和老化导致的触点抖动和接触不良等现象，降低了系统的可靠性。微机功能强大但抗干扰能力差，工业现场的电磁干扰、电源波动、机械振动、温度和湿度的变化，都可能导致一般通用微机不能正常工作。在 PLC 控制系统中，中间继电器的功能由无触点的半导体电路完成的，因而故障大为减少。在硬件方面，PLC 对所有的 I/O 接口电路采用光电隔离措施，使 PLC 的外部电路与内部电路之间在电气上隔离。采用性能优良的开关电源和滤波措施，可消除或抑制高频干扰。采用模块结构，一旦某一模块有故障，可以迅速更换模块，从而尽可能缩短系统的故障停机时间。各模块采用光电屏蔽措施，以防止辐射干扰。在软件方面，PLC 具有良好的自诊断能力，一旦电源或其他软、硬件发生异常情况，CPU 立即采取有效措施，以防止故障扩大。从实际使用情况来看，PLC 控制系统的平均无故障时间一般可达 4 万～5 万小时，且能适应有各种强烈干扰的工业现场，如一般 PLC 能抗 1000V、1ms 脉冲的干扰，其工作环境温度为 0～60℃，无需强迫风冷。

（3）接口简单、维护方便

PLC 对不同的工业现场信号，如交流或直流、开关量或模拟量、电压或电流、脉冲或电位、强电或弱电等信号，都设计了相应的 I/O 模块与之匹配。对于工业现场的器件或设备，如按钮、行程开关、接近开关、传感器及变送器、电磁线圈和控制阀等，都设计了相应的 I/O 模块与之连接。为了提高操作性能，PLC 还提供多种人机对话（如触摸屏）的接口模块，有的 PLC 还配备了多种通信联网的接口模块等。

另外，PLC 的接口按工业控制的要求设计，有较强的负载能力，其输入输出可直接与交流 220V 或直流 24V 等强电相连。

（4）体积小、功耗小、性价比高

以施耐德小型 PLC-TSX21 为例，它具有 128 个 I/O 接口，具有相当于 400～800 个继电器组成的系统的控制功能，其尺寸仅为 216mm×127mm×110mm，重 2.3kg，空载功耗为 1.2W，而成本仅相当于同功能继电器系统的 10%～20%。利用 PLC 设置的 LED 灯直观地反映现场信号的 I/O 状态、部分内部工作状态、通信状态、异常状态和电源状态等，非常有利于运行和维护人员对系统进行监视。

（5）编程简单、容易掌握

PLC 是面向用户的设备，PLC 的设计者充分考虑了现场工程技术人员的技能和习惯，大多数 PLC 的编程均提供了常用的梯形图方式和面向工业控制的简单指令方式。编程语言形象直观、指令少、语法简便、不需要专门的计算机知识和语言，具有一定的电工和工艺知识的人员都可在短时间内掌握。利用专用的编程器，可方便地查看、编辑和修改用户程序。

（6）设计、施工、调试周期短

用继电器-接触器控制完成一项控制工程，首先必须按工艺要求画出电气原理图，然后画出继电器柜的布置和接线图等，再进行安装调试，以后修改起来十分不便。采用 PLC 控制，由于其靠软件实现控制，硬件线路非常简洁，并为模块化积木式结构，且已商品化，故仅需按性能、容量（输入输出点数、内存大小）等选用组装，而大量具体的程序编制工作也可在 PLC 到货前进行，因而缩短了设计周期，使设计和施工可同时进行。由于用软件编程取代了硬接线来实现控制功能，大大减轻了繁重的安装接线工作，缩短了施工周期。PLC是通过程序完成控制任务的，采用了方便用户的工业编程语言，且都具有仿真功能，故程序的设计、修改和调试都很方便，这样可大大缩短设计和投运周期。

6.1.3 可编程控制器生产厂家

根据美国 Automation Research Corp（ARC）调查，在全球可编程控制器（PLC）制造商中，前五名分别为德国西门子（Siemens）公司、美国 A-B（Allen-Bradley）公司、法国施耐德（Schneider）公司、日本三菱（Mitsubishi）公司和日本欧姆龙（Omrom）公司，其代表产品分别为西门子 S7 系列 PLC、AB Micro Logix 1500 PLC、施耐德 TSX Neza PLC和 Modicon TSX Momentum PLC、三菱 FX 系列 PLC 和欧姆龙 C 系列 PLC 等（图 6-1），他们的销售额约占全球总销售额的三分之二以上。近年来日本的基恩士（Keyence）的发展势头也比较迅猛，基恩士公司在高速、集成、小型化、模块化和低成本应用方面有很大的优势，其市场占有份额逐年增长。

(a) 德国西门子(Siemens)

(b) 日本基恩士(Keyence)

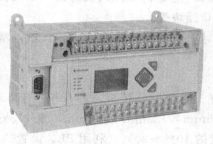
(c) 美国A-B(Allen-Bradley)

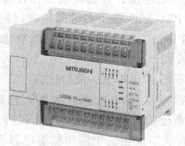
(d) 日本三菱(Mitsubishi)

图 6-1　可编程控制器（PLC）

国产 PLC 品牌多但规模小，中国台湾的生产商主要有台达、永宏、盟立、安控、士林等，中国大陆的生产商主要有深圳合信、厦门海为、上海正航、南大傲拓、德维深、和利时、浙江中控、浙大中自和江苏信捷等。国内厂家一般仿制进口产品，如深圳合信和厦门海为的 PLC 与德国西门子（Siemens）公司的 S7-200 系列 PLC，在硬件外形上相差无几，输入接口相同，扩展模块相似；在编程软件的界面上也差不多，但编程界面清晰，指令则博采众长，结合了西门子与三菱的优点。总的说来，国产 PLC 与国际品牌的 PLC 有较大的差距，仅使用在一些低端应用上。

6.1.4 可编程控制器发展趋势

可编程控制器有以下发展趋势。

（1）微型和小型 PLC 功能明显增强

很多有名的 PLC 厂家相继推出高速、高性能、小型、特别是微型的 PLC。三菱的 FX-OS14 点［8 个 24V（DC）输入，6 个继电器输出］，其尺寸仅为 58mm×89mm，为信用卡大小，而功能却有所增强，使 PLC 的应用领域扩大到远离工业控制的其他行业，如快餐厅、医院手术室、旋转门和车辆等，甚至引入家庭住宅、娱乐场所和商业部门。

（2）集成化发展趋势增强

由于控制内容的复杂化和高难度化，使 PLC 向集成化方向发展，PLC 与 PC 集成，PLC 与 DCS 集成，PLC 与 PID 集成等，并强化了通信能力和网络化，尤其是以 PC 为基础的控制产品增长率最快。PLC 与 PC 集成，即将计算机、PLC 及操作人员的人-机接口结合在一起，使 PLC 能利用计算机丰富的软件资源，而计算机能和 PLC 的模块交互存取数据。以 PC 机为基的控制容易编程和维护用户的利益，开放的体系结构提供了灵活性，最终降低了成本和提高了生产率。

（3）向开放性转变

PLC 的缺点主要是 PLC 的软、硬件体系结构是封闭的而不是开放的，绝大多数的 PLC 是专用总线、专用通信网络及协议，编程虽多为梯形图，但各公司的组态、寻址、语言结构不一致，使各种 PLC 互不兼容。国际电工委员会（IEC）在 1992 年颁布了 IEC1131-3《可编程序控制器的编程软件标准》，为各 PLC 厂家编程的标准化铺平了道路。现在开发以 PC 为基，在 WINDOWS 平台下，符合 IEC1131-3 国际标准的新一代开放体系结构的 PLC 正在规划中。

（4）编程语言多样化

在 PLC 系统结构不断发展的同时，PLC 的编程语言也越来越丰富，功能也不断提高。除了大多数 PLC 使用的梯形图、语句表语言外，为了适应各种控制要求，出现了面向顺序控制的步进编程语言、面向过程控制的流程图语言、与计算机兼容的高级语言（BASIC、C 语言等）等。多种编程语言并存、互补与发展是 PLC 进步的一种趋势。

6.1.5 可编程控制器的类型

（1）按 I/O 点数分

微型 PLC　I/O 点数小于 64 点。

小型 PLC　I/O 点数为 256 点以下。

中型 PLC　I/O 点数为 256 点以上，2048 点以下。

大型 PLC　I/O 点数为 2048 点以上。

超大型 PLC　I/O 点数超过 8192 点。

（2）按结构形式分

整体式 PLC　将电源、CPU、I/O 接口等部件都集中装在一个机箱内，具有结构紧凑、体积小、价格低等特点。

模块式 PLC　将 PLC 各组成部分分别做成若干个单独的模块，如 CPU 模块、I/O 模块、电源模块（有的含在 CPU 模块中）以及各种功能模块。

紧凑式 PLC　还有一些 PLC 将整体式和模块式的特点结合起来。

（3）按功能分

低档 PLC　具有逻辑运算、定时、计数、移位以及自诊断、监控等基本功能，还可有少量模拟量输入/输出、算术运算、数据传送和比较、通信等功能。

中档 PLC　具有低档 PLC 功能外，增加模拟量输入/输出、算术运算、数据传送和比较、数制转换、远程 I/O、子程序、通信联网等功能。有些还增设中断、PID 控制等功能。

高档 PLC　具有中档机功能外，增加带符号算术运算、矩阵运算、位逻辑运算、平方根运算及其他特殊功能的函数运算、制表及表格传送等功能。高档 PLC 机具有更强的通信联网功能。

6.1.6　PLC 的基本结构

PLC 实质是一种专用于工业控制的计算机，其硬件结构包含中央处理器（CPU）、电源、编程器、存储器和输入输出接口电路。其基本结构详见图 6-2。

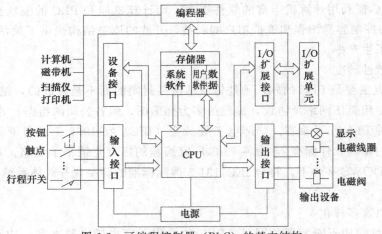

图 6-2　可编程控制器（PLC）的基本结构

（1）中央处理器（CPU）

中央处理器（CPU）是 PLC 的控制中枢。CPU 以扫描的方式接受现场各输入装置的状态和数据，存入 I/O 映象区，然后从用户程序存储器中逐条读取用户程序，经过命令解释后，按指令的规定执行逻辑或数字运算并将结果送入 I/O 映象区或数字寄存器内。等所有的用户程序执行完毕之后，将 I/O 映象区的各输出状态或输出寄存器内的数据传送到相应的输出装置，然后检查电源、I/O、通信及报警定时器的状态等，如此循环运行，直到停止运行。

为了提高 PLC 的可靠性，近年来对大型 PLC 还采用双 CPU 构成冗余系统，或采用三 CPU 的表决式系统。这样即使某个 CPU 出现故障，整个系统仍能正常运行。

（2）电源

PLC 的电源十分重要，因此 PLC 的制造商对电源的设计和制造十分重视。一般交流电压波动在 +10% 的范围内，可以不采取其他措施而将 PLC 直接接到交流电网上去。

（3）存储器

PLC 的存储器包括系统存储器和用户存储器两种。系统存储器用于存放 PLC 的系统程序，用户存储器用于存放 PLC 的用户程序。储存器一般均采用可电擦除的 $E^2 PROM$ 存储器来作为系统存储器和用户存储器。

（4）输入输出接口电路

PLC 的输入接口电路的作用是将按钮、行程开关或传感器等产生的信号输入到 CPU，其电路可分为直流输入电路和交流输入电路。直流输入电路的延迟时间比较短，可以直接与接近开关、光电开关等电子输入装置连接，交流输入电路适用于在有油雾、粉尘的恶劣环境下使用。

PLC 的输出接口电路的作用是将 CPU 向外输出的信号转换成可以驱动外部执行元件的信号，以便控制接触器线圈等电器的通、断电。PLC 的输入输出接口电路一般采用光耦合隔离技术，可以有效地保护内部电路。输出接口电路通常有继电器输出、晶体管输出和晶闸管输出三种类型。

此外 PLC 还需要编程器。利用编程器可将用户程序输入到 PLC 的存储器，还可用编程器检查和修改程序以及监视 PLC 的工作状态。

6.1.7 PLC 的工作原理

PLC 有两种基本的工作模式，即运行模式和停止模式，两者之间用 PLC 面板上的拨码进行切换。

在运行模式下，PLC 反复执行内部处理、通信服务、输入处理、用户程序处理、输出处理，如图 6-3 所示。PLC 的这种周而复始的循环工作方式称为扫描工作方式。

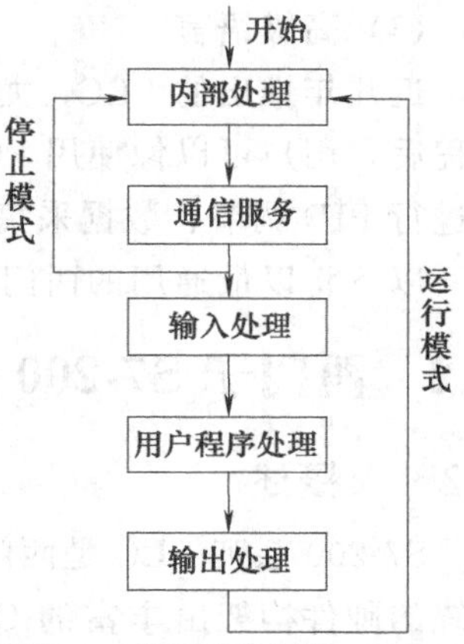

在内部处理阶段，PLC 检查 CPU 模块的硬件是否正常，复位监视定时器和完成一些其他内部工作。

在通信服务阶段，PLC 与智能模块通信，响应编程器键入的命令，更新编程器显示内容。

在输入处理阶段，顺序读入所有输入端子的通断状态，并将读入的信息存入内存中所对应的映象寄存器，此时输入映象寄存器被刷新，接着进入程序的执行阶段。输入处理也叫输入采样。

在程序执行阶段，根据 PLC 梯形图程序扫描原则，按先左后右，先上后下的步序，逐句扫描，执行程序。但遇到程序跳转指令，则根据跳转条件是否满足来决定程序的跳转地址。若用户程序涉及输入输出状态时，PLC 从输入映象寄存器中读出上一阶段采入的对应输入端子状态，从输出映象寄存器读出对应映象寄存器的当前状态。根据用户程序进行逻辑运算，运算结果再存入有关器件的寄存器中。

图 6-3 可编程控制器（PLC）的扫描工作方式

在输出处理阶段，将输出映象寄存器的状态转存到输出寄存器，通过隔离电路来驱动功率放大电路，使输出端子向外界输出控制信号，驱动外部负载。

由于 PLC 是扫描工作过程，在程序执行阶段即使输入发生了变化，输入状态映象寄存器的内容也不会变化，要等到下一周期的输入处理阶段才能改变。

PLC 在工作模式时，执行一次图 6-3 所示的扫描操作所需的时间称为扫描周期，其典型值为 1～100ms。扫描周期与用户程序的长短、指令的种类和 CPU 执行指令的速度有很大的关系。当用户程序较长时，指令执行时间在扫描周期中占相当大的比例。有的编程软件或编程器可以提供扫描周期的当前值，有的还可以提供扫描周期的最大值和最小值。

在停止模式时，PLC 只进行内部处理和通信服务等，不执行输入处理、用户程序处理、输出处理（图 6-3）。

6.1.8　PLC 的编程语言

PLC 的编程语言有多种，如梯形图、语句表、逻辑功能图和高级语言等。

（1）梯形图

梯形图编程语言习惯上叫梯形图。梯形图沿袭了继电器控制电路的形式，也可以说，梯形图编程语言是在电气控制系统中常用的继电器、接触器的逻辑控制基础上简化了符号演变而来的，具有形象、直观、实用的特点，电气技术人员容易接受，是目前用得最多的一种 PLC 编程语言。

（2）语句表

这种编程语言是一种与计算机汇编语言相类似的助记符编程方式，用一系列操作指令组成的语句表将控制流程表示出来，并通过编程器送到 PLC 中去。

（3）逻辑功能图

它基本上沿用了数字电路中的逻辑门和逻辑框图，一般用一个运算框图表示一种功能。控制逻辑常用"与"、"或"、"非"三种功能来完成。目前国际电工委员会（IEC）正在实施发展这种编程标准。

（4）高级语言

近几年推出的 PLC，尤其是大型 PLC，已开始使用高级语言进行编程。采用高级语言编程后，用户可以像使用 PC 机一样来操作 PLC。在功能上除可完成逻辑运算功能外，还可以进行 PID 调节、数据采集和处理、上位机通信等。

以下将以最通用的西门子 S7-200 系列的 PLC 为例，介绍 PLC 的使用方法。

6.2　西门子 S7-200 系列可编程控制器

6.2.1　概述

S7-200 系列 PLC 是西门子自动化与驱动集团开发生产的小型模块化紧凑型 PLC 系统。系统的硬件构架由丰富的 CPU 模块和扩展模块组成，能够满足各种设备的自动化控制需求。S7-200 除具有 PLC 基本的控制功能外，还有如下优点。

（1）功能强大的指令集

指令内容包括位逻辑指令、计数器、定时器、复杂数学运算指令、PID 指令、字符串指令、时钟指令、通信指令以及和智能模块配合的专用指令等。

（2）丰富强大的通信功能

S7-200 提供了近 10 种通信方式以满足不同的应用需求，从简单的 S7-200 之间的 PPI 通信到 S7-200 通过 PROFIBUS-DP 网络通信，甚至到 S7-200 通过以太网通信。在联网需求已日益成为必需的今天，强大的通信无疑会使 S7-200 为更多的用户服务。可以说，S7-200 的通信功能已经远远超出了小型 PLC 的整体通信水平。

（3）编程软件的易用性

STEP7-Micro/Win 编程软件为用户提供了开发、编辑和监控的良好编程环境。全中文的界面、中文的在线帮助信息、Windows 的界面风格以及丰富的编程向导，能使用户快速进入状态，得心应手。

6.2.2　西门子 S7-200 中央处理器（CPU）和扩展模块

模块化设计可为具体应用提供极大的灵活性，便于扩展功能，能有效地提高经济性。西门子 S7-200 系列按照模块化设计的思想规划产品线。

S7-200 的核心部件是中央处理单元（CPU），实际的控制和计算就在 CPU 中进行。开发人员根据工艺要求，在软件开发环境中选择合适的指令，制定合适的算法，并把它们编辑组合成能够完成工艺要求的程序并下载到 CPU 中执行。这些程序称为用户程序。

用户程序在 CPU 中运行时，通过硬件取得实际过程信号和操作指令。这些硬件电路就是数字量（二进制的开关信号）和模拟量信号的输入点（通道），CPU 发出的控制指令也要通过硬件才能驱动系统中的执行机构，即数字量和模拟量信号的输出通道。输入/输出的硬件点（通道）称为 I/O（input/output）。

西门子提供多种型号的 S7-200 系列 CPU 和输入/输出（I/O）扩展模块。每种 CPU 的核心处理芯片的运算能力相同，但是对外有不同的 I/O 点数和特殊功能。如果需要控制更多的 I/O 点数，可以增加 I/O 扩展模块。所有的扩展模块都通过总线扩展电缆连接到前面的 CPU 或前面的其他扩展模块。

所有 CPU 上设置有外插存储卡接口、电池卡接口和通信接口。外插存储卡接口用以保存数据，电池卡接口提供 RAM 数据保持的电池供电，通信接口可连接支持标准通信协议的人机界面（HMI）设备等，通信接口也是用户程序下载到 CPU 的物理通道。图 6-4 为西门子 S7-200 系列 CPU 的外形图，图中指示出了 CPU 上的各个接口。

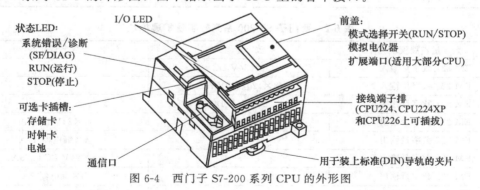

图 6-4　西门子 S7-200 系列 CPU 的外形图

西门子 S7-200 系列的 CPU 有 CPU221、CPU222、CPU224、CPU224XP 和 CPU226等，其主要特性参数见表 6-1。

为了更好地满足应用要求，西门子 S7-200 系列有多种类型的扩展模块，可利用这些扩展模块完善 CPU 的功能。表 6-2 为数字量扩展模块，可以满足交流和直流输入以及交流、直流和继电器输出。表 6-3 列出的是模拟量扩展模块，可以满足模拟电压、模拟电流、热电偶和热电阻输入，以及模拟电压和模拟电流输出。

表 6-1   西门子 S7-200 系列 CPU 的主要特性参数

特　　性		CPU221	CPU222	CPU224	CPU224XP	CPU226
类型： (电源-输入-输出)		AC-DC-Rly 和 DC-DC-DC	AC-DC-Rly 和 DC-DC-DC	AC-DC-Rly 和 DC-DC-DC	AC-DC-Rly 和 DC-DC-DC	AC-DC-Rly 和 DC-DC-DC
电源类型： 交流电源＝85～264V AC 直流电源＝20.4～28.8V DC		有				
集成的输入/输出		6 DI/4DO	8 DI/6DO	14 DI/10 DO		24 DI/16 DO
内置模拟量输入		无			2 AI/1AO	无
在线编辑功能		无		有		
程序逻辑区(L) (Bytes)	使能在线编辑功能	4K		8K	12K	16K
	禁止在线编辑功能			12K	16K	24K
数据区(V)(Bytes)		2K		8K	10K	
执行时间(μs)		0.222				
高速计数器	最大个数	4		6		
	单相	4 @ 30kHz		6 @ 30kHz	4 @ 30kHz 2 @ 200kHz	6 @ 30kHz
	双相	2 @ 20kHz		4 @ 20kHz	3 @ 20kHz 1 @ 100kHz	4 @ 20kHz
脉冲输出		2 @ 20kHz			2 @ 100kHz	2 @ 20kHz
内置通信口		1×RS-485			2×RS-485	
自整定 PID 功能		有				
高级指令 —数据归档 —配方管理					有 有	

表 6-2   西门子 S7-200 系列数字量扩展模块

数字量扩展模块	数字量输入	数字量输出
EM 221 数字量输入	8×24V DC	—
EM 221 数字量输入	8×120/230V AC	—
EM 221 数字量输入	16×24V DC	—
EM 222 数字量输出	—	4×24V DC-5A
EM 222 数字量输出	—	4×继电器-10A
EM 222 数字量输出	—	8×24V DC-0.75A
EM 222 数字量输出	—	8×继电器-2A
EM 222 数字量输出	—	8×120/230V AC/0.5A
EM 223 数字量输入/输出	4×24V DC	4×24V DC-0.75A
EM 223 数字量输入/输出	4×24V DC	4×继电器-2A
EM 223 数字量输入/输出	8×24V DC	8×24V DC-0.75A
EM 223 数字量输入/输出	8×24V DC	8×继电器-2A
EM 223 数字量输入/输出	16×24V DC	16×24V DC-0.75A
EM 223 数字量输入/输出	16×24V DC	16×继电器-2A

表 6-3 西门子 S7-200 系列模拟量扩展模块

模拟量扩展模块	模拟量输入	模拟量输出
EM 231 模拟量输入	$4 \times \pm 10V/0 \sim 20mA$	—
EM 231 模拟量输入(热电阻)	$2 \times RTD$	
EM 231 模拟量输入(热电偶)	$4 \times TC$	—
EM 232 模拟量输出	—	$2 \times \pm 10V/0 \sim 20mA$
EM 235 模拟量输入/输出	$4 \times \pm 10V/0 \sim 20mA$	$1 \times \pm 10V/0 \sim 20mA$

6.2.3 西门子 S7-200 系列 PLC 系统连接

(1) CPU 与扩展模块连接

西门子 S7-200 系列的 CPU 在右侧有扩展模块的插槽，每一扩展模块在左侧有电缆插头，右侧有插槽，如此可将 CPU 与扩展模块一一串联成为模组。模组既能通过螺钉固定在控制柜背板上，也可以安装在标准导轨上，如图 6-5 所示。当安装位置在长度方向有限制时，还可通过扩充电缆连接。

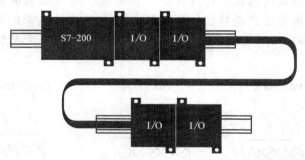

图 6-5 西门子 S7-200 系列 CPU 与扩展模块的连接

(2) 供电

西门子 S7-200 系列 CPU 的供电方式依不同的型号有直流和交流两种，见图 6-6。其扩展模块的供电由模块间的电缆提供。

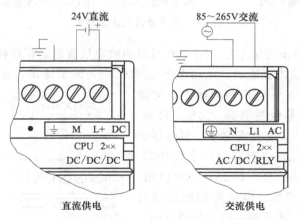

图 6-6 西门子 S7-200 系列 CPU 的供电

(3) 程序下载与监控

西门子 S7-200 系列 CPU 都至少有一个串行 RS-485 通信端口，利用该端口，可对 PLC 系统运行中的数据进行在线监控和修改。也可利用该通信端口进行程序下载，图 6-7 示出了

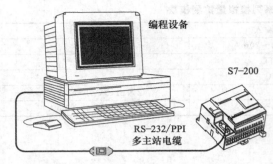

图 6-7　西门子 S7-200 系列 CPU
与编程设备的连接

这种连接。任何个人电脑或笔记本都能作为编程电脑，利用其固有的串行 RS-232 通信接口用 RS-232/PPI 专用电缆与 CPU 上的 RS485 接口进行连接。对于没有 RS-232 通信接口的笔记本，可用 USB 接口转串的方式进行扩展。

（4）数字量 I/O 连接

对于数字量输入/输出电路来说，关键是构成电流回路。西门子 PLC 系统分别对输入/输出点进行编组，组与组之间可以接不同的电源，当然也可以接相同电源。

图 6-8 为数字量输入连接方法。大多数数字量输入都是 24V 直流输入，因为 S7-200 的数字量输入点内部都是双向二极管，所以支持源型（信号电流从模块内向输入器件流出）和漏型（信号电流从输入器件流入）两种接法。两者的区别是电源公共端接法。源型输入的 24V 直流电源的正极接公共端，漏型输入则相反，见图（a）和图（b）。图（c）为最大 120V/230V 交流输入接法，实际使用较少。

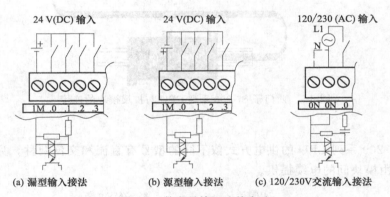

图 6-8　数字量输入连接方法

图 6-9 为数字量输出连接方法。S7-200 系列的数字量输出点有两种类型，即晶体管和继电器触点输出。对于晶体管输出，采用 24V 直流供电，源型输出，见图（a）。对于继电器输出，则是一组共用一个公共端的触点，可以接交流或直流，电压等级最高到 220V。例如，可以接 24V/110V/220V 交直流信号，但要保证一组输出接同样的电压（一组共用一个公共端，如 1L、2L）。对于弱小信号，如 15V 也可以用，但要验证其输出的可靠性。继电器输出点接直流电源时，公共端接正或负都可以，见图（b）。

（5）模拟量 I/O 连接

S7-200 的模拟量模块用于输入和输出电压、电流信号。信号的量程（信号的变化范围，如 -10～+10V，0～20mA 等）用模块上的拨码

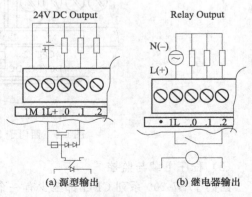

图 6-9　数字量输出连接方法

可以进行设定。模拟量扩展模块需要提供 24V 直流电源，可以用 CPU 传感器电源，也可以用外接电源供电。模拟量输入接线见图 6-10。

模拟量的输出有电压型输出和电流型输出两种，需要将各自的负载接到不同的端子上去，如图 6-11 所示。

值得一提的是 CPU224XP 主机单元内置有 2 路 A/D 输入，其接法与扩展模块相同。

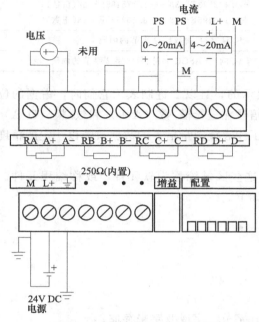

图 6-10 模拟量输入连接方法

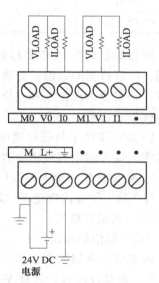

图 6-11 模拟量输出连接方法

6.3 西门子 S7-200 系列 PLC 内部资源及寻址方式

6.3.1 S7-200 系统中的数据类型及其格式

S7-200CPU 收集操作指令、现场状况等信息，把这些信息按照用户程序指定的规律进行运算、处理，然后输出控制、显示等信号。所有这些信息在 S7-200 系列 PLC（简称 S7-200PLC）中都表示为不同格式的数据。

S7-200CPU 中的数据都有特定的长度和表示方式，称为格式，见表 6-4。数据的格式与用于运算、处理它的指令相关，只有指令与数据之间的格式一致才能正常工作。例如，将一个整数数据用于浮点数运算指令，会得到错误的结果；以不同的格式查看一个数据，会得到不同的效果。

表 6-4 S7-200CPU 支持的数据格式

寻 址 格 式	二进制数据长度	数据类型	取 值 范 围
BOOL(位)	1(位)	布尔数	真(1);假(0)
BYTE(字节)	8(字节)	无符号整数	0～255;0～FF(Hex)
INT(整数)	16(字)	有符号整数	−32768～32767;8000～7FFF(Hex)
WORD(字)		无符号整数	0～65535;0～FFFF(Hex)

寻址格式	二进制数据长度	数据类型	取值范围
DINT（双整数）	32（双字）	有符号整数	－2147483648～2147483647 80000000～7FFFFFFF（Hex）
DWORD（双字）		无符号整数	0～4294967295；0～FFFFFFFF（Hex）
REAL（实数）		32 位浮点数	－3.402823E＋38～－1.175495E－38（负数）； ＋1.175495E－38～＋3.402823E＋38（正数）
ASCII	8 个（字节）	字符列表	ASCII 字符、每汉字 2 字节的内码
STRING（字符串）		字符串	1～254 个 ASCII 字符、每汉字 2 字节的内码

所有的数据在 PLC 中都是以二进制形式表示的，且以二进制表示它们时，占据的位数不同，所以数据的数值具有表示范围。模拟量信号在进行模/数（A/D）和数/模（D/A）转换时，一定会存在舍入和进位误差，这就决定了代表模拟量信号的数据只能以一定的精度来表示模拟量信号。

S7-200CPU 中数据存储在不同的区域中，这些区域统称为软元件，或称编程元件。其中与实际输入输出信号相关的存储区或软元件如下。

I—数字量输入继电器（DI）；

Q—数字量输出继电器（DO）；

AI—模拟量输入；

AQ—模拟量输出。

内部数据存储区有：

V—变量存储区，又称 V 变量，可以按位、字节、字或双字来存取；

M—通用位存储区，又称 M 变量，可以按位、字节、字或双字来存取；

T—定时器存储区，又称 T 变量，用于时间累计，有 1ms、10ms 和 100ms 三种分辨率；

C—计数器存储区，又称 C 变量，用于累计其输入端脉冲电平由低到高的次数，有三种类型的计数器，即只能增计数、只能减计数和既可增计数又可减计数；

HC—高速计数器存储区，与普通计数器不同，高速计数器不受扫描周期制约；

SM—特殊位存储器，用来存储系统的状态变量及有关的控制参数；

AC—累加器，用来暂存数据、传递参数和返回参数，可以按位、字节、字或双字来存取。

6.3.2 S7-200CPU 存储区域的直接寻址

S7-200CPU 将数据信息存于不同的存储器区域，区域中的每个单元都有唯一的地址，用户可以通过这个地址进行数据读取，这种直接指出存储单元地址的寻址方式称为直接寻址。

（1）位直接寻址

若要存取存储单元的某一位，则必须指定地址，包括存储区域标识符、字节地址和位号，其格式为 Ax.y。图 6-12 是一个位寻址的例子，在这个例子中，"I3.4"代表 I 软元件存储单元区的第 3 字节的第 4 位。位寻址也称为"字节.位"寻址。

可以进行直接位寻址的软元件有数字量输入继电器（I）、数字量输出继电器（Q）、通

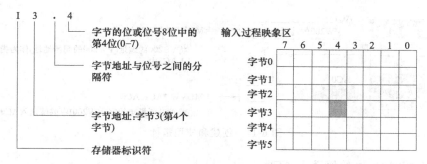

图 6-12　"字节．位"寻址

用位存储区（M）和特殊位存储器（SM）等。

（2）特殊器件的直接寻址

对具有一定功能的存储区，如定时器存储区（T）、计数器存储区（C）、高速计数器存储区（HC）和累加器（AC），不用指出他们的字节，而是直接写出其编号。如 T10 表明是编号为 10 的定时器。

（3）字节、字或双字的直接寻址

使用这种寻址方式，可以按照字节、字或双字来存取更多存储区，如 V、I、Q、M、S 及 SM 中的数据。若要存取 CPU 中 V 区域中的的一个字节、字或双字数据，也必须按格式给出地址，包括存储区标识符、数据大小以及该字节、字或双字的起始字节地址，如图6-13 所示。

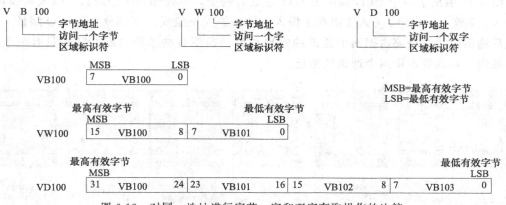

图 6-13　对同一地址进行字节、字和双字存取操作的比较

6.3.3　用指针对 S7-200CPU 存储区域的间接寻址

间接寻址是指用指针来访问存储区数据。指针是一个变量，其中以双字的形式存储要访问的变量的地址。可能的指针变量包括 V 存储器、L 存储器或者累加器寄存器（AC1、AC2、AC3）等。要建立一个指针变量，必须以双字的形式将需要间接访问的存储器地址移动到指针变量中。S7-200CPU 允许指针变量以字节、字或双字形式访问 I、Q、V、M、S、AI 和 AQ 等存储区，但无法访问单独的位。

要使用间接寻址，应用"&"符号加上要访问的存储区地址来取得一个地址，并存储到指针变量中。当指令中的操作数是指针时，应该在操作数前面加上"＊"号。图 6-14 给出一个例子：先将 VB200 的地址（VW200 的起始地址）作为指针存入 AC1 中，再将 AC1 所

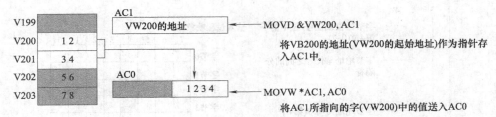

图 6-14　创建和使用指针

指向的字（VW200）中的值送入 AC0。

6.3.4　S7-200CPU 的集成 I/O 和扩展 I/O 寻址

S7-200CPU 提供的本地 I/O 具有固定的 I/O 地址，可以将扩展模块连接到 CPU 的右侧来增加 I/O 点，形成 I/O 链。对于同种类型的输入输出模块而言，模块的 I/O 地址取决于 I/O 类型和模块在 I/O 链中的位置。

在 S7-200CPU 中，输入/输出点的地址只与其在系统中的物理位置有关，离 CPU 越近，地址号越小。

各种类型的 I/O 按照各自的种类，如数字量输入（I）、数字量输出（Q）、模拟量输入（AI）、模拟量输出（AQ）信号，分别排列地址。在模块之间，数字量信号的地址总是以 8 位（1 个字节）为单位递增。如果 CPU 上的物理输入点没有完全占据一个字节，其中剩余未用的位也不能分配给后续模块的同类信号。

图 6-15 给出了一个 CPU 和扩展 I/O 寻址的例子，主控器由 CPU224、以太网模块、8 位输入、4 模入 1 模出、4 入 4 出和 4 模入 1 模出等模块组成。下部分为其 I/O 编址。其中模拟量输出模块总是要占据两个通道的输出地址。即便有些模块（EM235）只有一个实际输出通道，它也要占用两个通道的地址。

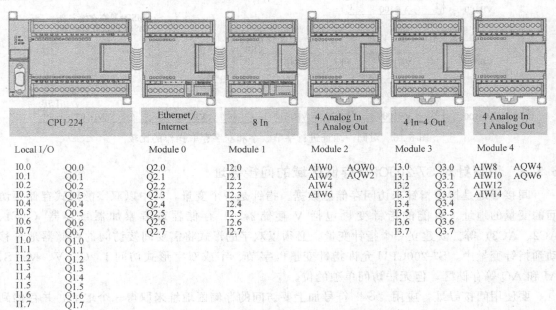

图 6-15　CPU 和扩展 I/O 寻址的例子

6.4 西门子 S7-200 系列可编程控制器指令系统

S7-200PLC 的指令系统可分为基本指令与应用指令。一般把能够取代传统继电器的指令称为基本指令，而应用指令则是指能够满足用户特殊控制要求而开发出的指令，应用指令又称为功能指令。但是随着 PLC 的发展，对基本指令的内容也在扩充，所以基本指令与应用指令之间没有严格的界限。以下将由简到繁介绍经常用到的指令。

6.4.1 位操作指令

位操作指令主要实现逻辑控制和顺序控制。

6.4.1.1 基本逻辑指令

（1）触点指令

触点指令是 PLC 中应用最多的指令。触点分为常开触点和常闭触点，两种触点又能够串联、并联和取反使用。另外对于信号还有边沿检测指令，边沿检测包括上升沿和下降沿，满足工作条件时，接通一个扫描周期。表 6-5 为西门子 S7-200PLC 系列部分触点指令。

表 6-5 西门子 S7-200PLC 系列部分触点指令

指令	与助	记符	梯形图符号	操作数	指 令 功 能
标准触点	常开	LD	Bit	I、Q、V、M、SM、S、T、C	将常开触点接在母线上
		A	Bit		常开触点与其他程序段相串联
		O	Bit		常开触点与其他程序段相并联
	常闭	LDN	Bit		将常闭触点接在母线上
		AN	Bit		常闭触点与其他程序段相串联
		ON	Bit		常闭触点与其他程序段相并联
取反		NOT	Bit NOT	—	改变能流输入状态
跳变	正	EU	Bit P		一次正跳变，接通一个扫描周期
	负	ED	Bit N		一次负跳变，接通一个扫描周期

（2）线圈指令

线圈指令表达前一段程序的运算结果。线圈指令分为普通、置位、复位和立即线圈指令等。普通线圈指令在前一段程序的条件满足时置位，条件失去后复位。置位线圈指令在前一段程序的条件满足时置位，条件失去后仍保持置位，复位需用复位线圈指令。立即线圈指令采用中断方式工作，不受扫描周期的影响，立即将前一段程序的运算结果送到输出口。表

6-6 为西门子 S7-200PLC 系列部分线圈指令。

表 6-6　西门子 S7-200PLC 系列部分线圈指令表

指令与助记符		梯形图符号	操 作 数	指令功能
输出	=	─────(Bit)	Q、V、M、SM、S、T、C	将运算结果输出到某个继电器
立即输出	=I	─────(Bit I)	Q	立即将运算结果输出输出到某个继电器
置位与复位	S	─────(Bit S N)	位:Q 、V、M、SM、S、T、C N:IB、QB、VB、SMB、SB、LB、AC、MB、常数等	将从指定地址开始 N 个位置位
	R	─────(Bit R N)		将从指定地址开始 N 个位复位
立即置位与立即复位	SI	─────(Bit SI N)	位:Q N:IB、QB、VB、SMB、SB、LB、AC、MB、常数等	立即将从指定地址开始 N 个位置位
	RI	─────(Bit RI N)		立即将从指定地址开始 N 个位复位
SR 触发器	SR	Bit ─S1　OUT─ SR ─R	Q、V、M、I、S	置位与复位同时为 1 时置位优先
RS 触发器	RS	Bit ─S　OUT─ RS ─R1	Q、V、M、I、S	置位与复位同时为 1 时复位优先

（3）触点及线圈指令梯形图实例

在传统继电器-接触器的控制系统中，控制电动机的启动和停止需要两只按钮。利用 PLC 后，实现电机的启动和停止只要一只按钮。通过编程来实现这个目的的方案有多种，以下为两种可行的方案。

将启动/停止的输入信号接按钮的常开触点连接到输入点 I0.0，用输出点 Q0.0 通过接触器控制电动机。操作方法为：按一下按钮，电机启动，再按一下按钮，电机停止。

方案一　如图 6-16 所示。当第 1 次按下按钮时，在当前扫描周期内，I0.0 使辅助继电器 M0.0、M0.1 为 ON 状态，使 Q0.0 为 ON；到第二个扫描周期，辅助继电器 M0.1 的常闭触点为 OFF，使 M0.0 为 OFF，辅助继电器 M0.2 仍为 OFF，M0.2 的常闭触点仍为 ON，Q0.0 的自锁触点已起作用，Q0.0 仍为 ON，从此不管经过多少扫描周期，这种状态也不会改变。第 1 次松开按钮后至第 2 次按下按钮前，在输入采样阶段读入 I0.0 的状态为 OFF，辅助继电器 M0.0、M0.1、M0.2 均为 OFF 状态，Q0.0 也继续保持 ON 状态。当第 2 次按下按钮时，在当前扫描周期时，辅助继电器 M0.0、M0.1、M0.2 均为 ON 状态，

M0.2 的常闭触点为 OFF，使 Q0.0 由 ON 变为 OFF。到下一个扫描周期（假定未松开按钮），M0.1 的常闭触点使 M0.0 为 OFF，使 M0.2 为 OFF，Q1.0 不具备吸合条件仍然为 OFF。第 2 次松开按钮后至第 3 次按下按钮前，M0.0、M0.1、M0.2 及 Q0.0 均为 OFF 状态，控制程序恢复为原始状态。所以，当第 3 次按下按钮时，又开始了启动操作，由此进行启停电动机。

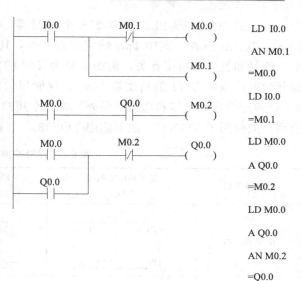

```
LD   I0.0
AN M0.1
=M0.0
LD I0.0
=M0.1
LD M0.0
A  Q0.0
=M0.2
LD M0.0
A  Q0.0
AN M0.2
=Q0.0
```

图 6-16　方案一

　　方案二　如图 6-17 所示。当按一下按钮时，I0.0 由 OFF 变 ON ，这时上升沿（正跳变）触发 EU 指令，在本次扫描周期内：①如果电机未启动，则启动电机，并置位 M0.0，以阻挡在本次扫描周期内停止电机，之后复位 M0.0；②如果电机已经启动，则关闭电机。

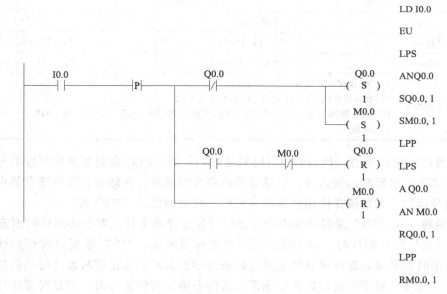

```
LD I0.0
EU
LPS
ANQ0.0
SQ0.0, 1
SM0.0, 1
LPP
LPS
A Q0.0
AN M0.0
RQ0.0, 1
LPP
RM0.0, 1
```

图 6-17　方案二

6.4.1.2　定时器指令

　　定时器是 PLC 中最常用器件之一，而定时器指令则用来规定定时器的功能。S7-200PLC 的 CPU22X 系列 PLC 的定时器有 3 种类型：接通延时型 TON、保持型（有记忆的）接通延时型 TONR、断开延时型 TOF。

　　由于西门子 S7-200 系列 PLC 共有 3 种不同功能的定时器，从而有 3 条指令。表 6-7 为定时器指令表，表中还列出了定时器的定时精度、定时最大值、编号、操作数的范围及类型。

　　西门子 S7-200 系列定时器使用要点如下。

i. S7-200 系列 PLC 共有 256 个定时器，编号为 T0～T255。其定时精度有 1ms、10ms、100ms 三种，其中 1ms 的定时器 4 个，10ms 的定时器 16 个，100ms 的定时器 236 个。编号和类型与精度有关，例如编号为 T32 的定时器的精度是 1ms，可用做接通延时或断开延时；编号为 T1 的精度是 10ms，仅能用做保持型接通延时。定时器选用前应先查表 6-7 以确定合适的编号和功能。另外，在一个用户程序中，不能把一个定时器同时用做不同类型，如使用了 TON33，就不能用 TOF33。

表 6-7　定时器指令类别表

定时器类别		接通延时定时器 TON	断开延时定时器 TOF	保持型接通延时定时器 TONR
指令表达式		T×× ─ IN　　TON ─ PT　??? ms	T×× ─ IN　　TONR ─ PT　??? ms	T×× ─ IN　　TOF ─ PT　??? ms
定时精度		1ms、10ms、100ms		
定时最大值 /s	1ms	32.767		
	10ms	327.67		
	100ms	3276.7		
定时器编号	1ms	T32,T96		T0,T64
	10ms	T33～T36,T97～T100		T1～T4,T65～T68
	100ms	T37～T63,T101～T255		T5～T31,T69～T95
操作数的范围及类型		T××:指定定时器号,T0～T255; IN:定时器使能,位型:I、Q、V、M、SM、S、T、C、L; PT:定时器预置值,整数型:IW、QW、VW、MW、SMW、T、C、LW、AC、AIW、＊VD、＊LD、＊AC、常数		

ii. 预置值也叫设定值，代表期望定时器延时的长短。PLC 定时器采用预置值与时基计数比较的方式来确定延时是否达到。时基计数值称为当前值，存储在当前值寄存器中，可通过定时器编号读取。预置值在使用梯形图编程时，在功能框的"PT"端。

iii. 使能输入端"IN"是梯形图中定时器可开始工作的条件。对于接通延时型定时器来说，"IN"端置位时开始计时；对于断开延时型定时器来说，"IN"端复位时开始计时。对于无记忆的定时器来说，如接通延时型定时器条件不满足时，无论定时器计时是否达到预置值，计时值均清零。对于有记忆定时器来说，条件不满足时停止计时，满足时累计计时，直到达到预置值定时器会置位，所以这种定时器的复位就得靠复位指令了。

iv. S7-200 有 3 种不同的定时精度的定时器，也就是说每种定时器对应不同的时基脉冲。但是这 3 种对不同时基脉冲计数的定时器的刷新方式是不同的。要正确使用定时器，首先要了解其刷新方式，保证定时器在每个扫描周期都能刷新 1 次，并能执行定时器指令。

① 1ms 定时器的刷新方式　1ms 定时器采用中断刷新的方式，系统每隔 1ms 刷新 1 次，与扫描周期即用户程序处理无关。当扫描周期较长时，1ms 定时器在 1 个扫描周期内将多次被刷新，所以其当前值在每个扫描周期内可能不一致。

② 10ms 定时器的刷新方式　10ms 的定时器由系统在每个扫描周期开始时自动刷新，在扫描过程中，定时器位状态和当前值不变。在每个扫描周期开始时将前一个扫描周期时间

值累加到定时器当前值上。例如扫描周期是 20ms 的程序，假定定时器的初值是 18ms，此周期整个扫描过程中的当前值都是 18ms，下个周期就是 38ms，再下个周期就是 58ms。如果定时器的预置值为 50ms，则在这个扫描周期，定时器就置位了。

③ 100ms 定时器的刷新方式　100ms 定时器是在该定时器指令被执行时刷新。为了使该定时器正确地定时，要保证每个扫描周期都能执行一次 100ms 定时器指令，程序的长短会影响定时的准确性。

④ 正确使用定时器　在 PLC 的应用中，经常使用具有自复位功能的定时器，即利用定时器自己的常开触点去控制自己的线圈。在 S7-200PLC 中，要使用具有自复位功能的定时器，必须考虑定时器的刷新方式。

在图 6-18（a）中，T32 是 1ms 定时器。由于 T32 每 1ms 刷新 1 次，只有正好在程序扫描到 T96，其当前值刚好等于预置值时，才能使 T32 的常开触点为 ON，从而使 Q0.0 在一个扫描周期内 ON，否则 Q0.0 将总是 OFF 状态。正确解决这个问题的方法是用图 6-18（b）的编程方式。

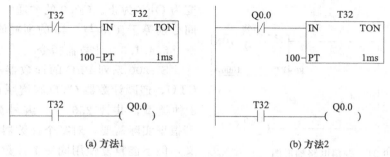

图 6-18　1ms 定时器的正确使用

图 6-19（a）中，T36 是 10ms 的定时器，而 10ms 的定时器是在扫描周期开始时被刷新的。由于 T36 的常闭触点和常开触点的相互矛盾状态，使得 M0.0 永远为 OFF 状态。正确解决这个问题的方法是采用图 6-19（b）的编程方式。

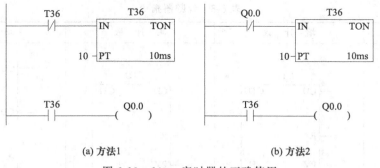

图 6-19　10ms 定时器的正确使用

对于 100ms 定时器，图 6-20（a）的方式可用，但推荐采用图 6-20（b）编程方式。

定时器应用举例：用定时器设计输出脉冲振荡电路（即闪烁电路）。在图 6-21 中，在 I0.0 处于 OFF 状态时，T38 与 T48 都处于 OFF 状态。当 I0.0 处于 ON 状态后，T38 的使能端置位，T38 开始定时计数。3s 后定时时间到，T38 的常开触点接通，使 Q0.0 变为 ON，同时使能 T48 定时器计时。8s 后定时时间到，T48 的常闭触点断开，使 T38 的使能

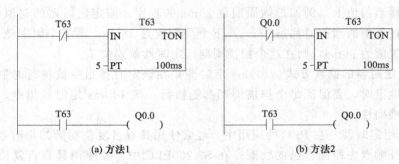

图 6-20　100ms 定时器的使用

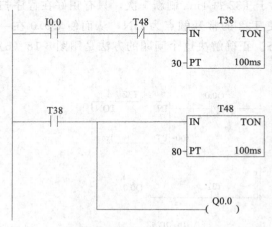

图 6-21　振荡电路梯形图

端复位，T38 常开触点断开，使 Q0.0 变为 OFF，同时 T48 使能端复位。复位后其常闭触点又接通，T38 又开始计时，往后 Q0.0 就这样周期性地"通电"与"断电"，直到 I0.0 变为 OFF 为止。Q0.0 的"通"与"断"的时间分别等于 T38 与 T48 的预置值。

6.4.1.3　计数器指令

S7-200 系列 PLC 的计数器有递增计数器 CTU、递减计数器 CTD 和增减计数器 CTUD 3 种类型，共计 256 个，编号为 C0～C255。可根据实际需要，对某个计数器的类型进行定义，但不能重复使用同一个计数器。每个计数器有一个 16 位的当前值存储器和一个状态位，

其最大计数值为 32767。计数器预置值 PV 的数据类型为整数型，寻址范围包括 VW、IW、QW、*VD、*AC、*LD 及常数等。计数器常用来累计输入脉冲的个数，可用来对产品进行计数。计数器指令见表 6-8。

表 6-8　计数器指令

格式/名称	增　计　数	减　计　数	增减计数
梯形图	CTU CU　CTU R PV	CTD CD　CTD R PV	CTUD CU　CTUD CD R PV
语句表	CTU C×××,PV	CTD C×××,PV	CTUD C×××,PV

（1）递增计数器 CTU（count up）

递增计数器的指令名称为 CTU，有增计数脉冲输入端 CU、复位端 R 和预置值 PV 3 个输入端。当复位端 R 复位时，会对增计数脉冲输入端 CU 的信号上升沿加法计数。当计数

值达到预置值 PV 时，计数器置位。计数值可继续计数到 32767 后停止计数。当复位端 R 置位时，计数器复位，计数值清零。图 6-22 为增计数器的梯形图及语句表使用示例。

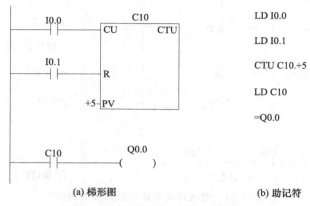

(a) 梯形图   (b) 助记符

图 6-22 增计数器的梯形图及语句表

(2) 递减计数器 CTD（count down）

递减计数器的指令名称为 CTD，有减计数脉冲输入端 CD、复位端 R 和预置值 PV 3 个输入端。当复位端 R 复位时，会对减计数脉冲输入端 CD 的信号上升沿减法计数。当计数值达到 0 时，计数器置位。计数值最大可从 32767 开始减法数。当复位端 R 置位时，计数器复位，计数值取预置值 PV 为初值。图 6-23 为减计数器的梯形图及语句表使用示例。

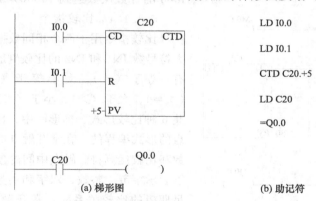

(a) 梯形图   (b) 助记符

图 6-23 减计数器的梯形图及语句表

(3) 增减计数器 CTUD（count up/down）

增减计数器是增计数器和减计数器的结合，其指令名称为 CTUD，有增计数脉冲输入端 CU、减计数脉冲输入端 CD、复位端 R 和预置值 PV 4 个输入端。当复位端 R 复位时，会对增计数脉冲输入端 CU 的信号上升沿加法计数，对减计数脉冲输入端 CD 的信号上升沿减法计数。当计数值与预置值 PV 相同时，计数器置位。计数值增计数到 32767 后 CU 再有输入，计数值则变为 −32767，同样当计数值减计数到 −32767 后 CD 再有输入，计数值则变为 32767。当复位端 R 置位时，计数器复位，计数值清零。图 6-24 为增减计数器的梯形图及语句表使用示例。

(4) 计数器使用示例

某厂对生产线上的某产品进行计数，当生产个数达到 50 万个时，输出一个动作，假设

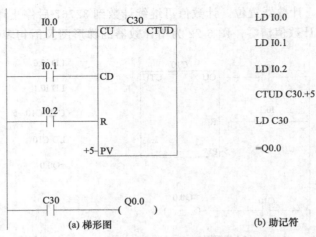

(a) 梯形图　　　　　　　　　　　(b) 助记符

图 6-24　增减计数器的梯形图及语句表

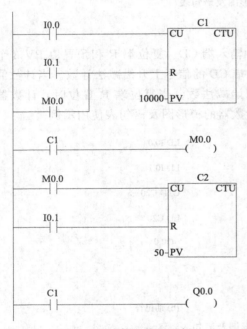

图 6-25　计数器使用示例

I0.0 为计数输入，I0.1 为清零输入，Q0.0 输出动作开关，其梯形图如图 6-25 所示。由于 50 万个数超过了一个计数器的最大计数，所以应该用两个计数器串联使用，C1 的设定值是 10000，C2 的设定值是 50。当达到 C2 的设定值 50 时，对应 I0.0 的计数次数达到 $10000 \times 50 = 500000$ 次。

6.4.1.4　比较指令

比较指令用于两个相同数据类型的有符号数或无符号数 IN1 和 IN2 的比较判断操作。比较运算符有：等于（＝）、大于等于（＞＝）、小于等于（＜＝）、大于（＞）、小于（＜）、不等于（＜＞），共 6 种比较形式。梯形图中，比较指令是以常开触点的形式编程的，在常开触点的中间须注明比较参数和比较运算符。触点中间的参数 B、I、D 和 R 分别表示字节、整数、双字和实数。当比较的结果满足期望的比较关系时，常开触点闭合。图 6-26 给出比较指令的使用示例。

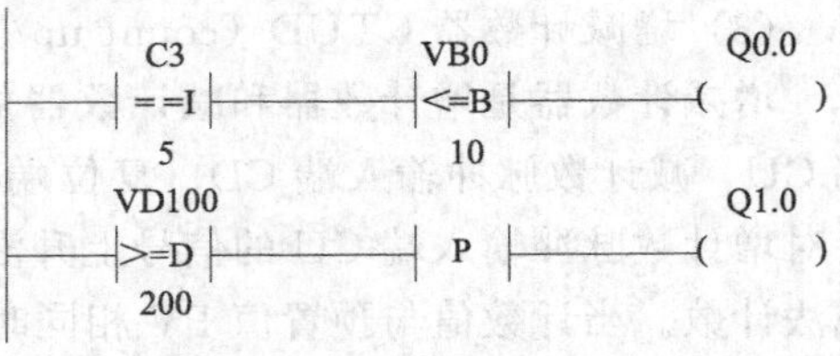

6.4.2　数据处理指令

数据处理指令包括数据传输指令和移位指令。

6.4.2.1　数据传输指令

数据传送指令用于在各个储存单元之间进行数据传送。根据每次传送数据的数量，可分为单个数据传送指令和块数据传送指令。

```
        C3              VB0                 Q0.0
    ┤==I├           ┤<=B├              (   )
     5               10
       VD100                            Q1.0
    ┤>=D├           ┤ P ├              (   )
     200
```

图 6-26　比较指令的使用示例

（1）单个数据传送指令 MOVB，MOVW，MOVD，MOVR

单个传送指令每次传送 1 个数据，传送数据的类型分为字节传送、字传送、双字传送和实数传送。表 6-9 列出了单个传送类指令的类别。指令中 IN 和 OUT 的数据类型需要保持一致。

表 6-9　数据传送类指令表

指令名称	梯形图符号	助记符	指令功能
字节传送 MOV_B	MOV_B EN　ENO IN　OUT	MOVB IN,OUT	当允许输入 EN 有效时,将 1 个无符号的单字节数据的传送到 OUT 中
字传送 MOV_W	MOV_W EN　ENO IN　OUT	MOVW IN,OUT	当允许输入 EN 有效时,将 1 个无符号的单字数据的传送到 OUT 中
双字传送 MOV_DW	MOV_DW EN　ENO IN　OUT	MOVD IN,OUT	当允许输入 EN 有效时,将 1 个有符号的双字数据的传送到 OUT 中
实数传送 MOV_R	MOV_R EN　ENO IN　OUT	MOVR IN,OUT	当允许输入 EN 有效时,将 1 个有符号的实数数据的传送到 OUT 中

（2）块数据传送指令 BMB,BMW,BMD

块数据传送指令一次传送多个数据,最多可达 255 个数据。这些数据组成 1 个数据块,其数据类型可以是字节块、字块和双字块。表 6-10 列出了块传送类指令。

表 6-10　块传送类指令表

指令名称	梯形图符号	助记符	指令功能
字节块传送 BLKMOV_B	BLKMOV_B EN　ENO IN　OUT N	BMB IN,OUT	当允许输入 EN 有效时,将从输入字节 IN 开始的 N 个字节型数据传送到从 OUT 开始的 N 个字节存储单元
字块传送 BLKMOV_W	BLKMOV_W EN　ENO IN　OUT N	BMW IN,OUT	当允许输入 EN 有效时,将从输入字节 IN 开始的 N 个字型数据传送到从 OUT 开始的 N 个字节存储单元
双字块传送 BLKMOV_D	BLKMOV_D EN　ENO IN　OUT N	BMD IN,OUT	当允许输入 EN 有效时,将从输入字节 IN 开始的 N 个双字型数据传送到从 OUT 开始的 N 个字节存储单元

6.4.2.2 移位指令

(1) 左移和右移指令

移位指令在 PLC 控制中是比较常用的，根据移位的数据长度可分为字节型移位、字型移位和双字型移位。根据移位的方向可分为左移和右移，还可进行循环移位。指令有右移位指令、左移位指令、循环右移位指令、循环左移位指令。移位指令的类别见表 6-11。

表 6-11 移位指令表

指 令 名 称	梯形图符号	助 记 符	指 令 功 能
字节左移 SHL_B	SHL_B EN ENO IN OUT N	SLB OUT,N	当允许输入 EN 有效时，将字节型输入数据 IN 左移 N 位后，送到 OUT 指定的存储单元
字节右移 SHR_B	SHR_B EN ENO IN OUT N	SRB OUT,N	当允许输入 EN 有效时，将字节型输入数据 IN 右移 N 位后，送到 OUT 指定的存储单元
字左移 SHL_W	SHL_W EN ENO IN OUT N	SLW OUT,N	当允许输入 EN 有效时，将字型输入数据 IN 左移 N 位后，送到 OUT 指定的存储单元
字右移 SHR_W	SHR_W EN ENO IN OUT N	SRW OUT,N	当允许输入 EN 有效时，将字型输入数据 IN 右移 N 位后，送到 OUT 指定的存储单元
双字左移 SHL_DW	SHL_DW EN ENO IN OUT N	SLD OUT,N	当允许输入 EN 有效时，将双字型输入数据 IN 左移 N 位后，送到 OUT 指定的存储单元
双字右移 SHR_DW	SHR_DW EN ENO IN OUT N	SRD OUT,N	当允许输入 EN 有效时，将双字型输入数据 IN 右移 N 位后，送到 OUT 指定的存储单元

左移或右移指令的使用要点如下：

ⅰ. 被移位的数据是无符号的；

ⅱ. 在移位时，存放被移位数据的编程元件的移出端与特殊继电器 SM 1.1 连接，移出位进入 SM 1.1（溢出），另一端自动补 0；

ⅲ. 位次数 N 与移位数据的长度有关，如 N 小于实际的数据长度，则执行 N 次移位，如 N 大于数据长度，则执行移位的次数等于实际数据长度的位数；

ⅳ. 移位次数 N 为字节型数据。

（2）循环左移和循环右移指令

循环移位指令包括字节循环左移 ROL_B、字节循环右移 ROR_B、字循环左移 ROL_W、字循环右移 ROR_W、双字循环左移 ROL_DW 和双字循环右移 ROR_DW 等六条指令。其使用要点与普通移位指令基本相同。不同的是移位时，存放被移位数据的存储单元的移出端既与另一端连接，又与特殊继电器 SM 1.1 连接，移出位在被移到另一端的同时，也进入 SM 1.1（溢出）。

6.4.2.3 传送类指令与循环指令应用实例

控制要求：用按钮控制彩灯循环，方法是第一次按下按钮为启动循环，第二次按下为停止，以此为奇数次启动偶数次停止。用另一个按钮控制循环方向，第一次按下左循环，第二次按下右循环，由此交替。假设彩灯初始状态为 00000101，循环移动周期为 1s。

I/O 分配：I0.0 设为启动和停止按钮，I0.1 为左或右循环按钮，QB0 每 1 位对应一个彩灯。

程序注释：梯形图见图 6-27，图中 SM0.1 是首次扫描控制位，它在程序从 STOP 转为 RUN 的第一个扫描周期内，将彩灯状态的初始值 2＃00000101 放入 QB0。启动按钮 I0.0 按下为 ON 时，使 M0.0 置位，时间继电器 T60 开始计时，定时时间为 1s。每次定时到达后，将彩灯当前状态 QB0 移位后输出，移位方向由 M0.1 确定 QB0 是左循环还是右循环，当 M0.1 置位时左循环，清零时右循环，M0.1 的状态由按钮 I0.1 来切换。

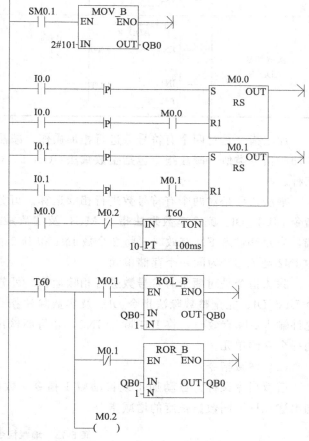

图 6-27　单按钮控制彩灯循环梯形图程序

6.4.3 运算指令

S7-200 系列 PLC 具备较强的运算功能。运算指令包括算术运算与逻辑运算，算术运算包括加法、减法、乘法、除法及一些常用的数学函数；逻辑运算包括逻辑与、逻辑或、逻辑非、逻辑异或。

（1）算术运算指令

在算术运算中，数据类型为整数 INT 、双整数 DINT 、实数 REAL，对应的运算结果分别为整数、双整数和实数，除法不保留余数。运算结果如超出允许范围，溢出位被置1。表 6-12 为常用的加法运算指令。

表 6-12　加法运算指令表

指 令 名 称	梯形图符号	助　记　符	指令功能
整数加法 ADD_I	ADD_I EN　　　ENO IN1　　　OUT IN2	+I IN1,OUT	当允许输入 EN 有效时,将 2 个有符号整数 IN1(字型)和 IN2(字型)相加,将有符号整数和输出到 OUT(字型)
双整数加法 ADD_DI	ADD_DI EN　　　ENO IN1　　　OUT IN2	+D IN1,OUT	当允许输入 EN 有效时,将 2 个有符号整数 IN1(双字型)和 IN2(双字型)相加,将有符号整数和输出到 OUT(双字型)
实数加法 ADD_R	ADD_R EN　　　ENO IN1　　　OUT IN2	+R IN1,OUT	当允许输入 EN 有效时,将 2 个实数 IN1(双字型)和 IN2(双字型)相加,将实数和输出到 OUT(双字型)

加法指令是对两个有符号数进行相加操作,减法指令是对两个有符号数进行相减操作。与加法指令类似,减法指令包括整数减法 SUB_I、双整数减法 SUB_DI 和实数减法 SUB_R 三种。

乘法指令是对两个有符号数进行相乘运算。可分为整数乘法指令 MUL_I、双整数乘法指令 MUL_DI、完全整数乘法指令 MUL 及实数乘法指令 MUL_R。乘法指令有三个输入端,当允许输入 EN 有效时,将 2 个数 IN1 和 IN2 相乘,并将乘积输出到 OUT。乘法指令中 IN2 与 OUT 为同一个存储单元。

除法指令是对两个有符号数进行相除运算。可分为整数除法指令 DIV_I、双整数除法指令 DIV_DI、完全整数除法指令 DIV 及实数除法指令 DIV_R。除法指令有三个输入端,当允许输入 EN 有效时,将 IN1 除于 IN2,并将商输出到 OUT。除法指令中 IN1 与 OUT 为同一个存储单元。

(2) 增减指令

增减指令又称为自动加 1 或自动减 1 指令。数据长度可以是字节、字、双字。表 6-13 列出这几种不同数据长度的增减指令。

表 6-13　增减指令表

指 令 名 称	梯形图符号	助　记　符	指令功能
字节加 1 INC_B	INC_B EN　　　ENO IN　　　OUT	INCB OUT	当允许输入 EN 有效时,将 1 字节长的无符号数 IN 加 1 输出到 OUT

续表

指令名称	梯形图符号	助记符	指令功能
字节减1 DEC_B	DEC_B EN　ENO IN　OUT	DECB OUT	当允许输入 EN 有效时,将 1 字节长的无符号数 IN 减 1 输出到 OUT
字加1 INC_W	INC_W EN　ENO IN　OUT	INCW OUT	当允许输入 EN 有效时,将 1 字长的无符号数 IN 加 1 输出到 OUT
字减1 DEC_W	DEC_W EN　ENO IN　OUT	DECW OUT	当允许输入 EN 有效时,将 1 字长的无符号数 IN 减 1 输出到 OUT
双字加1 INC_DW	INC_DW EN　ENO IN　OUT	INCD OUT	当允许输入 EN 有效时,将 1 双字长的无符号数 IN 加 1 输出到 OUT
双字减1 DEC_DW	DEC_DW EN　ENO IN　OUT	DECD OUT	当允许输入 EN 有效时,将 1 双字长的无符号数 IN 减 1 输出到 OUT

（3）逻辑运算指令

逻辑运算指令是对逻辑数（无符号数）进行处理，包括逻辑与、逻辑或、逻辑异或、取反等逻辑操作，数据长度为字节、字、双字。对字节的逻辑运算指令见表 6-14。对字和双字的逻辑运算指令与字节的类似。

表 6-14　对字节的逻辑运算指令表

指令名称	梯形图符号	助记符	指令功能
字节与 WAND_B	WAND_B EN　END IN1　OUT IN2	ANDB IN1, OUT	当允许输入 EN 有效时,将 2 个 1 字节长的逻辑数 IN1 和 IN2 按位相与,产生的运算结果放 OUT。IN2 和 OUT 是同一存储单元
字节或 WOR_B	WOR_B EN　ENO IN1　OUT IN2	ORB IN1,OUT	当允许输入 EN 有效时,将 2 个 1 字节长的逻辑数 IN1 和 IN2 按位相或,产生的运算结果放 OUT。IN2 和 OUT 是同一存储单元

指令名称	梯形图符号	助记符	指令功能
字节异或 WXOR_B	WXOR_B EN　　ENO IN1　　OUT IN2	XORB IN1,OUT	当允许输入 EN 有效时,将 2 个 1 字节长的逻辑数 IN1 和 IN2 按位相异或,产生的运算结果放 OUT。IN2 和 OUT 是同一存储单元
字节取反 INV_B	INV_B EN　　ENO IN1　　OUT IN2	INVB IN1,OUT	当允许输入 EN 有效时,将 2 个 1 字节长的逻辑数 IN1 和 IN2 按位取反,产生的运算结果放 OUT。IN2 和 OUT 是同一存储单元

6.4.4　转换指令

在进行数据处理时,不同性质的操作指令需要不同数据类型的操作数。数据类型转换指令的作用将一个数值,按照操作指令的要求,对数据类型进行相应类型的转换。表 6-15 列出了几种常用的数据类型转换指令。

表 6-15　数据类型转换指令表

指令名称	梯形图符号	助记符	指令功能
字节到整数 B_I	B_I EN　　ENO IN　　OUT	BTI IN,OUT	当允许输入 EN 有效时,将字节转为字型整数
整数到双整数 I_DI	I_DI EN　　ENO IN　　OUT	ITD IN,OUT	当允许输入 EN 有效时,将字型整数转为双字整数
双整数到实数 DI_R	DI_R EN　　ENO IN　　OUT	DTR IN,OUT	当允许输入 EN 有效时,将双字整数转为实数
实数到双整数 ROUND	ROUND EN　　ENO IN　　OUT	ROUND IN,OUT	当允许输入 EN 有效时,将实数转为双字整数

6.4.5　程序控制指令

程序控制类指令包括跳转指令、循环指令、顺序控制指令和子程序指令等,用于对程序执行流程的控制。以下仅介绍跳转指令、循环指令、子程序指令。

（1）跳转指令

跳转指令的功能是根据不同的逻辑条件，有选择地执行不同的程序。利用跳转指令，可以使程序结构更加灵活，减少扫描时间，从而加快了系统的响应速度。

执行跳转指令需要用两条指令配合使用，跳转开始指令 JMP n 和跳转标号指令 LBL n，其中 n 是标号地址，n 的取值范围是 0～255 的字型类型。

使用跳转指令应注意以下两点。

ⅰ. 由于跳转指令具有选择程序段的功能，在同一程序且位于因跳转而不会被同时执行的两段程序中的同一线圈不被视为双线圈。双线圈是指同一程序中，出现对同一线圈的不同逻辑处理现象，这在编程中是不允许的。

ⅱ. 跳转指令 JMP 和 LBL 必须配合应用在同一个程序块中，即 JMP 和 LBL 可同时出现在主程序中，或者同时出现在子程序中，或者同时出现在中断程序中，跨界跳转是不允许的。

（2）循环指令

在控制系统中经常遇到对某项任务或某段程序重复执行的情况，这时可使用循环指令。循环指令由循环开始指令 FOR 和循环结束指令 NEXT 组成。当 FOR 指令的逻辑条件满足时，反复执行 FOR 与 NEXT 之间的程序段。

表 6-16 为循环的梯形图指令。其中循环开始指令 FOR 是循环体的开始标记，循环指令有三个输入端，分别是当前循环计数输入端 INDX、循环初值输入端 INIT 和循环终值输入端 FINAL，它们的数据类型均为整数。循环结束指令 NEXT 为循环体的结束标记，在梯形图中是以线圈的形式编程。

表 6-16 循环指令表

指令名称	梯形图符号	助记符	指令功能
循环开始指令 FOR	FOR EN ENO INDX INIT FINAL	FOR	循环开始指令
循环结束指令 NEXT	——（ NEXT ）	NEXT	循环结束指令

FOR 和 NEXT 必须成对使用，在 FOR 和 NEXT 之间构成循环体。当允许输入 EN 有效时，执行循环体。INDX 从 1 开始计数。每执行 1 次循环体，INDX 自动加 1，并且与终值 FINAL 比较，如果 INDX 大于 FINAL，循环结束。

（3）子程序指令

S7-200CPU 的控制程序由主程序、子程序和中断程序组成。在 PLC 的程序中，一般对那些需要经常执行的程序段，编制成子程序的形式，并为每个子程序赋以不同的编号，在程序执行的过程中，可随时调用某个编号的子程序。子程序的调用是有条件的，未调用它时不会执行子程序中的指令，因此使用子程序可以减少扫描时间。

子程序调用指令 CALL 的功能是将程序执行转移到编号为 n（n＝0，1，2，…）的子程序。子程序的入口用指令 SBR n 表示,在子程序执行过程中,如果满足条件返回指令 CRET 的条件,则结束该子程序,返回到原调用处继续执行;否则,将继续执行该子程序 到最后一条;无条件返回指令 RET,结束该子程序的运行,返回到原调用处。

程序控制类指令对合理安排程序的结构、提高程序功能以及实现某些技巧性运算,具有 重要的意义。

6.5 STEP 7-Micro/WIN 编程软件简介

STEP 7-Micro/WIN 编程软件是西门子公司为 S7-200 系列小型机而设计的编程工具软 件。该软件安装在 PC 上,操作者可在 STEP 7-Micro/WIN 平台上,根据控制系统的要求编 制控制程序,通过通信接口与 S7-200 系列 PLC 建立连接,进行程序的调试、下载、上传及 在线监控。

6.5.1 STEP 7-Micro/WIN 的窗口组件

STEP 7-Micro/WIN 的运行界面如图 6-28 所示,界面上有多个组件,介绍如下。

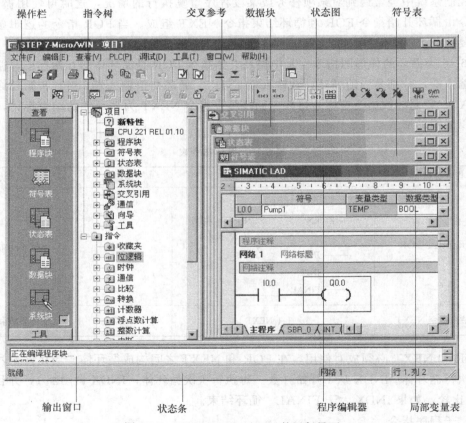

图 6-28 STEP 7-Micro/WIN 的运行界面

操作栏 操作栏中主要包括的对象有程序块、符号表,状态图、数据块、系统块、交叉 参考和通信显示按钮等。当操作栏包含的对象因为当前窗口大小无法显示时,可通过显示的 滚动按钮,上下移动隐藏对象。双击其中某一按钮对象,将在窗口域出现相应的窗口。

指令树 指令树为当前项目提供所有指令的树型视图。用户可用鼠标右键点击树中"项目"部分的文件夹,插入程序组织单元(POU),也可以用鼠标右键点击单个POU,进行属性的建立、删除和编辑等操作,也可加入密码保护或重命名子程序及中断例行程序。可以用鼠标右键点击树中"指令"部分的一个文件夹或单个指令,以便隐藏整个树。一旦打开指令文件夹,就可以拖放单个指令或双击,按照需要自动将所选指令插入程序编辑器窗口中的光标位置。可以将指令拖放在自己"偏好"的文件夹中,排列经常使用的指令。

交叉参考 允许用户检视程序的交叉参考和组件使用信息。

数据块 允许用户显示和编辑数据块内容。

状态图 允许用户将程序输入、输出或变量置入图表中,以便追踪其状态。可以建立多个状态图,以便从程序的不同部分检视组件。每个状态图在状态图窗口中有自己的标签。

符号表 允许用户分配和编辑全局符号(即可在任何POU中使用的符号值,不只是建立符号的POU)。可以建立多个符号表。可在项目中增加一个S7-200系统符号预定义表。

输出窗口 在用户编译程序时提供信息。当输出窗口列出程序错误时,可双击错误信息,会在程序编辑器窗口中显示适当的网络。当编译程序或指令库时,提供信息。

状态条 提供用户在STEP 7-Micro/WIN中操作时的操作状态信息。

程序编辑器 包含用于该项目的编辑器(LAD、FBD或STL)的局部变量表和程序视图。如果需要,用户可以拖动分割条,扩展程序视图,并覆盖局部变量表。当在主程序一节(MAIN)之外,建立子程序或中断例行程序时,标记出现在程序编辑器窗口的底部。可点击该标记,在子程序、中断和OB1之间移动。

局部变量表 包含用户对局部变量所作的赋值(即子程序和中断例行程序使用的变量)。在局部变量表中建立的变量使用暂时内存,地址赋值由系统处理,变量的使用仅限于建立此变量的POU。

菜单条 允许用户使用鼠标或键击执行操作。您可以定制"工具"菜单,在该菜单中增加自己的工具。

工具条 为最常用的STEP 7-Micro/WIN操作提供便利的鼠标访问。用户可以定制每个工具条的内容和外观。

6.5.2 简单PLC控制程序例子

以三相异步电动机启停程序为例,介绍STEP 7-Micro/WIN编程软件的使用方法。梯形图如图6-29所示。

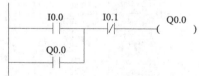

图6-29 三相异步电动机启停程序

(1)打开新项目

双击STEP 7-Micro/WIN图标,或从"开始"菜单选择SIMATIC>STEP 7 Micro/WIN,启动应用程序,会打开一个新STEP 7-Micro/WIN项目。

(2)打开现有项目

从STEP 7-Micro/WIN中,使用文件菜单,选择下列选项之一:

ⅰ.打开——允许浏览至一个现有项目,并且打开该项目;

ⅱ.文件名称——如果用户最近在一项目中工作过,该项目在"文件"菜单下列出,可直接选择,不必使用"打开"对话框。

（3）进入编程状态

单击左侧"查看操作栏"中的"程序块"，进入编程状态，如图 6-30 所示。

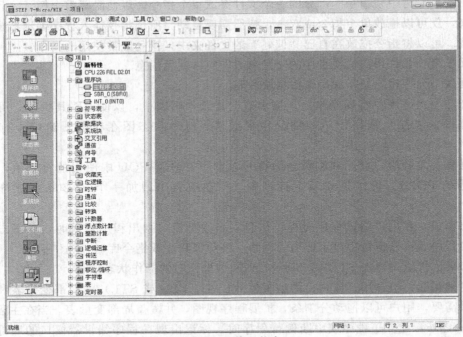

图 6-30　编程状态

（4）选择编程语言

打开菜单栏中的"查看"，选择"梯形图"语言，如图 6-31 所示。

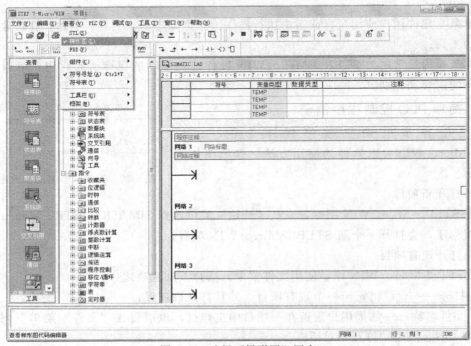

图 6-31　选择"梯形图"语言

ⅰ. 选择 MAIN 主程序, 如图 6-32 所示, 在网络 1 中输入程序。

ⅱ. 单击网络 1 中的├──┤从菜单栏或指令树中选择相关符号。如在"指令树"中选择, 可在"指令"中双击"位逻辑", 从中选择"常开触点"符号, 双击; 再选择"闭触点"符号, 双击; 再选择"输出线圈"符号, 双击; 将光标移到"常开触点", 单击菜单栏中的←, 再选择常开触点, 左移光标, 单击, 完成梯形图。

ⅲ. 给各符号加器件号: 逐个选择器件, 输入相应的器件号。

ⅳ. 保存程序: 在菜单栏中 File(文件)—Save(保存), 输入文件名, 保存。

ⅴ. 编译: 使用菜单"PLC"—"编译"或"PLC"—"全部编译"命令, 或者用工具栏按钮☑或☑执行编译功能。编译完成后在信息窗口会显示相关的结果, 以便于修改。

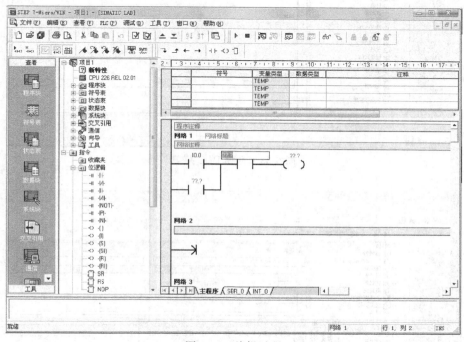

图 6-32 编辑过程

(5) 建立 PC 及 PLC 的通信连接线路并完成参数设置

以下以 CPU226 为例, 说明如何建立 PC 及 PLC 的通信连接线路和进行参数设置。

ⅰ. 连接 PC: 连接时应将 PC/PPI 电缆的一端与计算机的 COM 端相接, 另一端与 S7-200PLC 的 PORT0 或 PORT1 端口相连, 如图 6-7 所示。

ⅱ. 参数设置: 设置 PC/PPI 电缆小盒中的 DIP 开关将通信的波特率设置为 9.6K; 将 PLC 的模式开关设置在 STOP 位置, 给 PLC 上电; 打开 STEP7-Micro/WIN 32 软件并点击菜单栏中的"PLC"—"类型"(图 6-33), 弹出"PLC 类型"窗口(图 6-34); 单击"读取 PLC"检测是否成功, 或者从下拉菜单中选择 CPU226, 单击"通信"按钮, 系统弹出"通信"窗口, 双击 PC/PPI 电缆的图标, 检测通信成功与否, 见图 6-35。

(6) 下装程序

如果已经成功地在 STEP 7-Micro/WIN 和 PLC 之间建立通信, 则可按以下步骤将程序下载至 PLC。

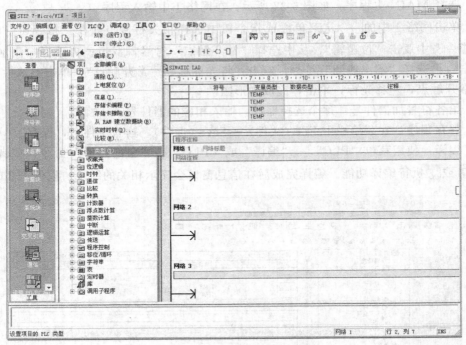

图 6-33　选择 PLC 菜单

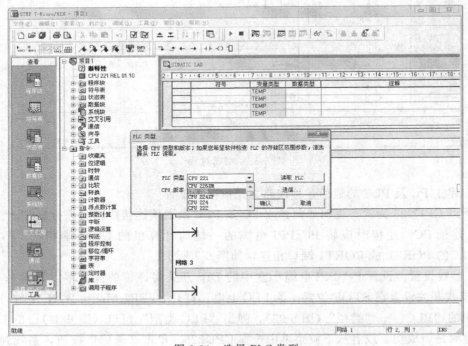

图 6-34　选择 PLC 类型

ⅰ. 下载前，将 PLC 置于"停止"模式。检查 PLC 上的模式指示灯。如果 PLC 未设为"停止"模式，点击工具条中的"停止"按钮。

ⅱ. 点击工具条中的"　下载"按钮，或选择文件＞下载，出现"下载"对话框。

图 6-35　读取 PLC 类型

ⅲ. 根据默认值，在初次发出下载命令时，"程序代码块"、"数据块"和"CPU 配置"（系统块）复选框被选择。如果不需要下载某一特定的块，清除该复选框。

ⅳ. 点击"确定"，开始下载程序。

ⅴ. 如果下载成功，则会显示"下载成功"确认框。

ⅵ. 下载成功后，在 PLC 运行前，必须将 PLC 从 STOP（停止）模式转换回 RUN（运行）模式。点击工具条中的"▶ 运行"按钮，或选择 PLC ＞运行，转换回 RUN（运行）模式。

（7）运行和调试程序

ⅰ. 将 CPU 上的 RUN/STOP 开关拨到 RUN 位置，CPU 上的黄色 STOP 状态指示灯灭，绿色指示灯亮。

ⅱ. 接通 I0.0 对应的按钮，观察运行结果。

（8）PLC 控制程序的上传

可选用以下 3 种方式进行程序上传：

ⅰ. 点击"上载"按钮；

ⅱ. 选择菜单命令文件"上载"；

ⅲ. 按快捷键组合 Ctrl＋U。

要上载 PLC 中的程序至编辑器，PLC 通信必须正常运行，所以要确保 PLC 连接电缆正常操作。

思考与练习

6-1　与继电器控制相比，PLC 控制主要有哪些优点？

6-2 简述 PLC 的基本结构和各部分的功能。

6-3 什么是 PLC 的扫描周期？扫描周期长短的决定因素有哪些？扫描过程分哪几个阶段，各阶段完成什么任务？

6-4 PLC 的梯形图和语句表编程语言各有何特点？

6-5 设计一彩灯显示装置，装置包含 1 个启动按钮，一个停止按钮和两组（每组 8 个）的彩灯。要求：当按下启动按钮时，第 1 组 8 个彩灯周期性闪烁，亮 1s，灭 1s，16s 后第 1 组彩灯全部熄灭；第 2 组彩灯开始循环右移，假定第 2 组彩灯的初值为 00000101，循环周期为 1s，当第 2 组彩灯循环 16s 后，第 2 组彩灯全灭，第 1 组彩灯重新闪烁，一直循环。当停止按钮按下，所有彩灯全灭，停止运行。要求设计 PLC 控制系统的硬件、I/O 配置和控制软件。

6-6 试利用 PLC 的定时器，设计一包含时分秒的时钟。

6-7 请查找 S7-200 系列 PLC 的高速脉冲输出模块资料，设计一步进电机驱动软件。要求步进电机的角位移和角速度可调。

第7章 过程装备控制系统实例

前面章节讲述了过程装备控制系统中涉及的传感器技术、被控对象建模、控制器以及计算机控制系统的设计原则等，但是如何将上述理论、技术和方法应用到实际的过程装备控制中，还有很多具体的工程问题需要解决。本章将通过若干控制实例的构建，展示基于计算机控制的理论、技术和方法的具体运用，以及实际问题的工程化解决方法。

7.1 双容液位槽液位控制

7.1.1 概述

液位控制是过程控制中常见的参数控制，本节以图1-13中的双容液位槽为例进行液位控制系统设计。双容液位槽液位控制系统框图如图7-1所示。水槽2的液位由液位传感器/变送器检测，送到控制器中与设定值比较，偏差信号经由PID控制器，产生控制信号，作用在执行器，产生操纵信号以抵消偏差。

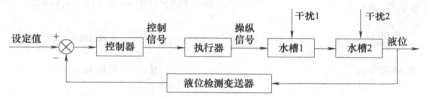

图 7-1 双容液位槽液位控制系统框图

7.1.2 系统硬件设计

（1）液位检测变送器

液位检测变送器采用如图7-2所示的CXT型智能压力检测变送器。该压力检测变送器采用单晶硅复合压力传感器、整体式膜盒结构和微处理器技术，可用来测量各种流体的差压或压力，并把它转换成4~20mA的信号输出。

CXT型智能压力变送器的其他性能指标：

■ 单晶硅复合压力传感器，最高精度可达±0.04%；

■ 长期漂移为±0.1%/10年，正常使用寿命超过10年；

■ 量程比可调，10倍以内精度无损，最高可达100:1；

■ 膜盒内集成温度传感器，温度影响量≤±（0.05%量程＋

图 7-2 液位传感器/变送器

0.01%量程上限)/28℃；

■ 整体化过载膜片设计，单向过载压力最高可达40MPa，压力型可达60MPa；

■ 静压影响小，±[0.1%量程＋0.025%量程上限]/6.9MPa；

■ 极宽的测量范围为100Pa~40MPa；

■ 本安隔爆一体化，防护等级达到IP67；

■ 膜片镀金技术，可完全抑制透氢；

■ 适用于高温高真空工况；

■ 质量为 1.5kg。

（2）执行器

执行器采用 ZDLM 型电动调节阀。电动调节阀由电动执行机构和阀门组成，其外形如图 7-3 所示。电动执行机构内有如图 7-4 所示的伺服系统，无需另配伺服放大器，在单相电源和 4～20mA 输入控制信号作用下即可控制电机运转，通过减速器，变成阀杆的上下运动。阀门主要由阀杆、阀体、阀芯及阀座等部件组成。当阀芯可在阀杆的作用下在阀体内上下移动时，可改变阀芯阀座间的流通面积，达到改变流量的目的。

图 7-3　电动调节阀

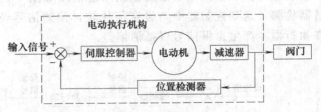

图 7-4　伺服系统

（3）控制器

控制器选用浙江中控生产的 C3000 过程控制器（图 7-5）。这是一款多功能智能仪表，配置了工业级 32 位 ARM7 微处理器，采用了 5.6 英寸 TFT 真彩高亮度宽视角液晶屏，具有全中文操作界面。C3000 符合 IEC61010-1：2001 标准，并获得了 CE 认证。

C3000 的主要功能有：

■ 8 路 AI，4 路 AO，2 路 DI 和 12 路 DO；

■ 支持 4～20mA 模拟量输入输出；

■ 支持大容量 CF 卡；

■ 支持 RS485/232 通信；

■ 4 路单/多回路 PID 控制（LOOP≤4）；

■ 串级 PID 控制；

■ 逻辑控制；

■ 8 个定时器；

■ 支持 20 种函数运算；

■ PID 参数自整定；

■ 30M 字节的历史数据记录。

图 7-5　C3000 过程控制器

关于 C3000 过程控制器更详细的说明，请参见其操作手册。

（4）被控对象特性

如图 1-13（a）所示的双容液位槽为二阶系统，由 1.4 节中的内容可知，描述其动态特

性的微分方程为

$$T_1 T_2 \frac{d^2 H_2}{dt^2} + (T_1 + T_2)\frac{dH_2}{dt} - H_2 = KQ_1 \tag{7-1}$$

其阶跃特性曲线如图 1-13（b）所示，为一条 S 形曲线。

式（7-1）的传递函数为

$$\frac{H_2(s)}{Q_1(s)} = \frac{K}{(T_1 s + 1)(T_2 s + 1)} \tag{7-2}$$

设计 PID 控制系统时，为了方便地得到控制参数，可将双容对象的响应曲线按 1.7.3 中介绍的方法进行线性处理，得到以式（7-3）表示的带纯滞后的近似一阶系统。

$$\frac{H_2(s)}{Q_1(s)} = \frac{K e^{-\tau s}}{Ts + 1} \tag{7-3}$$

（5）硬件连线

将 CXT 型智能压力检测变送器安装在水槽 2 上，以检测水槽 2 的液位高度 H_2，其代表液位高度 H_2 的 4～20mA 信号接到 C3000 的模拟量输入通道 1。将 C3000 生成的 4～20mA 控制信号由模拟量输出通道 1 输出，并连接到 ZDLM 型电动调节阀。为了同时记录给定的阶跃信号，将模拟量输出通道 1 的信号串联接入模拟量输入通道 2。ZDLM 型电动调节阀则安装为水槽 1 的入口阀 1，用于产生操纵量。液位高度 H_2 的设定值由 C3000 内部设定。整个硬件系统的连线如图 7-6 所示。

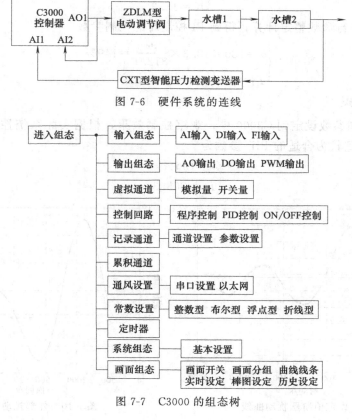

图 7-6 硬件系统的连线

图 7-7 C3000 的组态树

7.1.3 系统软件设定

C3000 为数字控制器，其集成度高功能强大，用户不需要进行控制程序编写，仅需要在彩色屏幕上按照用户实际连线和控制要求进行组态。图 7-7 为 C3000 的组态树。

7.1.4 参数整定

通过 C3000 设定电动调节阀的初始阀门开度，如 40%，观察水槽 2 液位高度 H_2 变化，当液位趋于平衡时，记录阀门开度及液位高度 H_2。

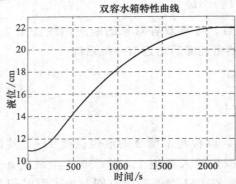

双容水箱特性曲线

图 7-8 阀门开度及液位高度 H_2 变化情况

通过 C3000 手动改变阀门开度，使其输出一个正阶跃变化，为避免水箱中的水溢出，阶跃量不宜过大，一般 5% 左右，记录阶跃响应和水槽 2 液位高度 H_2 变化曲线，直至达到新的平衡状态为止，同时记录新的阀门开度及液位高度 H_2。如图 7-8 所示。

从图 7-8 可以看出液位高度 H_2 为一条 S 形的曲线，表明双容液位槽确实是二阶系统。按照 1.7.3 节的方法对响应曲线进行线性化处理，由从反应曲线上求得的滞后时间 τ、时间常数 T、放大系数 K 分别为

$$
\begin{cases}
\tau = 91 \\
T = 812.1 \\
K = 13.3
\end{cases}
\tag{7-4}
$$

代入表 1-5 进行参数整定计算，得到 PI 控制时的控制参数

$$
\begin{cases}
\delta = 120 \times 13.3 \times \dfrac{91}{812.1} = 149\% \\
T_I = 3.3 \times 91 = 300.3(\text{s})
\end{cases}
\tag{7-5}
$$

7.1.5 运行效果

将得到的控制参数设定到 C3000 中，观察控制效果，根据实际系统控制效果，不断调整 PID 参数，得到较为合适的 PID 参数为

$$
\begin{cases}
\delta = 166\% \\
T_I = 303.3(\text{s})
\end{cases}
\tag{7-6}
$$

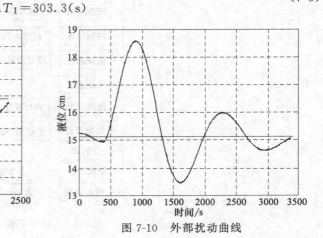

图 7-9 设定值阶跃扰动曲线   图 7-10 外部扰动曲线

在此控制参数下的自动运行状态，进行设定值阶跃扰动实验，得到系统的输出变化如图7-9所示。再施加外部扰动，得到如图7-10的输出曲线。对两条曲线进行衰减比分析可知，两条曲线的衰减比的 n 分别为 4.13 和 4.02，基本接近衰减比 4：1 的要求。

7.2 啤酒发酵工艺控制系统设计

7.2.1 概述

啤酒发酵是一个复杂的生物化学过程。根据酵母的活动能力和生长繁殖的快慢，必须按照图7-11所示的温度工艺曲线进行。在发酵期间，要使酵母的繁殖和衰减、麦汁中糖度的消耗和双乙醇等杂质含量等方面达到最佳状态，必须严格控制各阶段温度，使其在给定温度的 ±0.5℃ 范围内。

啤酒发酵通常在锥型发酵罐中进行。这种发酵罐的内层用不锈钢板焊接而成，外层用白铁皮包制而成，内层与外层间是保温材料和上中下三段冷却带，罐体由上下两部分组成，上部分是圆柱体，下部分是圆锥体，故称为锥形发酵罐。一般发酵罐的体积为 200m³。

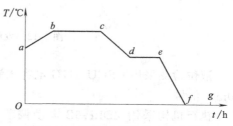

图 7-11 发酵过程温度工艺曲线

在发酵的过程中，如果罐内温度低于给定温度时，应关闭冷却带的阀门，使之自然发酵升温；当罐内温度高于给定温度时，则要求接通冷却带的阀门，自动将冷酒精输入冷却带使之降温，直到满足工艺温度要求。此外，在此过程中，还需监控发酵罐的液位，以及在各段工艺中实行保压，即要求发酵罐顶部气体压力恒定，以保证发酵过程的正确进行。

由此可归纳对发酵罐的控制要求如下。

ⅰ. 发酵罐需要测量 5 个参数，即发酵罐的上中下三段温度、罐内上部气体的压力和罐内发酵液的高度。

ⅱ. 自动控制发酵罐中的上中下三段温度使其按图7-11所示的温度工艺曲线运行，温度控制误差不大于 0.5℃。共有 3 个控制点。

ⅲ. 系统具有自动控制、现场手动控制、控制室遥控三种工作方式。

ⅳ. 系统具有掉电保护、报警、参数设置和工艺曲线修改设置功能。

ⅴ. 系统具有表格、图形、曲线等显示和打印功能。

7.2.2 系统总体方案的设计

（1）发酵罐测控点的分布及管线结构

如图7-12所示，发酵罐上有 5 个检测点和 3 个控制点。5 个检测点分别为上段温度 TTa、中段温度 TTb、下段温度 TTc、罐内上部气体压力 PT 和液位 LT。3 个控制点分别为上段冷却带调节阀 Tva、中段冷却带调节阀 Tvb 和下段冷却带调节阀 Tvc。

（2）检测装置和执行机构

温度检测采用 WZP-231 铂热电阻（Pt100）和 RTTB-EKT 温度变送器，其输入量程为 $-20 \sim +50℃$，输出 $4 \sim 20mA$ 信号。

压力检测采用 CECY-150G 电容式压力变送器，输入压力量程为 $0 \sim 0.25MPa$，输出 $4 \sim 20mA$ 信号。

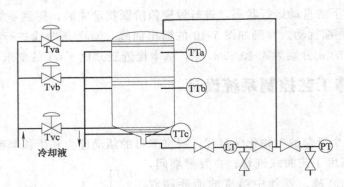

图 7-12　发酵罐的测控点分布及管线图

液位检测采用 CECU-341G 电容式液位变送器，输入差压量程为 0～0.2MPa，输出 4～20mA 信号。

执行机构采用 ZDLP-6B 电动调节阀，通径为 DG32，等百分比特性，并配有操作器 DFQ-2100。

（3）控制规律

啤酒发酵过程中，被控对象输入量为冷却液流量，输出量为发酵液温度，被控对象具有大惯性和纯滞后特性，而且在不同发酵阶段特性参数变化很大，这是确定控制规律的依据。

温度给定值为折线，在恒温段采用增量型 PI 控制算法，在降温段采用 PID 控制算法，考虑到被控对象大惯性和纯滞后的特点，在控制软件中应设计 Smith 预估控制算法。

（4）控制系统主机及过程通道模板

主机采用康拓 IPC-8500 工业控制机，配置 A/D 和 D/A 模板来实现过程通道中的信号变换。

选择阿尔泰 ART2005 型 16 路 12 位光电隔离 A/D 转换板，并结合 CMB5419-1B 型 32 路 I/V 变换板，作为系统模拟量输入通道。

选择阿尔泰 ART2003 型 4 路 12 位光电隔离 D/A 转换板，作为模拟量输出通道。

ART2005 数据采集卡及 ART2003 数据采集卡的详细操作说明见附录 A 和附录 B。

（5）控制系统的软件

主要包括：采样、滤波、标度变换、控制计算、控制输出、中断、计时、打印、显示、报警、调节参数修改、温度给定曲线设定及修改、报表、图形、曲线显示等功能。

7.2.3　系统硬件设计

硬件总体方案设计如图 7-13 所示。

模拟量输入通道：对于温度，将 -20～+50℃ 变换成 4～20mA（DC）信号，送至 I/V 变换板，变换成 1～5V（DC）信号，最后送至 12 位光电隔离 A/D 板，实现温度的数据采集；对于压力，将 0～0.25MPa 压力变换成 4～20mA（DC）信号，同样经过 I/V 板送至 A/D 板。对于液位，将 0～0.2MPa 差压变换成 4～20mA（DC）信号，同样经过 I/V 板送至 A/D 板。

模拟量输出通道：系统需要控制 3 个温度，故使用 3 个电动调节阀，通过调节阀调节冷却液流量，达到控制发酵温度的目的。在模拟输出通道中，将计算机输出的控制量转换成

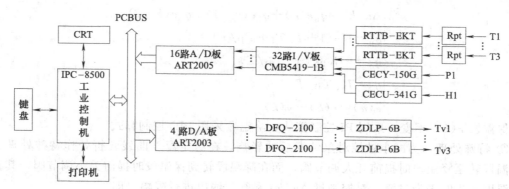

图 7-13 硬件总体方案设计

4～20mA（DC）信号，通过操作器，送至电动调节阀，达到控制温度的目的。

另外，为给变送器和操作器供电，系统还配有＋24V（DC）电源。因采用光电隔离技术，故 A/D 板和 D/A 板都采用了 DC/DC 隔离电源变换模块，为光电隔离提供所需的工作电源。

7.2.4 系统软件设计

（1）数据采集程序

采集 3 个温度信号、1 个压力信号和 1 个液位信号，分别采集 5 次并保存，采样周期 2s。

（2）数字滤波程序

采用中位值加平均值滤波法的数字滤波算法。对 5 个采样值排序后取中间 3 个值平均。

（3）标度变换程序

温度、压力和液位的标度变换，即将 4～20mA（DC）信号转换为 1～5V（DC）信号。

① 温度的标度变换 温度的量程范围为 −20～＋50℃（1～5V），其标度变换计算公式为

$$Y = \frac{50-(-20)}{4095-819}(x-819)+(-20) = 0.021368x - 37.5(℃) \tag{7-7}$$

② 压力的标度变换 压力的量程范围为 0～0.25MPa，其标度变换计算公式为

$$p = \frac{0.25-0}{4095-819}(x-819)+0 = (7.63126 \times 10^{-2} x - 62.5)(\text{kPa}) \tag{7-8}$$

③ 液位的标度变换 液位的量程范围（压差）为 0～0.2MPa，其标度变换公式为

$$H = \frac{0.2 \times 10^6 - 0}{Dg(4095-819)}(x-819)+0 = \frac{61.05x - 5.0 \times 10^4}{Dg}(\text{m}) \tag{7-9}$$

式中，D 为啤酒的密度；g 为重力加速度。

（4）给定工艺曲线的实时插补计算

给定工艺曲线由多段折组成，每一段都是直线，采用直线插补算法计算各采样点的给定值 $r(k)$。

（5）控制算法

① PID 算式 采用增量型 PID 控制算式。

$$\begin{cases} \Delta u(k)=q_0 e(k)+q_1 e(k-1)+q_2 e(k-2) \\ q_0=K_P(1+T/T_I+T_D/T) \\ q_1=-K_P(1+2T_D/T) \\ q_2=K_P T_D/T \\ e(k)=r(k)-y(k) \end{cases} \tag{7-10}$$

保温段 $r(k)$ 不变，采用 PI 控制算式，降温段采用 PID 控制算式。

② 特殊处理　为减小被控对象纯滞后的影响，在给定温度曲线转折处作特殊处理，即由保温段转至降温段时提前开大调节阀；而在降温段转到保温段时提前关小调节阀，其目的是使温度转折时平滑过渡。对控制量 $\Delta u(k)$ 和阀位输出进行限幅，即

$$\Delta u(k)=\begin{cases} \Delta u_{min}, \Delta u(k)<\Delta u_{min} \\ \Delta u_{max}, \Delta u(k)>\Delta u_{max} \end{cases} \tag{7-11}$$

其中，$\Delta u_{min}=819$，$\Delta u_{max}=4095$。

③ Smith 预估控制算式

$$G(s)=\frac{K e^{-\tau s}}{Ts+1} \tag{7-12}$$

$$y_\tau(k)=a y_\tau(k-1)+b[u(k-1)-u(k-N-1)] \tag{7-13}$$

$$N=\frac{\tau}{T}$$

（6）其他应用程序

除测控程序外，还有计时、打印、显示、报警、调节参数修改、报表、图形、曲线显示等功能程序。

7.2.5　系统的安装调试运行及控制效果

现场进行安装时，首先在现场安装温度变送器、压力变送器、液位变送器、调节阀等，然后从现场敷设屏蔽信号电缆到控制室，最后将这些电缆接到工业计算机外面的接线端子板上。

调试工作主要是对变送器进行满度和零点校准、A/D 板和 D/A 板满度和零点校准，另外就是利用试凑法（详购 1.7.4 节）确定 PID 控制器的控制参数。

系统经过安装调试后，投入运行，并满足系统的控制要求。

7.3　物料输送控制系统设计

7.3.1　概述

本节要求设计一物料输送装置，该装置需能完成物料的输送、搬运及称重功能。其结构示意图如图 7-14 所示。方形物料由交流电机驱动的传送带 A 输送，到达止点位置后由挡板 A 挡住，传感器 A 检测到物料后，启动机械手 A，抓取物料到称重台进行称重，然后被机械手 A 抓取到传送带 B。在传送带 B 上输送到止点后被挡板 B 挡住，然后由机械手 B 直接抓取到传送带 A，如此循环……。

7.3.2　总体方案设计

传送带仅完成物料输送功能，可采用皮带形式，用减速交流电机通过同步带驱动。两条传送带结构和传动形式相同。

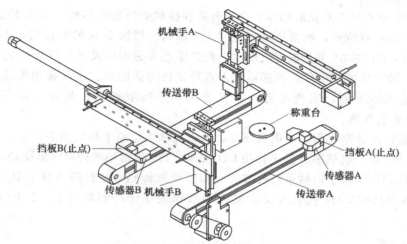

图 7-14 物料输送装置结构示意图

机械手要完成升降、抓取和平移的功能，可采用三轴机械手的方式。其中的升降用双杆缸实现，抓取用气爪实现。由于机械手 A 需要在指定的位置中停，所以机械手 A 的平移，用步进电机配合丝杆导轨来实现。机械手 B 不需要中停，可用杆形气缸配合导轨实现。

称重采用应变式力传感器，设计一圆形台面，传感器安放在台面下方。重量信号经放大后，传到控制器进行数据采集。

主控器采用西门子 S7-200 系列的 PLC，配合触摸屏进行参数设定和数据显示。

7.3.3 硬件设计

以下对与电气相关的硬件进行设计。

（1）传送带

如图 7-15 所示的传送带按图中箭头方向输送物料，在皮带的止点位置有挡板，并用对射光电传感器感应物体。当挡板挡住物体时，传感器输出一电平信号，触发相应的机械手动作。在传送带两端有轴承箱，将皮带预紧，由减速交流感应电机通过同步齿轮和同步带驱动皮带移动。对于控制器而言，每条传送带需要 1 路输出控制点以启停感应电机，1 路电平输入信号以确认挡板上有物体存在。减速交流感应电机的型号为 3IK15GN，对射光电传感器的型号为 PZ-G51。

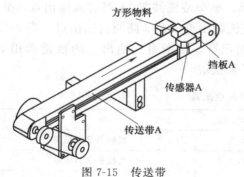

图 7-15 传送带

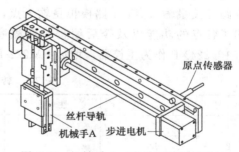

图 7-16 机械手 A（电动平移机械手）

（2）机械手

如图 7-16 所示，机械手的升降和抓取都用气缸实现，选用 CXWM16-20 双杆缸实现升降，MCHB-20 型的气爪来抓取物体。由于升降和抓取的行程都很短，所以不设计气缸传感器来检测它们的止点位置，而采用延时的方式来默认。机械手 A 的平移用 SH20504 型步进电机驱动器及 42HD2401 型步进电机驱动。配合原点传感器以及丝杆导轨来实现精确定位。对于控制器，除了需要一个原点传感器输入点外，还需要脉冲、正反转和使能三个控制点，以操纵步进电机驱动器，实现步进电机的正转、反转和放松。起导向作用的导轨选用 SSR20XW 型普通导轨。

由于机械手 A 的平移用步进电机驱动，所以又称为电动平移机械手。

如图 7-17 所示，机械手 B 的平移用 CDM2B20-250 带磁环的杆形气缸驱动，其他机械结构与机械手 A 相同。由于机械手行程较长，需要设置传感器来检测机械手 B 的气缸止点位置，选用 DW-AD-613-M8 接近开关。机械手 B 需要 1 个控制输出点，2 个气缸传感器输入点。

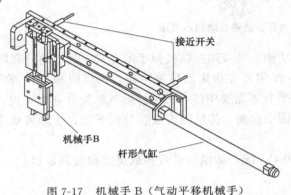

图 7-17 机械手 B（气动平移机械手）   图 7-18 称重装置

（3）称重装置

称重装置见图 7-18，其中的传感器采用 XL2C-5 型全桥应变传感器，信号灵敏度为 2mV/V。重量信号需经放大后才能送到控制器。称重装置有 1 路模拟量到控制器。

（4）电磁阀

控制器不能直接用来驱动气缸，必须用电磁阀作电-气转换。装置中共有 5 只气缸，所以选用 5 只 SY7120-5D-02 型单作用电磁阀。

（5）控制器

将装置的输入输出点归纳，结果如表 7-1 所示。整个装置共有 16 路输入输出点，分别是 5 路开关量输入点，1 路模拟量输入点，8 路直流输出点以及 2 路交流输出点。表 7-1 还列出了各点的功能以及今后编程时在程序中的助记符。根据输入输出点的数量选用 S7-200CPU224XP 作为主控器，增加 EM222-Relay 扩展模块。

表 7-1 转置输入输出点配置

序 号	点 位	性 质	程序助记符	功 能
1	I0.0		M2_HCY_F	机械手 B 前极限
2	I0.1		M2_HCY_B	机械手 B 后极限
3	I0.2	电平输入	M1_ORG	机械手 A 原点
4	I0.3		SL1_OBJ	传送带 A 物料
5	I0.4		SL2_OBJ	传送带 B 物料

续表

序 号	点 位	性 质	程序助记符	功 能
6	AI0	模拟输入	WHT	重量信号
7	Q0.0		CP	脉冲
8	Q0.2	直流输出	DIR	方向
9	Q0.3		OPT	选通
10	Q0.5		M1_VCY	机械手 A 升降
11	Q0.6		M1_CLAP	机械手 A 抓取
12	Q0.7	直流输出	M2_VCY	机械手 B 升降
13	Q1.0		M2_CLAP	机械手 B 抓取
14	Q1.1		M2_HCY	机械手 B 平移
15	Q2.0	交流输出	SL1	传送带 A 交流电机
16	Q2.1		SL2	传送带 B 交流电机

（6）人机界面

装置需要启动和停止按钮和对参数进行设定和对数据进行显示，所以选用 PWS6800C-P 型触摸屏作为人机界面。

综上所述，将以上选择的电气元件连接成装置的控制系统，其连线图如图 7-19 所示。图 7-20 为物料输送系统整体示意图。

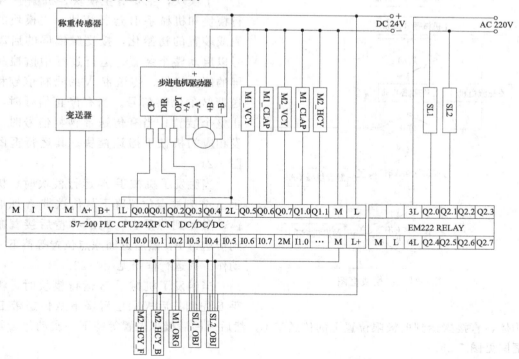

图 7-19　PLC 连线图

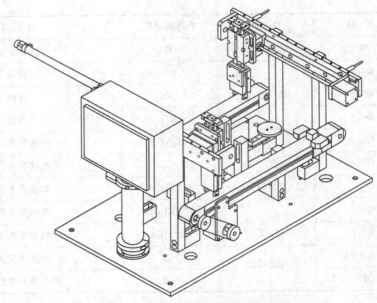

图 7-20　物料输送系统整体示意图

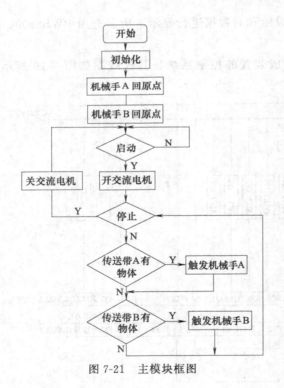

图 7-21　主模块框图

7.3.4　软件设计

装置的主要功能是物料的输送、搬运及称重。为实现这些功能可将程序划分为若干个模块，主要有主模块、机械手 A 运行模块和机械手 B 运行模块。主模块的先完成装置的初始化，接受触摸屏的启动信号以启动整个装置，运行过程中监控触摸屏的停止信号、传送带 A 的物料信号和传送带 B 的物料信号。当有停止信号时，停止整个装置；当有传送带物料信号时，触发相应的机械手搬运模块。其运行框图见图 7-21。

当触发了机械手 A 运行模块时，机械手 A 先到原点位置降下从传送带 A 抓取物体，搬运到称重台，完成称重后接着搬运到传送带 B，然后返回原点位置等待下一次动作。其运行框图见图 7-22。

当触发了机械手 B 运行模块时，机械手 B 先到其后极限位置降下从传送带 B 抓取物体，直接搬运到前极限位置上的传送带 B，然后返回后极限位置等待下一次动作。其运行框图见图 7-23。

为了方便人机交互，设计如图 7-24 所示的运行界面。通过运行界面可以启停装置、显示物料的称重结果、显示各个输入传感器的状态以及手动控制各输出点。

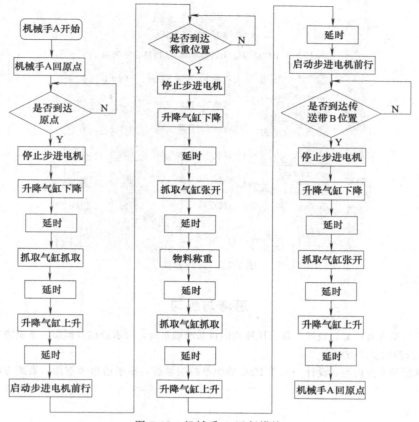

图 7-22　机械手 A 运行模块

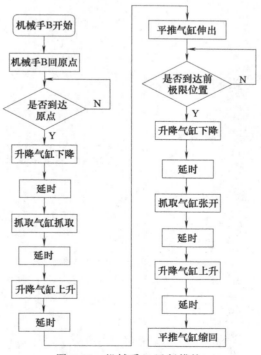

图 7-23　机械手 B 运行模块

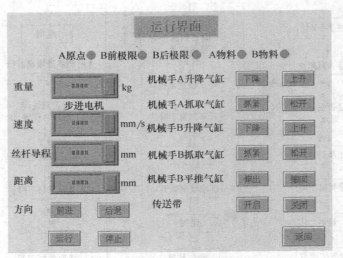

图 7-24 运行界面

思考与练习

7-1 根据所学专业内容，设计一基于计算机的自动控制系统，要求给出方框图、系统方案、硬件和软件设计方案以及参数整定方法。

7-2 根据所学专业内容，设计一基于 PLC 的顺序控制系统，要求给出方框图、系统方案、硬件和软件设计方案。

附录 A　ART2005 数据采集卡使用说明书

A.1　概述

A.1.1　概述

ART2005 板是 PC104 总线兼容的光电隔离型 A/D 板。A/D 分辨率为 12bit，通过率为 100kHz。

ART2005 板上安装有 12bit 分辨率的 A/D 转换器。为用户提供了两种模拟信号输入方式，即 16 路单端输入或 8 路双端输入方式。硬件增益可选 1～1000。

A/D 转换器模拟输入信号范围：

ART2005（ADS7835）　±2.5V，±5V，±10V；

ART2005A（ADS7818）　0～5V，0～10V。

ART2005 板支持软件查询、中断申请数据传输工作方式。

ART2005 与 ART2005A 只是模拟输入范围和数据格式不同，其他完全相同。

A.1.2　技术指标

（1）A/D 部分

◆ A/D 转换分辨率：12bit。

◆ 可承受 1000V 隔离电压。

◆ 16 路单端/8 路双端模拟信号输入通道。

◆ 模拟电压输入范围：±5V。

◆ 支持软件查询、中断申请两种数据传输方式。

◆ 硬件增益：1～1000。

ART2005 的硬件增益可更换 R_G 的阻值见表 A-1。

◆ 模拟输入阻抗：100MΩ。

◆ 转换时间（含采样时间）：≤8μs。

◆ 系统测量精度（满量程）：0.2%。

◆ 系统通过率：100kHz。

表 A-1　硬件增益可更换 R_G 的阻值

增益	R_G/Ω	最接近的阻值(1%的精度)R_G/Ω	增益	R_G/Ω	最接近的阻值(1%的精度)R_G/Ω
1	空	空	50	1.02K	1.02K
2	50.00K①	49.9K	100	505.1	511
5	12.50K	12.4K	200	251.3	249
10	5.556K	5.62K	500	100.2	100
20	2.632K	2.61K	1000	50.05	49.9

① K=1000。

（2）中断申请部分

◆ 中断申请通道数：1 路。

◆ 中断申请级别：IRQ3、IRQ5、IRQ7。

◆ 中断申请信号有效电平：高电平有效。

◆ 中断申请信号电平特性：TTL 电平兼容。

A.2　元件位置图、管脚定义、跳线和数据定义

A.2.1　主要元件位置图

图 A-1 为 ART2005 板的主要元件位置图，此元件位置图上的开关和跳线设置为出厂标准设置。设置为：板基地址＝280H，单端输入方式，模拟输入范围±5V。

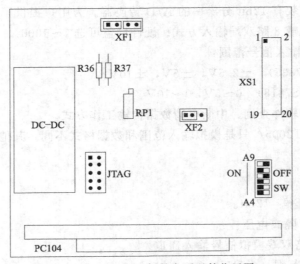

图 A-1　ART2005 板的主要元件位置图

RP1：A/D 零点调整电位器。

XF1、XF2 为 A/D 单双端选择跳线器。

A.2.2　关于模拟输入 20 脚扁平电缆插座 XS1 的管脚定义

扁平电缆线插座 XS1 的管脚定义见表 A-2。

表 A-2　扁平电缆线插座 XS1 的管脚定义表

管脚号	管脚定义	管脚号	管脚定义	管脚号	管脚定义	管脚号	管脚定义
1	CH0(IN0＋)	6	CH5(IN5＋)	11	CH10(IN2－)	16	CH15(IN7－)
2	CH1(IN1＋)	7	CH6(IN6＋)	12	CH11(IN3－)	17	ANGD
3	CH2(IN2＋)	8	CH7(IN7＋)	13	CH12(IN4－)	18	AGND
4	CH3(IN3＋)	9	CH8(IN0－)	14	CH13(IN5－)	19	AGND
5	CH4(IN4＋)	10	CH9(IN1－)	15	CH14(IN6－)	20	AGND

注：CH0～CH15 为 16 路单端 A/D 模拟输入通道。

IN0＋～IN7＋：双端模拟信号输入正端。

IN0－～IN7－：双端模拟信号输入负端。

AGND：模拟地。

A.2.3 短路套设置及数据格式

（1）板基地址选择

ART2005 的板基地址通过拨码开关 SW 的设置选择，板基地址可设置成 200H～3F0H 之间可被 16 整除的二进制码，开关的 1、2、3、4、5、6 位分别对应地址 A4、A5、A6、A7、A8、A9。板基地址选择开关 SW 如图 A-2 所示。

图 A-2 为出厂地址设定 280H。开关置"OFF"为高有效，开关置"ON"为低有效。

图 A-2 板基地址选择开关 SW

（2）A/D 数据格式

该寄存器各位定义如下。

A/D 转换结果寄存器							
数据位	D7	D6	D5	D4	D3	D2	D1	D0
数字信号	AD7	AD6	AD5	AD4	AD3	AD2	AD1	AD0
数据位	D15	D14	D13	D12	D11	D10	D9	D8
数字信号	NC	NC	NC	NC	AD11	AD10	AD9	AD8

其中，AD11-AD0 为 A/D 转换结果的 12 位数据。NC：不用。

ART2005 模拟信号输入时的结果数据格式如表 A-3 所示。

ART2005A 模拟信号输入时的结果数据格式如表 A-4 所示。

表 A-3　ART2005 模拟信号输入时的结果数据格式

输入	A/D 结果编码
正满度	0 1 1 1 1 1 1 1 1 1 1 1
中间值(零点)	0 0 0 0 0 0 0 0 0 0 0 0
中间值－1LSB	1 1 1 1 1 1 1 1 1 1 1 1
负满度	1 0 0 0 0 0 0 0 0 0 0 0

表 A-4　ART2005A 模拟信号输入时的结果数据格式

输入	A/D 结果编码
正满度	1 1 1 1 1 1 1 1 1 1 1 1
中间值	1 0 0 0 0 0 0 0 0 0 0 0
零点	0 0 0 0 0 0 0 0 0 0 0 0

（3）板内地址分配

ⅰ.地址分配表（读写全是 8 位总线操作）见表 A-5。

表 A-5　地址分配

地址	读	写	地址	读	写
基地址＋0	A/D 转换状态	A/D 通道号	基地址＋3	A/D 数据高四位	无效
基地址＋1	无效	启动 A/D	基地址＋4	无效	中断控制寄存器
基地址＋2	A/D 数据低八位	无效			

ⅱ.地址分配表说明如下。

基地址＋0

读转换状态位 D0，D1～D7 位无效。

当 D0 为：0 时正在转换，1 时转换完成。

写 A/D 通道号 0～15。

基地址＋1

先向该地址写 0，再写 1，将启动一次 A/D 转换。即：

outp (port+1, 0x00);

outp (port+1, 0x01);

其中 port 为基地址。

基地址+4

D0、D1、D2 设置中断（表 A-6），D3~D7 位无效。

表 A-6　D0、D1、D2 设置中断

D2	D1	D0
IRQ7	IRQ5	IRQ3

0：禁止中断；1：允许中断

A.2.4　模拟信号输入方式选择

ⅰ. 单端输入方式见图 A-3。

ⅱ. 双端输入方式见图 A-4。

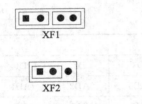

图 A-3　单端输入方式

图 A-4　双端输入方式

A.2.5　模拟信号输入量程选择

看主要元件位置图确定 R37、R36 的位置，两个均焊 1‰ 的精密电阻。

ⅰ. R37、R36 直接用短路线焊接时：

ART2005（ADS7835）　±2.5V；

ART2005A（ADS7818）　0~5V。

ⅱ. R37＝R36＝1kΩ 时：

ART2005（ADS7835）　±5V；

ART2005A（ADS7818）　0~10V。

ⅲ. R37＝3kΩ，R36＝1kΩ 时：

ART2005（ADS7835）　±10V。

A.3　校准、编程、保修

在过程控制中，如何校准测试设备以保证准确性是非常重要的，本内容将指导你对 ART200 模板进行校准。

A.3.1　校准

（1）校准前的准备工作

ⅰ. 校准程序。

ⅱ. 一个精度在 9/2 位以上的数字万用表。

（2）校准方法

具体调整方法是：

ⅰ. 将所测通道加上 0V 电压，上电预热 5min；

ⅱ. 采集所测通道，调整电位器 RP1，使采集的电压为 0.00mV；

ⅲ. 复调整，检查满量程、半量程、常用段的输出电压值是否正确。

A.3.2 注意事项

◆ 使用本板之前要正确设置各跳线位置;

◆ 不得带电插拔板卡。

A.3.3 编程举例

详见软件说明书。

A.3.4 保修

ART2005 自出厂之日起,两年内凡用户遵守运输、储存和使用规则,而质量低于产品标准者公司免费修理。

附录 B ART2003 数据采集卡使用说明书

B.1 概述

ART2003 是一块 PC104 总线高速光隔离 4 路 16 位通用 D/A 转换模板,它可提供 4 路电压信号输出,同时,它具有的上电置零(或者中值)功能,确保被控装置不会发生误动作。

ART2003 板采用光电隔离,从而免除了总线供电及地线所引起的干扰,使本板卡具有精度高、量程多、转换速度快、噪声小等特点。

B.1.1 技术特点

* 4 路 16 位模拟量输出通道。
* 隔离电压达 1500V (DC)。
* 多种输出范围:双极性电压 $\pm10V$,$\pm5V$;单极性电压 $0\sim10V$,$0\sim5V$。

B.1.2 应用领域

* 工业过程控制
* 波形发生器
* 伺服控制

B.1.3 性能指标

◆ 模拟量输出 (D/A)
* 输出通道:4 路。
* 分辨率:16 位。
* 隔离电压:1500V (DC)。
* 输出范围(可跳线选择):双极性 $\pm10V$,$\pm5V$;单极性 $0\sim10V$,$0\sim5V$。
* 建立时间:$\leqslant10\mu s$。
* 电压输出驱动电流:10mA。
* 精度:0.05% FSR。
* 初始状态:最小值或中值。
◆ 通用技术指标
* 工作温度:$0\sim55℃$。
* 储存温度:$-20\sim80℃$。
* 湿度:$40\%\sim90\%$。

B.2 元件位置图、管脚定义、跳线和数据定义

B.2.1 主要元件位置图

图 B-1 为 ART2003 板的主要元件位置图,此元件位置图上的开关和跳线设置为出厂标

准设置。设置为：板基地址＝280H，模拟输出范围±5V。

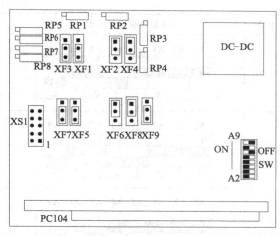

图 B-1　ART2003 板的主要元件位置图

RP1：DA0 输出电压零点调整电位器。

RP2：DA0 输出电压满度调整电位器。

RP3：DA1 输出电压零点调整电位器。

RP4：DA1 输出电压满度调整电位器。

RP5：DA2 输出电压零点调整电位器。

RP6：DA2 输出电压满度调整电位器。

RP7：DA3 输出电压零点调整电位器。

RP8：DA3 输出电压满度调整电位器。

XF1～XF8 为 4 路 DA 的量程选择。

XF9 为 DA 上电置零（1-2 连接）或者中值（2-3 连接）选择。

B.2.2　关于模拟输出引脚 10 脚扁平电缆插座 XS1 的管脚定义

扁平电缆插座 XS1 的管脚定义见表 B-1。

表 B-1　扁平电缆插座 XS1 的管脚定义

管脚号	管脚定义	管脚号	管脚定义
1、2	AGND	5、6	VOUT2
3、4	VOUT3	7、8	VOUT1

注：VOUT1～VOUT3 为 3 路 DA 模拟输出通道。

　　AGND：模拟地。

B.2.3　短路套设置及数据格式

（1）板基地址选择

ART2003 的板基地址通过拨码开关 SW 的设置选择，板基地址可设置成 200H～3F0H 之间可被 16 整除的二进制码，ART2003 将占用基地址起的连续 4 个 I/O 地址，开关的 1、2、3、4、5、6、7、8 位分别对应地址 A2、A3、A4、A5、A6、A7、A8、A9。ART2003 板基地址选择开关 SW 如图 B-2 所示。

图 B-2　ART2003 板基地址选择开关 SW

图 B-2 为出厂地址设定 280H。开关置"OFF"为高有效，开关置"ON"为低有效。常用的基地址选择见表 B-2。

表 B-2　常用的基地址选择

地址	板基地址拨码开关图示	地址	板基地址拨码开关图示
200H	A2 A3 A4 A5 A6 A7 A8 A9	210H	A2 A3 A4 A5 A6 A7 A8 A9
220H	A2 A3 A4 A5 A6 A7 A8 A9	230H	A2 A3 A4 A5 A6 A7 A8 A9

续表

地址	板基地址拨码开关图示	地址	板基地址拨码开关图示
240H	A2 A3 A4 A5 A6 A7 A8 A9 / ON / 1 2 3 4 5 6 7 8	250H	A2 A3 A4 A5 A6 A7 A8 A9 / ON / 1 2 3 4 5 6 7 8
260H	A2 A3 A4 A5 A6 A7 A8 A9 / ON / 1 2 3 4 5 6 7 8	270H	A2 A3 A4 A5 A6 A7 A8 A9 / ON / 1 2 3 4 5 6 7 8
280H（默认）	A2 A3 A4 A5 A6 A7 A8 A9 / ON / 1 2 3 4 5 6 7 8	290H	A2 A3 A4 A5 A6 A7 A8 A9 / ON / 1 2 3 4 5 6 7 8
2A0H	A2 A3 A4 A5 A6 A7 A8 A9 / ON / 1 2 3 4 5 6 7 8	2B0H	A2 A3 A4 A5 A6 A7 A8 A9 / ON / 1 2 3 4 5 6 7 8
2C0H	A2 A3 A4 A5 A6 A7 A8 A9 / ON / 1 2 3 4 5 6 7 8	2D0H	A2 A3 A4 A5 A6 A7 A8 A9 / ON / 1 2 3 4 5 6 7 8
2E0H	A2 A3 A4 A5 A6 A7 A8 A9 / ON / 1 2 3 4 5 6 7 8	2F0H	A2 A3 A4 A5 A6 A7 A8 A9 / ON / 1 2 3 4 5 6 7 8
300H	A2 A3 A4 A5 A6 A7 A8 A9 / ON / 1 2 3 4 5 6 7 8	310H	A2 A3 A4 A5 A6 A7 A8 A9 / ON / 1 2 3 4 5 6 7 8
320H	A2 A3 A4 A5 A6 A7 A8 A9 / ON / 1 2 3 4 5 6 7 8	330H	A2 A3 A4 A5 A6 A7 A8 A9 / ON / 1 2 3 4 5 6 7 8
340H	A2 A3 A4 A5 A6 A7 A8 A9 / ON / 1 2 3 4 5 6 7 8	350H	A2 A3 A4 A5 A6 A7 A8 A9 / ON / 1 2 3 4 5 6 7 8
360H	A2 A3 A4 A5 A6 A7 A8 A9 / ON / 1 2 3 4 5 6 7 8	370H	A2 A3 A4 A5 A6 A7 A8 A9 / ON / 1 2 3 4 5 6 7 8

续表

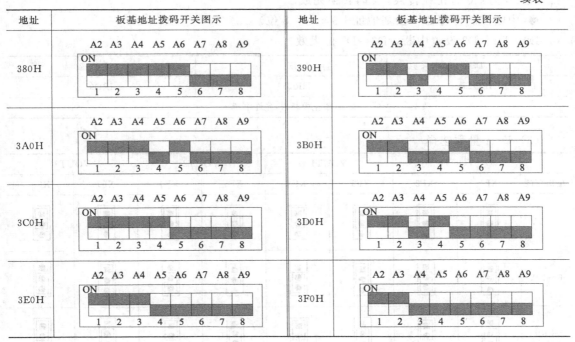

（2）板内地址分配

地址分配表见表 B-3。

表 B-3 地址分配表

地址	写	读
基地址＋0	DA 数据 D0～D15(16 位)	无效
基地址＋2	DA 通道(8 位)	读转换状态位
基地址＋3	中断控制寄存器	无效

地址分配表说明：

◆ 写 D/A 数据寄存器（板基地址＋0，写，16 位）：

D15	D14	D13	D12	D11	D10	D9	D8	D7	D6	D5	D4	D3	D2	D1	D0
DA15	DA14	DA13	DA12	DA11	DA10	DA9	DA8	DA7	DA6	DA5	DA4	DA3	DA2	DA1	DA0

DA0～DA15 为 DA 数据。

◆写 D/A 通道及读 D/A 状态寄存器（板基地址＋2，读、写，8 位）。

写 DA 通道：D0、D1 选通道，D2 选择单通道或所有通道，D3～D7 位无效。

D2	D1	D0	DA 通道
0：单通道	0	0	VOUT0
	0	1	VOUT1
1：所有通道	1	0	VOUT2
	1	1	VOUT3

读转换状态位 D0，D1～D7 位无效。

当 D0 为：0 时正在转换，1 时转换完成。

◆ 中断控制寄存器（板基地址＋3，写，8 位）

D0、D1、D2 设置中断，D3～D7 位无效。

D2	D1	D0
IRQ15	IRQ11	IRQ9

0：禁止中断，1：允许中断

（3）D/A 量程选择

	VOUT0		VOUT1		VOUT2		VOUT3	
输出范围	XF1	XF2	XF3	XF4	XF5	XF6	XF7	XF8
0～5V								
0～10V								
±5V								
±10V								

B.3　校准、编程、保修

在过程控制中，如何校准测试设备以保证准确性是非常重要的。

B.3.1　零点和增益校准

校准前应先做好准备工作，然后先调零点，再调增益，每次改变量程后，应重新调整零点及增益。

（1）准备工作

在对 ART2003 进行零点和增益调整前，请先做好以下准备工作：

ⅰ.校准程序，它可以对 8 个通道依次进行测试；

ⅱ.一个精度在 9/2 位以上的数字万用表。

（2）调节电位器

ART2003 模板上设有 8 只电位器，分别用于调整各个通道的零点和增益，其对应关系如表 B-4 所示。

表 B-4　电位器与零点和增益的对应关系

通道号	零点	增益	通道号	零点	增益
0	RP1	RP2	2	RP5	RP6
1	RP3	RP4	3	RP7	RP8

（3）校准方法

具体调整方法是：

ⅰ. 设置量程，接好负载，上电预热 5min；

ⅱ. 调整零点，使 DA 输出 0V，调整相应路的电位器，使输出电压为 0.00mV；

ⅲ. 调整增益，输出 3/4 量程所对应的数据，调整相应的电位器，使板卡输出电压达到 3/4 量程输出值；

ⅳ. 反复调整，检查满量程、半量程、常用段的输出电压值是否正确。

B.3.2　注意事项

＊ 使用本板卡之前要正确设置各跳线位置；

＊ 模拟量输出信号地与模拟地相接于板卡内，并与总线的逻辑地隔离；

＊ 不得带电插拔板卡。

B.3.3　编程举例

编程流程：先写 DA 输出通道号，查询转换状态位，再写 DA 数据。

下面是 Turbo C 程序，关于 Borland C 程序请见光盘产品目录下的 DOS 子目录。

```
#include<dos. h>
#define port 0x280

void main()
{
char ch;
unsigned
HEX;
float
VOL;
  do{
clrscr();
r:
  gotoxy(22,10);
  clreol();
  printf("Please input VOL：");
  scanf("%f",&VOL);
  HEX＝(VOL＋5.0)＊65535/10.0;/＊ －5V～＋5V 量程 ＊//＊ 换算成十六进制 ＊/
  /＊ HEX＝(VOL＋10.0)＊65535/20.0;＊//＊ －10V～＋10V ＊/
  /＊ HEX＝VOL＊65535/5.0;＊//＊ 0V～5V ＊/
  /＊ HEX＝VOL＊65535/10.0;＊//＊ 0V～10V ＊/
  gotoxy(22,11);
  printf("VOL＝%f HEX＝%x",VOL,HEX);
  while(! kbhit()){
                do{
```

```
                }while(！(inp(port+2)&0x01==0x01));/*转换完成
            否*/ outp(port+2,0x04);/*写通道,启动所有通道*/
            outport(port,HEX);/*写 DA 数据*/
            }
    ch=getch();
    if (ch==27) break;
    }while(1);
}
```

B.3.4   保修

ART2003 自出厂之日起，两年内，凡用户遵守运输、储存和使用规则，而质量低于产品标准者公司免费修理。

参 考 文 献

[1] 刘元扬. 自动检测和过程控制（第三版）[M]. 北京：冶金工业出版社，2005.

[2] 齐卫红，林春丽，王永红. 过程控制系统 [M]. 北京：电子工业出版社，2007.

[3] 王毅，张早校. 过程装备控制技术及应用（第二版）[M]. 北京：化学工业出版社，2007.

[4] 俞金寿，蒋慰孙. 过程控制工程 [M]. 北京：电子工业出版社，2007.

[5] 戴连奎，于玲，田学民等. 过程控制工程（第三版）[M]. 北京：化学工业出版社，2012.

[6] 冯毅萍，仲玉芳，曹峥. 过程控制工程实验. 北京：化学工业出版社，2013.

[7] 董景新，赵长德，郭美凤等. 控制工程基础（第三版）[M]. 北京：清华大学出版社，2009.

[8] 施仁，刘文江，郑辑光等. 自动化仪表与过程控制（第五版）[M]. 北京：电子工业出版社，2011.

[9] 李元春. 计算机控制系统（第二版）[M]. 北京：高等教育出版社，2009.

[10] 刘士荣. 计算机控制系统（第二版）[M]. 北京：机械工业出版社，2013.

[11] SMC（中国）有限公司编. 现代实用气动技术（第二版）[M]. 北京：机械工业出版社，2004.

[12] 何衍庆，黄海燕，黎冰. 可编程控制器原理及应用技巧（第三版）[M]. 北京：化学工业出版社，2010.

[13] 宫淑贞，徐世许. 可编程控制器原理及应用（第三版）[M]. 北京：人民邮电出版社，2012.

[14] 肖宝兴. 西门子 S7-200PLC 的使用经验与技巧 [M]. 北京：机械工业出版社，2008.

[15] 网络资料.